重庆工业遗产保护利用与城市振兴

许东风 著

中国建筑工业出版社

图书在版编目（CIP）数据

重庆工业遗产保护利用与城市振兴 / 许东风著. —北京：中国建筑工业出版社，2014.8
ISBN 978-7-112-17191-0

Ⅰ.①重… Ⅱ.①许… Ⅲ.①工业建筑-文化遗产-保护-重庆市 Ⅳ.①TU27

中国版本图书馆CIP数据核字（2014）第194209号

当前，工业遗产的大规模出现和大规模被破坏使工业遗产保护研究成为新的热门课题。本书以我国著名老工业城市重庆为研究对象，从文化遗产学、历史学、建筑学、城市规划学等学科探讨构建工业遗产保护理论及实践方法。

责任编辑：唐 旭 张 华
责任校对：李美娜 张 颖

重庆工业遗产保护利用与城市振兴
许东风 著
*
中国建筑工业出版社出版、发行（北京西郊百万庄）
各地新华书店、建筑书店经销
北京嘉泰利德公司制版
北京君升印刷有限公司印刷
*
开本：787×1092 毫米 1/16 印张：14 字数：314千字
2014年12月第一版 2014年12月第一次印刷
定价：48.00元
ISBN 978-7-112-17191-0
（25915）

前　言

当前，工业遗产的大规模出现和大规模被破坏使得工业遗产保护研究成为新的热门课题。本书以我国著名老工业城市重庆为研究对象，从文化遗产学、历史学、建筑学、城市规划学等学科探讨构建工业遗产保护理论及实践方法，希冀能指导工业遗产的保护和利用。

近现代工业兴起与发展对重庆的崛起有重大意义，见证重庆工业进程的工业遗产是重庆城市宝贵的历史财富和文化资源。重庆抗日战争时期和三线建设时期的工业遗产在全国具有独特性，军事工业和重工业的工业遗产在全国工业遗产类型中具有典型性，重庆工业遗产较完整地展现了中国工业发展的整个脉络，而且山地工业遗产是全国工业遗产的特殊类型。

本研究的主要内容和目标：

（1）试图填补重庆市工业遗产系统理论及方法研究的空白。调查重庆工业遗存现状分布，构建从整体到局部的评价城市工业遗产的方法，提出有价值的工业遗产保护名录，纳入名城保护制度和城市规划保护体系。

（2）尝试建立重庆地方工业遗产基本理论框架。针对当前重庆还没有完整的工业遗产保护理论体系，本研究探索性地提出工业遗产保护的指导思想、基本原则、工作思路、理论导则、工作机制和操作程序，保护措施和方法针对本地工业遗产的实际和特点，有一定的理论深度和可实施性。

（3）阐明工业遗产整体性保护与利用对工业城市振兴转型的观点。探讨整体性保护工业遗产的理论和方法，指出工业遗产的保护与再利用必须与老工业地区的更新整体规划。

本书是作者博士研究的阶段性成果，付梓出版期待更多学者关注工业遗产的研究。由于工业遗产保护课题在学界仍在研究、探索，作者在书中提出的观点和设想，权作抛砖引玉，定然存在不足乃至错误，敬请读者不吝指正。

许东风

2014 年 4 月

目　录

前　言

1 绪　论 / 001

1.1　研究的意义 / 003

1.2　相关研究动态 / 005

1.3　研究内容和方法 / 007

1.3.1　研究内容 / 007

1.3.2　研究方法 / 009

2 重庆工业发展史评 / 011

2.1　第一阶段：近代工业初创时期（1891 ~ 1937 年）/ 013

2.1.1　重庆开埠与近代工业兴起 / 013

2.1.2　主要工业特征 / 013

2.1.3　从农业城市向工商业城市演变 / 019

2.2　第二阶段：陪都工业兴盛时期（1938 ~ 1949 年）/ 020

2.2.1　全国工业第一次内迁 / 020

2.2.2　战时工业性质 / 021

2.2.3　近代工业的壮大 / 031

2.3　第三阶段：现代工业奠基时期（1950 ~ 1963 年）/ 033

2.3.1　奠基重工业城市地位 / 033

2.3.2　重工业典型企业 / 034

2.3.3　发挥现代重工业城市的辐射作用 / 035

2.4　第四阶段：三线建设加速时期（1964 ~ 1980 年）/ 036

2.4.1　中国现代工业建设的第二次内迁 / 036

2.4.2 三线建设的主要内容 / 038
2.4.3 三线建设对城镇体系形成的推动 / 042
2.5 第五阶段：改革开放后重庆工业的新时期（1980 年至今）/ 043
2.6 本章小结 / 044

3 重庆工业遗产类型与特征 / 047

3.1 工业遗产分布特点 / 049
3.1.1 三条工业聚集带 / 049
3.1.2 靠山、隐蔽、分散 / 050
3.1.3 多中心组团式 / 052
3.2 工业遗产空间环境的山地特色 / 053
3.2.1 与环境相融合的整体性 / 053
3.2.2 与地貌相结合的层次性 / 053
3.2.3 与重工业相联系的标志性 / 054
3.3 工业遗产类型特征 / 055
3.3.1 行业性质 / 055
3.3.2 建筑形态 / 057
3.3.3 结构形式 / 060
3.4 工业建筑风格特征 / 063
3.4.1 折中式 / 063
3.4.2 仿苏式 / 064
3.4.3 古典中式 / 065
3.4.4 传统民居式 / 066
3.4.5 重工业建筑形象 / 068
3.5 本章小结 / 069

4 工业遗产保护理论与策略 / 071

4.1 国外工业遗产保护理论的兴起和发展 / 073
4.1.1 国外工业遗产保护国际宪章 / 073
4.1.2 国外工业遗产保护理论研究的趋势 / 076
4.1.3 工业遗产整体性保护典型案例经验 / 076
4.1.4 西方工业遗产保护的启示 / 081

4.2 国内工业遗产的保护发展 / 084
4.2.1 国内工业遗产保护认识的觉醒 / 084
4.2.2 国内工业遗产保护理念和实践探索 / 085
4.3 重庆工业遗产保护挑战与机遇 / 090
4.3.1 面临的主要问题 / 090
4.3.2 保护工业遗产对重庆城市发展的意义 / 092
4.3.3 重庆文化建设中的时代机遇 / 094
4.4 构建工业遗产保护理论框架 / 094
4.4.1 坚持保护基本原则 / 094
4.4.2 明确保护核心理念 / 095
4.4.3 制订保护目标要求 / 096
4.4.4 筹划保护方法程序 / 097
4.5 重庆工业遗产整体性保护策略 / 098
4.5.1 整体性保护是遗产保护的主攻方向 / 098
4.5.2 整体保护的必要性和可行性 / 099
4.5.3 工业遗产整体性保护的特点 / 100
4.5.4 规划先行是整体保护的技术保证 / 101
4.6 本章小结 / 101

5 工业遗产价值评价与保护制度 / 103

5.1 工业遗产价值特征 / 105
5.1.1 价值综合评判 / 105
5.1.2 认定工业遗产的本质特征 / 108
5.2 重庆工业遗产的独特价值 / 109
5.2.1 重庆工业遗产价值综述 / 109
5.2.2 抗战工业遗产的珍稀性 / 111
5.2.3 三线建设工业遗产的特殊性 / 111
5.2.4 山地工业遗产的典型性 / 112
5.3 价值评价方法 / 112
5.3.1 评价方法可行性的探索 / 112
5.3.2 建立合理有效评价方法的原则 / 114
5.3.3 评价方法指标体系的确立 / 115
5.3.4 重庆工业遗产价值评价方法与实践 / 118
5.4 工业遗产保护制度的完善 / 123

5.4.1 建立登录制度 / 124
5.4.2 重庆工业遗产登录对象的选择 / 124
5.4.3 登录制度及指定制度的运作建议 / 125
5.5 工业遗产保护的法制建设 / 126
5.5.1 强化保护法制建设 / 126
5.5.2 建立地方工业遗产保护法规体系 / 127
5.5.3 保护级别的划分与确定 / 128
5.6 本章小结 / 130

6 保护规划编制及实施 / 131

6.1 提升工业遗产在城市规划体系中的战略地位 / 133
6.1.1 强化工业遗产保护优先的规划地位 / 133
6.1.2 在总体规划中保护专项规划的确立 / 134
6.1.3 工业遗产保护在控规中的全面落实 / 134
6.2 工业遗产保护专项规划 / 135
6.2.1 充分认识工业遗产保护专项规划的作用和意义 / 135
6.2.2 保护规划的基本原则 / 136
6.2.3 保护规划的主要内容 / 137
6.2.4 重庆专项规划建议 / 137
6.3 工业历史风貌区保护规划 / 140
6.3.1 历史风貌区保护规划要点 / 140
6.3.2 保护发展统筹与协调 / 142
6.3.3 保护规划的城市设计方法 / 143
6.4 规划实施举措 / 144
6.4.1 政府职能到位是关键 / 144
6.4.2 民间参与的政策引导 / 147
6.4.3 加大社会宣传和参与力度 / 148
6.5 案例分析：重钢工业历史风貌区保护性规划构思 / 149
6.5.1 百年重钢历史见证 / 149
6.5.2 国内外钢铁工业遗产保护实践比较研究 / 150
6.5.3 确立保护钢铁工业技术价值特征的规划思路 / 152
6.5.4 规划保护策略 / 153
6.5.5 规划保护方案 / 157
6.5.6 保护规划的实施 / 160

6.6 本章小结 / 160

7 工业遗产利用与更新 / 161

7.1 保护与利用的互促关系 / 163
7.1.1 利用是保护的有效途径 / 163
7.1.2 保护前提下的再利用 / 164
7.1.3 再利用原则 / 165
7.2 工业遗产地段与环境再利用策略 / 167
7.2.1 整体定位与规划 / 167
7.2.2 环境治理与改善 / 167
7.2.3 以工业遗产主题展示为导向进行综合发展 / 170
7.2.4 多模式的再利用 / 171
7.2.5 小规模渐进式更新 / 173
7.3 工业历史建筑的再利用更新方法 / 173
7.3.1 再利用设计理念 / 173
7.3.2 建筑更新手法 / 175
7.3.3 再利用的技术措施 / 178
7.4 发展文化创意产业 / 179
7.4.1 新的朝阳产业 / 179
7.4.2 工业遗产的文化优势 / 180
7.4.3 利用工业遗产发展重庆创意文化产业 / 181
7.4.4 工业文化旅游方兴未艾 / 182
7.5 重庆工业遗产整体利用建议 / 184
7.5.1 嘉陵厂、特钢厂历史风貌区创意产业集聚区构思 / 184
7.5.2 重钢历史风貌区工业文化博览园再利用构思 / 185
7.5.3 天府煤矿历史风貌区工业旅游休闲区再利用构思 / 186
7.5.4 长安厂滨江历史风貌区文创休闲体验区再利用构思 / 187
7.5.5 特殊地段工业历史建筑再利用 / 187
7.6 本章小结 / 190

8 工业遗产保护利用与城市振兴 / 191

8.1 推动城市老工业区复兴 / 193

8.1.1 城市复兴运动与工业遗产保护利用 / 193
8.1.2 工业遗产保护助推工业城市复兴 / 194
8.2 推动城市可持续发展 / 195
8.2.1 实现低碳城市目标 / 195
8.2.2 利用工业遗产价值构建紧凑型综合城区 / 196
8.3 重塑工业城市鲜明特色 / 197
8.3.1 老工业城市文脉的保护和发扬 / 197
8.3.2 强化重庆工业城市形象 / 199
8.4 推动走向文化城市 / 200
8.4.1 工业遗产保护促进城市文化振兴 / 200
8.4.2 从功能城市到文化城市 / 202

结语 / 205
参考文献 / 207
致谢 / 213

1 绪论

1.1 研究的意义

当今世界正在快速进入后工业化时代，城市传统的工业门类正逐步被新兴的产业所替代，城市正进入产业重构和转型发展时期，大片的传统制造业基地和地段“退二进三”成为许多城市（尤其是工业城市）建设和旧城改造的主题。20世纪70年代始，欧美国家传统制造业向发展中国家转移，大量工业用地和工业建筑被闲置，造成了环境恶化、经济衰退、失业贫困等社会问题，国外把这些废弃的工业区认定为“棕色地段”。[①] 1996年在巴塞罗那召开的国际建协（UIA）第19届大会提出对工业、码头等废弃地段保护、管理和再生的倡议；2003年，国际工业遗产保护委员会（TICCIH）制定并公布《关于工业遗产保护的下塔吉尔宪章》，才正式明确工业遗产是城市历史文化遗产的重要内容之一，被视为世界工业遗产保护的里程碑。

在我国，从20世纪80年代开始，一些大城市中心地区开始产业结构调整，大量传统的工业企业外迁。但与欧美国家不同的是，我国城市正处于高速发展时期，城市中心工业的退出并没有引起土地的闲置，反而成为城市开发的宝地。在我国普遍采取“推倒重来”的开发模式下，大量有价值的工业遗产被拆掉，几代产业工人的记忆和情感被抹杀，城市曾经的工业建设辉煌被摧毁。文物保护体系直到2001年才开始陆续有工业遗产类型列入全国重点文物保护单位。[②] 2006年4月18日，国内学者倡议首个工业遗产保护文件《无锡建议》[③]，5月，国家文物局下发《关于加强工业遗产保护的通知》，正式

---

① 棕地一词于20世纪90年代初期开始出现于美国联邦政府的官方用语中，棕地是指废弃的、闲置的或没有得到充分利用的工业或商业用地，这些土地往往存在环境污染而比其他用地开发更为复杂。

② 列入全国重点文物保护单位的11处工业遗产：大庆油田第一口油井、青海中国第一个核武器研制基地、汉冶萍煤铁厂矿旧址、南通大生纱厂、中东铁路建筑群、青岛啤酒厂早期建筑、石龙坝水电站、个旧鸡街火车站、钱塘江大桥、黄崖洞兵工厂旧址、酒泉卫星发射中心导弹卫星发射场遗址。

③ 2006年4月18日“国际古迹遗址日”的主题为工业遗产，首届中国工业遗产保护论坛在无锡召开，通过了有关工业遗产保护的文件《无锡建议》。与会的专家学者认为，城市建设进入高速发展时期，一些尚未被界定为文物、未受到重视的工业建筑物和相关遗存没有得到有效保护，正急速从现代城市里消失。他们呼吁全社会提高对工业遗产价值的认识，尽快开展工业遗产的普查和认定评估工作，编制工业遗产保护专项规划，并纳入城市总体规划。

指出“工业遗产保护是我国文化保护事业中具有重要性和紧迫性的新课题”。

20世纪下半叶以来，国际建筑遗产保护理念和方法发生重大的转变，保护对象范围不断扩大和延伸，从高艺术、高身价的王宫府邸扩展到民间宅第，建筑遗产类型向全面化和系统化发展。新的趋势是，第二次世界大战前的保护较多关注建筑遗产的历史价值，第二次世界大战后更多地兼顾社会、历史、文化、审美的诸多因素，强调建筑遗产的艺术和社会价值。亚洲国际古迹遗址理事会官员在第28届世界遗产委员会议上强调："拓展遗产保护的范围远比简单增加遗产数量更为重要，因为这更有益于实现世界遗产保护的均衡性、完整性和代表性的原则"。原国家文物局局长单霁翔也指出“中国要重视世界遗产在品类上的不平衡问题，要关注产业类文化遗产，不断完善和丰富世界遗产名录”。

工业文化遗产与古代建筑尤其是官式建筑、民用建筑相比，按传统的文化思维方式，也许不算主流文化。但是，中国近现代工业化作为特殊历史时期的产物，工业文化是中国近现代发展史中最值得重视和最应该研究的，近现代各历史时期的工业遗产承载着百年中国奋力追赶世界的光荣与梦想。在剧烈动荡的近现代史中，从洋务运动、民族工业、官僚资本工业到公私合营、三线建设、改革开放，工业化的历程虽不过百余年，但充满复杂与艰辛。通过研究近现代工业化历史，我们发现工业化和城市化、社会现代化是互为一体的文明演进过程，近现代工业的兴衰左右城市的复兴和衰退。尽管工业化历程较短，但在现代城市发展中的地位和作用是众所周知的，作为工业化社会的见证物工业遗产的重要性自然不言而喻。在城市中遗留的工业遗存和蕴涵的工业文化成为城市特色和历史的象征，是历史留给城市独一无二的文化资源，是其他类型城市所没有的特质。当我们面临这一重要类型城市遗产在城市转型期大规模地消亡时，保护的紧迫性和历史责任感激发了人们对工业遗产的关注和重视。抢救工业遗产的呼声越来越高涨，工业遗产保护和利用的理论有待更多的人去研究和实践，当前，工业遗产已成为热门的研究课题和城市文化遗产保护的新趋势。

重庆是一座工业化造就的城市，虽然有近三千年悠久的巴渝文化、移民文化、红岩精神等众多文化内涵，但是推动城市从农业封建小城跨越到新兴的近现代工业重镇，再到新时期国家中心城市以及长江上游的经济中心，快速发展的动因在于工业化。尤其抗日战争时期重庆从一个西南内地小城一跃成为蜚声国际的大都市，成为战时中国首都、盟军远东指挥中心、同盟国中国战区统帅部，这在中国城市发展史上是绝无仅有的。重庆工业是战时全国工业的精华集聚地，号称“中国工业之都”。战争是国家间工业化水平的较量，重庆工业为抗战的胜利作出了巨大贡献。战前许多工业发达的城市如上海、武汉这时期均处于停滞状态，只有重庆工业实现了跨越式的发展。因此，承载着抗战时期工业化的重庆工业遗产在全国具有唯一性和重要的工业发展史学价值。正是工业文明的繁荣推动了重庆经济、社会的发展，提升了重庆在国家的地位。可以说，工业文明造就了今天的重庆，在重庆主城开始“退二进三”步入后工业化时代时，作为工业文明物证的工业遗产，理应成为重庆历史文化遗产中最重要的遗产之一。

重庆是国家历史文化名城，在城市文化遗产保护体系的构成上，包含大足石刻世界文化遗产、历史文化名城、历史文化街区、历史文化名镇、文物保护单位、优秀近现代建筑。然而，曾经缺失工业文化遗产这项重要内容。造成工业遗产缺失的原因，主要是在过去还没认识到工业文明在城市发展历史中的重要性，甚至将工业遗存视为污染和技术落后的象征，没有保护的必要。老工业区往往最先成为改造的对象。由于缺少工业遗产价值的确认和遗产保护制度，重庆工业遗产损失严重，处境堪忧。其表现：一是为深化国有企业改革，减轻国企发展包袱，大批国有工业企业进行了破产改制，由于对工业遗产没有采取保护政策或措施，大批工业遗产作为落后生产力被一同“消灭”。有一定规模的国有工业企业到 2005 年减少至 208 个，仅为 1997 年的 17.46%。这些消失的工业企业基本都是老企业，其中包含有大量的工业遗产。二是在实施“退二进三”、“退城进园”的过程中，大批工业遗产遭到遗失或破坏。如江北区的三钢厂、南岸区的铜元局、渝中区化龙桥片区的工厂等，这些厂区由于被房地产开发，原有的建筑和老工业设备基本都荡然无存。三是在不断加大国有企业技术改造步伐的同时，国有企业的大部分核心技术和设备都得到更新，为适应新的生产工艺，将老厂房拆除，重新修建厂房，致使部分有价值的工业遗产遭到破坏，一批老工业设备等遗产也作为落后生产力遭到淘汰。

由于没有将工业遗产纳入历史文化名城城市文化遗产保护体系中，没有制定相应的保护范围、保护规划和保护法规，所以工业遗产就得不到法定的保护。例如，在 2004 年，西南第一家近代机械制造企业重庆铜元局的英厂和德厂建筑（始建于 1905 年），虽然专家呼吁保留，但因为没有纳入法定保护对象，仍被房地产开发夷为平地；2008 年，保存完整的抗战时期的棉纺企业裕华纱厂旧址在已被专家建议登录为工业遗产的情况下，仍然被拆毁。因此，如果对工业遗产保护认识上不提高，系统的保护研究和依法保护措施不到位，类似的事情还将发生，这样下去，代表重庆工业时代的工业遗产将消失殆尽，我们将愧对历史，愧对子孙。

1.2 相关研究动态

西方建筑遗产保护源起于 19 世纪欧洲建筑保护与修复运动，在 20 世纪中叶发展为一门学科。总的来说，城市文化遗产保护的对象和类型不断拓宽。当西方发达国家许多城市在经历了成熟的工业化后，都留下大量代表工业发展历史及其特征的建筑与城市空间，对工业遗产的保护最初正是从这些近代工业始发地开始的。作为工业革命的起始地，英国早在 1950 年就有民间组织机构对工业遗产进行调查研究。1955 年，英国伯明翰大学的 M.Rix 教授发表了名为《工业考古学》的文章，呼吁各界应即刻保存英国工业革命时期的机械与纪念物。1973 年英国工业考古学会成立。同年，在世界最早的铁桥所在地——铁桥峡谷博物馆召开了第一届工业纪念物保护国际会议，引起世界对工业遗产的关注。1978 年在瑞典召开的第三届国际工业纪念物大会上，国际工业遗产保护委员会（TICCIH）宣告成立，成为世界上第一个致力于促进工业遗产保护的国际性组织，同时也是国际古迹遗址理事会（ICOMOS）工业遗产问题的专门咨询机构。从这时起，工业遗产保护的对象开始由工业纪念物转向工业遗产。

20世纪70年代中期至80年代后期，在发达国家兴起广泛的城市中心区复兴运动，其中对工业建筑的保护和再利用是重要的内容，工业遗产保护运动迅速波及所有经历过工业化的国家。1986年，作为近代工业起源地的英国伦敦铁桥峡谷地区被联合国教科文组织列入《世界文化遗产名录》。法国、荷兰、日本、美国等国都开始着手进行全面普查。2000年，在英国伦敦召开了第十一届工业纪念物保护国际会议，共有20多个国家和地区参加会议，反映了世界各国和地区越来越重视对工业遗产的保护。2002年在柏林召开的国际建协第21届大会将大会主题定为"资源建筑"，并引介了鲁尔工业区再生等一系列工业建筑改造的成功案例。2003年7月，在俄罗斯召开了国际工业遗产保护委员会第12届大会，会上通过了《有关工业遗产的下塔吉尔宪章》，该宪章是有关工业遗产保护迄今为止最为重要的国际宪章。此后，一大批工业遗产保护与利用项目开始在世界各地出现，它们的成功也使工业遗产保护和再利用得到更多承认和理解，推动了工业遗产保护与再利用在全世界范围内蓬勃开展。截至2007年，全世界已有44处工业遗产列入《世界文化遗产名录》。

我国工业遗产保护随近些年保护观念的提升，才逐步将特别有价值的工业遗产纳入文物保护的范围。由于以前认为工业建筑没有鲜明的代表性，或者因相似建筑物大量存在，没有受到应有的重视及合理对待。沈阳已拆了4000多座大烟囱，著名的铁西工业区历史建筑在近几年的房地产开发中几乎完全被清除。虽然有些工业建筑遗存改造利用的个案，但多停留在自发状态，尚未形成一套切实可行的做法，效果参差不齐，有的还造成改造性破坏。我国在此领域的研究大致起始于20世纪90年代中后期，在工业遗产保护方面，国内学者在近年开展了不少针对性的研究探讨，并取得初步成果。

2006年"世界遗产日"无锡会议后，国内学术界又进一步掀起了针对工业遗产保护方式及途径研究的热潮。工业遗产保护性利用案例近年也明显增多，主要有三种保护类型：一是城市成片的工业区和滨水仓储码头区改造开发研究，此类项目多采取"自上而下"的整体运作方式，所关注的是城市层面的土地置换、功能提升和空间结构优化等问题；二是一些有识之士，特别是艺术界专业人士，对传统工业建筑改造再利用的实践，其关注点主要是厂房空间和环境的文化内涵挖掘及再利用；三是工业历史地段和建筑的个案研究，关注的是如何产业转型、解决就业和相关的建筑改造再利用问题。

近年来还陆续发表了一些研究论著，例如：《城市工业用地更新与工业遗产保护》（刘伯英著）、《后工业时代产业建筑遗产保护更新》（王建国等著）。总体上看，我国的工业遗产理论基础研究和实践刚刚起步，还处于探索阶段。而且，本书认为始终有一些根本性问题还未得到较好的解决，主要有以下几个方面须进一步研究。

一是对工业遗产价值特征认识不清。工业遗产价值评价还没有明确的标准，工业遗产的历史价值、技术价值、艺术价值、经济价值哪个更主要，认识还比较模糊，与民用文化遗产的差异性和特殊性在哪儿也不清楚，对为什么保护、保护什么还不明确，也就无法得出具有针对性的指导理论。不少人认为工业建筑遗产的价值只在于其大空间的再利用价值，不少实践也是出于废弃厂房再利用经济便宜的目的，往往将老厂房改造得焕然一新，反而破坏了历史的真实性。

二是缺乏从城市角度研究工业遗产保护与利用。目前，实践多为工业建筑的单体改造，对工业遗产文化价值及保护缺乏足够的认识，缺乏将工业遗产保护利用与老工业区产业转型、整体改造和城市功能提升系统地研究。而且，工业遗产保护与利用是个涉及多学科、复杂的系统工程，仅从建筑学层面研究建筑改造是远远不够的，对其历史信息发掘普遍不深，对工业技术学科的认知不足，缺少对不同门类的工业遗产价值特殊性有针对性的保护方法，保护措施流于泛泛而谈。

三是各地区工业遗产的保护制度尚未建立。我国不同地域的工业化历程大不相同，特点迥异。工业遗产保护的地区差异性十分突出，相对而言，东部地区工业遗产保护与利用较为活跃，广大中西部地区还远不够重视，相关的研究和实践都很不够，包括重庆在内的不少城市还存在工业遗产家底不清等问题。目前，国内还没有形成明晰的工业遗产保护制度，对指导工业遗产保护与利用缺乏指导理论和政策依据。工业遗产从普查、登录、评价、分级到规划、立法、监督、实施等环节都还没有建立法定的工作流程。

尤其是重庆作为我国的老工业基地，在工业遗产保护理论研究和实践方面还很滞后。除四川美术学院自发地将两处废弃的仓库改造为坦克艺术中心和“501”艺术基地在艺术界颇有影响外，鲜有突出的案例。工业遗产保护基本处于空白状态。各级政府及部门对重庆工业遗产的保护意识还远不到位。2007 年，市规划局牵头开展了重庆工业遗产保护利用专题研究。2009 年，重钢整体搬迁之际，重钢片区开展了工业遗产保护专题研究和城市设计，在有识之士的多次呼吁下，重庆工业博物馆项目终于立项，利用大型轧钢车间老厂房改造建博物馆。但实施前景还不明朗。由此可见，在城市老工业区大开发的背景下，重庆工业遗产的保护正在起步，还有很艰难的问题要去解决。

1.3 研究内容和方法

1.3.1 研究内容

（1）工业遗产范围界定：工业遗产概念有广义和狭义之分。广义工业遗产包括工业革命前的手工业遗址，范围扩大至交通业、商贸业以及具有代表性的工程项目，涵盖物质文化遗产与非物质文化遗产。广义工业遗产的含义如《下塔吉尔宪章》所定义的“具有历史的、技术的、社会的、建筑的或科学价值的工业文化遗存。这些遗存包括建筑群与机器、车间、工场和工厂、矿山与处理和提炼遗址、货栈与仓库、能源产生、输送与使用的遗址，交通及其基础设施，以及有关工业社会活动（诸如居住、宗教信仰或教育）的遗址”。我国《无锡建议》对工业遗产采用了类似的定义，即“具有历史学、社会学、建筑学和科技、审美价值的工业文化遗存，包括工厂、车间、磨房、仓库、店铺等工业建筑物，矿山、相关加工冶炼场地，能源生产和传输及使用场所，交通设施、工业生产相关的社会活动场所、相关工业设备，以及工艺流程、数据记录、企业档案等物质和非物质文化遗存”。狭义工业遗产主要是指18世纪开始的“工业革命”后，各工业门类的建筑、设施，工具、票证等物质文化遗产。目前，狭义工业遗产是世界学术界研究的重点。《世界遗产名录》中工业遗产项目涉及年代从公元前2世纪至公元20世纪，18 ~ 20世纪的项目占70%以上，工业革命后的遗产数量占绝大多数。

本书认为工业革命以前遗留的采矿、冶炼、纺织等手工业不是严格意义的工业，属于农业文明的生产性遗存，本书主要研究的工业遗产是工业革命后以机器化大生产为技术特征的工业时代的工业遗产，而且主要是建筑遗产，包含大型不可移动的构筑物和设施设备、工业、仓储、市政设施等的生产性房屋及办公、居住、服务等配套建筑物以及工业历史环境。鉴于非物质文化遗产和可移动的物质遗产可采取博物馆保护的方式，不属城市规划和建筑学领域研究的重点，不作为本书研究的内容。

（2）时间限定：1891年中英签订《烟台条约续增专条》，重庆设关开埠，重庆近代工业始于此，故重庆史学家把1891年作为重庆近代工业化的开始，从开埠到改革开放前的时期是重庆近现代工业发展的主要历史阶段，许多大型企业都在这个时期创办，探讨这一时期的城市工业文化遗产十分重要。因此，本书研究的时间跨度为1891 ~ 1980年这段近现代时期。

（3）地域范围界定：重庆市具有省级行政区的范围和架构，包括主城区和外围30个区县，主城和区县近现代的工业化程度相差很大。本书研究范围为重庆市域，重点在主城，因为重庆工业遗产主要分布在主城九区，而且主城区的老工业基地正面临“退二进三”的改造，保护形势更加紧迫，遗产更具典型性。

（4）研究内容：本书从宏观和中观层面对重庆地区的工业遗产进行调查登录，探讨遗产特征及评价方法，建立保护理论框架和保护制度，重点研究规划保护利用的策略和方法，论述遗产保护利用推动城市振兴。

第1章绪论。阐述工业遗产保护对工业城市和历史文化名城保护的必要性、时代性和紧迫性，提出研究的方向和技术路线。

第2章重庆工业发展史评。梳理重庆工业发展的历史地位和特点。

第3章重庆工业遗产类型与特征。阐述工业遗产的分布形态、建筑类型、结构形式、建筑风格以及工业景观特色。

第4章工业遗产保护理论与策略。研究国内外成功的保护案例，提出正确的保护策略，形成保护指导思想、理论导则、目标要求以及工作程序。

第5章工业遗产价值评价和保护制度。探讨重庆工业遗产的价值评价方法以及建立保护制度体系框架。

第6章保护规划编制及实施。论述将工业遗产保护纳入城市规划体系中的重要性，研究工业遗产保护专项规划和详细规划编制的要点。

第7章工业遗产利用与更新。辨析利用与保护之间的关系，阐述工业遗产多样化再利用模式。

第 8 章工业遗产保护利用与城市振兴。论述工业遗产保护与再利用对城市可持续发展、特色风貌、城市复兴和文化城市建设的作用。

1.3.2 研究方法

1. 技术路线

本研究从历史文献和档案中发掘线索，理出有历史价值的工厂名单，对主要工厂遗存状况进行现场调查，制定工业遗产评价方法和标准，从代表性、完整性、真实性、稀有性、典型性等方面对历史遗存逐个评价，提出工业遗产的保护名单。借鉴《威尼斯宪章》等城市历史文化遗产保护理论，针对重庆工业遗产的特点，系统建立重庆工业遗产保护利用的理论框架。

2. 研究方法

（1）建筑学与工艺学、历史学相结合。进行重庆近代历史学、产业技术学、建筑史、工业建筑研究，尤其是加强对生产工艺的研究，了解工业遗产的技术特点和历史背景。

（2）现场调研与文献档案相结合。开展图书馆、档案馆、厂史馆的文献调查，从厂区的档案地图确定工业遗产地址。进行典型工厂的多次现场调查、访谈研究，发现有价值的工业遗存。

（3）类型学与解析归纳法相结合。运用比较分析法和层次分析法对工业遗存进行价值评价体系的构建，遴选出工业遗产，制定分层、分类、分级、分阶段的保护措施。

（4）系统论与建筑文化学相结合。从整体层面系统研究重庆市域内的工业遗产，从建筑学、城市规划学的经典理论研究中，提出工业遗产整体保护的观点和方法。

2 重庆工业发展史评

梳理重庆近现代工业发展的脉络，从其发展阶段分期研究，力求透过对每个阶段工业化的时代背景，揭示工业化在近现代重庆发展中的作用和意义。纵观历史，重庆是我国西部地区近代工业最早兴起的城市。从 1891 年开埠到改革开放前，重庆工业经历了四个主要的发展阶段。这四个阶段是以我国近现代三个重大历史事件为时间节点来划分的，分别是八年抗战、新中国成立和三线建设。尽管在每个阶段中还有一些重要历史时刻，例如 1929 年重庆建市，但是由于建市主要是加快了城市化的进程，对工业化进程的影响并不太大，因此，仍然把这段时期归在第一阶段中。

2.1 第一阶段：近代工业初创时期（1891~1937年）

2.1.1 重庆开埠与近代工业兴起

重庆近代工业始于19世纪末期。1891年中英签订《烟台条约续增专条》，重庆设关开埠，重庆城市近代化开始。开埠当年，重庆第一家近代工厂即告诞生，即1891年成立的森昌泰洋火公司。自此，重庆从一个古代封建城市演变为半殖民地半封建城市的同时，逐渐走向近代工业城市。

相比香港（1842年）、上海（1843年）、武汉（1861年）开埠，重庆开埠晚了近半个世纪。此时沿海地区的近代工业发展已进入繁荣时期，而重庆工业文明却姗姗来迟。尽管重庆对外开放较晚，但是重庆近代工业发展速度及水平在四川省乃至整个西南地区一直处于领先地位。由于外国资本工业的入侵和民族资本工业的出现，重庆近代工业在一些手工业工场和作坊的基础上开始发展起来，最先在重庆采用近代科学技术生产的是火柴业，该行业引进了蒸汽动力机、排板机、切割机等机器设备，改变了完全由手工作业的方式，使重庆火柴的产量和质量在西南地区以至全国都占有重要的地位。继而，棉纺织、缫丝、矿业、电力、机械、玻璃等行业相继兴起，铁矿、制革、造纸、面粉、制药、香烟、肥皂等近代工业开始发展，其中火柴、缫丝、棉织业等行业在全国占有重要地位，在全国很有影响。根据《四川经济季刊》统计，1936年重庆工厂（场）数占四川全省的71%，资本数、工人数皆占全省的2/3，显然重庆是四川省工业最集中、最发达的城市。

2.1.2 主要工业特征

在重庆近代工业化进程中，有一批企业开创了重庆乃至西部地区行业的先河，对重庆工业化的推动作用显著，有的发展至今，成为重庆现代工业的骨干企业。这些典型企业代表了重庆近代工业水平，具有创办早、规模大、技术先进的优势。

（1）火柴业。火柴业是重庆近代工业的主要行业。1935年全国共有火柴厂99家，四川省有12家，其中7家在重庆，其规模仅次于上海和天津，是内地火柴业的代表。典型企业如森昌泰火柴厂，1891年3月创办，点燃重庆工业文明之火，标志着重庆第一家近代工厂诞生，这是第一家采用近代科学技术生产的工厂，该厂的设备、技术均从日本引进，实现机器化生产。

（2）缫丝业。重庆是四川缫丝的中心，也是中国近代四大缫丝工业中心。1927年，重庆已有缫丝厂10家，工人3000余人，缫丝厂占全川缫丝厂总数的30%，缫丝车占全川的34.5%。[①]代表企业有：1908年由革命志士石青阳创办于南岸界石乡的蜀眉丝厂，是重庆第一家机器缫丝厂。1909年创办的四川丝业股份有限公司第一制丝厂，以生产绢纺产品为主。

（3）棉织工业。重庆是四川的棉织中心。根据《中国近代手工业史资料》统计，早在1905年前，重庆织布厂已占全国同类厂家的30%以上，抗战前棉织业产量占全川的66%，生产技术明显领先，实行了由木机到铁轮机的转变。代表企业有三峡印染织厂，这是西部最大的近代纺织企业之一，由卢作孚[②]创建于1927年，位于北培文星湾，建有长72米、宽13米的带锯齿形天窗的车间（图2-1）。工厂的纺纱锭、织布机、染色机均购自国外。三峡染织厂的产品畅销川内。

（4）采矿业。重庆地区有数百年的采矿历史，采矿冶炼业的发展，使近代重庆成为四川的采矿冶炼中心之一。代表性企业有1932年成立的四川省最大的天府煤矿股份有限公司（图2-2），由民族实业家卢作孚创办。于1928～1934年在矿区境内建成的四川第一条铁路——北川铁路，全长16.8公里，由中国第一条铁路胶济铁路总工程师丹麦人守尔慈主持设计建造，为天府煤田开发创造了条件。

（5）冶金业。近代冶金工业始于重庆电气炼钢厂的建设，这是西南地区最早生产电炉优质钢的工厂。1919年四川省督军熊克武兴建炼钢厂，在美国订购3吨电弧炉1套，2吨蒸汽锤1台，1250毫米5机架小型轧钢机1套等设备，拟定重庆南岸铜元局英厂及附近空地作为厂址。但由于四川战乱局面和财力、物力限制，筹建工作陷于停顿。1922年，川军总司令刘湘继续组织筹建，但进展迟缓，直到1934年4月1日，刘湘成立重庆电力炼钢厂筹备委员会，聘请瑞典工程师李傅士（Matts Liljefors）为工程顾问，因南岸铜元局厂址不够理想，从军事上考虑，选定磁器口上游詹家溪、双堰塘地区为厂址。1935年8月，钢厂建设工程全面动工，钢厂筹委会于办公室大门左侧墙上设置建厂纪念碑，碑文第一句话是"重庆炼钢厂为西南一切工业之母"（图2-3）。钢厂的发电和炼钢等设备于1936年年底安装完毕，1937年1月8日发电炼钢，其以毛铁、土铁为主要原料的电炉冷装冶炼工艺是中国近代冶金工业史上的创举。

（6）机械制造业。重庆第一家近代机械制造厂是创建于1905年的重庆铜元局。光绪三十一年（1905年），四川总督锡良效仿李鸿章铸造铜元获利，上奏光绪皇帝并获钦准，在重庆设立铜元局，挪用川汉铁路股银2000万两为建厂购机及开办费用，在距主城区

① 资料来源《重庆工业志》第一卷工业综述，P69.

② 卢作孚，重庆合川人，中国著名爱国实业家、社会活动家。民生轮船公司创办者。在北碚出任峡防团务局局长，对峡区进行乡村建设实验，参与创办了多个重庆近代工业企业。被毛泽东誉为"中国近代工业四个不能忘记的实业家人之一"。

图 2-1 三峡印染织厂旧貌
（资料来源：重棉五厂档案）

图 2-2 20 世纪初的天府煤矿矿区 a
（资料来源：天府煤矿档案）

图 2-2 20 世纪初的天府煤矿矿区 b
（资料来源：天府煤矿档案）

图 2-2 20 世纪初的天府煤矿矿区 c
（资料来源：天府煤矿档案）

仅一江之隔的南岸苏家坝江边勘定厂址，先后购英制和德制设备各一套，形成两条生产线，并修建了当时堪称规模宏大的厂房，是重庆最早使用钢筋混凝土和耐火材料的工业建筑（图 2-4）。1908 年基本建成，1913 年开始正式生产铜元，亦生产银元。1922 年刘湘任川军总司令，改用铜元局设备生产枪弹，改铜元局为子弹厂，1930 年定名为国民革命军第 21 军子弹厂。

另一家典型企业是民生机器厂，这是重庆最大的民营机器厂。1928 年卢作孚创办于江北区青草坝，主要为民生轮船公司修（造）船只，聘请了上海江南造船厂和全国的优秀造船专家，拥有西南地区最先进的大型设备，如 290 吨水压机等，民生厂的造船技术为西南地区首屈一指。

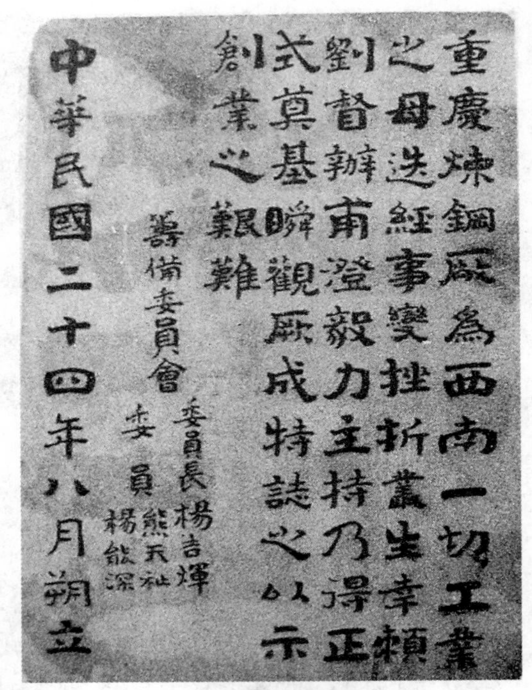
重慶煉鋼廠為西南一切工業之母迭經事變挫折叢生幸賴劉督辦甫澄毅力主持乃得正式奠基瞬觀厥成特誌之以示創業之艱難

籌備委員會 委員長楊吉輝 委員熊天祉 楊能深

中華民國二十四年八月朔立

图 2-3　重庆电气炼钢厂建厂碑文
（资料来源：市档案馆）

（7）交通运输业。在航运方面，1908 年成立的川江行轮有限公司，是中国人在川江经营航运的开始。1926 年，经卢作孚改制重组为民生轮船公司。民生公司承担了长江上游 70% 以上的运输业务，民生公司已成为中国最大的民族资本航运企业。在抗

图 2-4　重庆铜元局原貌
（资料来源：市档案馆）

战爆发，宜昌陷落前，民生公司成功抢运内迁工厂的物资、设备、技术人员入川，保住了中国工业的实力，被誉为中国实业界的“敦刻尔克大撤退”。在陆路方面，川黔、川湘、川鄂、川陕等公路干线亦于抗战前修成，从此确定重庆长江上游的交通中心地位。

（8）市政基础设施。重庆是西南地区使用电力最早的城市。在1906年，绅商刘沛膏等成立了“重庆烛川电灯股份有限公司”，位于太平门人和湾，这是四川第一家民族资本的市政公用企业，通过2台直流发电机向老城分区域提供照明用电，重庆成为四川最早使用电灯的城市，也是全国最早使用电灯的城市之一。1929年重庆建市，在大溪沟古家石堡新建重庆电力厂（图2-5），是当时四川省31个发电厂中最大的。1936年，重庆电力工业资本超过全川电力资本的三分之一，发电量超过全川总发电量的一半以上，当时重庆全城“光耀烛天，夜行如昼”。

1927年被誉为“重庆市政第一伟绩”的重庆自来水厂开工，选定嘉陵江边大溪沟的观音梁为取水区，城区最高处的打枪坝为净水区，并在打枪坝设置纪念塔一座。自来水厂建成后极大地缓解了市民吃水的困难，也为工业向渝中半岛高地发展提供了基础条件。

（9）建材工业。四川第一家水泥生产企业是四川水泥股份有限公司，1932年在重庆始建，由卢作孚、胡仲实（华西兴业公司董事长）、康心如（美丰银行总经理）发起筹办。该厂订购丹麦制造的全套生产设备，由上海基泰工程司设计，选址在南岸玛瑙溪建设水泥厂。厂区占地200余亩（约13.3公顷），职工1000余人，大小厂房50座，并有职工宿舍数百间，礼堂、浴室、职工子弟小学等完善的配套建筑。1937年10月正式投产，1938～1945年累计生产优质水泥113万桶（19.23万吨），是西南最大的水泥生产企业。

图2-5　大溪沟发电厂原貌
（资料来源：市档案馆）

重庆玻璃制造业是近代工业的一朵奇葩。1906 年，由实业家何鹿蒿在江北刘家台创办的鹿蒿玻璃厂是西南地区第一家使用现代技术生产日用玻璃制品的玻璃厂，引进日本先进的玻璃制造技术，建立了重庆第一座工业熔炉，并且首创用鹅卵石代替硅砂为原料，去除铁质后进行熔炼，生产出的玻璃制品雪白无杂色，产品曾荣获巴拿马国际博览会一等奖。

（10）制药业。1908 年，富商许健安创办桐君阁熟药房于渝中区巴县衙门附近，与当时的北京同仁堂、杭州胡庆余堂、广州的陈李济和汉口的叶开泰齐名，称雄西南。

综上所述，重庆近代工业发展具有下列特征：一是创办时间较早。在 20 世纪初期，甚至是清末洋务运动时期，洋务运动的工厂绝大部分建在上海、天津等东部沿海城市，在西南地区的却是凤毛麟角，如重庆铜元局（1906 年）、四川机器制造局（1876 年在成都），随着重庆建市，城市地位提升，一批实业家在重庆投资兴建了大型工厂（表 2–1）。

二是官办或官商合办。兴办近代工业需大量财力和物力，而且大型机械制造和资源型基础工业必须在地方政府长官倡导下才能兴建。例如，四川军阀刘湘创办了电气炼钢厂、第 20 军子弹厂；著名实业家卢作孚从政后，在北碚创办了一批工业厂矿，具有官商合营性质。这些企业有雄厚的官僚资本，在生产资料和市场上有垄断优势，迅速扩张壮大。

三是引进国外先进生产技术。近代工业的生产设备和技术都是从国外输入的，引进发达工业国家工程师直接参与工厂建设和生产，使重庆建成一批国内领先的工矿企业。例如，重庆铜元局分别引进英国和德国两条先进生产线，建造的厂房也是最先进的钢筋混凝土结构厂房；天府煤矿修建的北川铁路聘请原胶济铁路总工程师守尔慈为北川铁路总工程师；重庆电气炼钢厂引进美国的设备和瑞典的工程师。

四是民族企业兴起和壮大。由于近代帝国主义的触角主要控制沿海地区，内陆城市的国外势力相对较弱，所以民生公司这些民族企业得以发展壮大，不断增强企业实力，代表民族工业的兴起，抵制外国经济对我国进一步侵蚀，推动本地经济社会发展发挥重要作用。例如，民生轮船公司在市场竞争中击败英国太古轮船等公司，收回并一统了长江的航运经营权，为抗战时期完成中国工业内迁的历史使命及壮举奠定了基础。

近代典型工厂一览表 表 2–1

历史名称	现在名称	地点	始创年代	创办人	历史价值	技术特点
重庆铜元局	长江电工厂	南岸苏家坝	1905 年	锡良、刘湘	重庆最早的机械制造厂和兵工	采用英制和德制设备，重庆最早使用钢筋混凝土和耐火材料的厂房
重庆电气炼钢厂	重庆特钢	沙坪坝詹家溪	1919 年	熊克武、刘湘	西南地区最早的钢铁厂	采用美国设备和瑞典技术，电炉冷装冶炼工艺是中国近代冶金工业史上的创举

续表

历史名称	现在名称	地点	始创年代	创办人	历史价值	技术特点
天府煤矿股份有限公司	天府煤矿集团	北碚天府镇	1933 年	卢作孚	四川省最大的煤矿企业，四川的第一条铁路	采煤机械化程度高，铁路运输
三峡印染织厂	重庆第五棉纺织厂	北碚文星湾	1927 年	卢作孚	西部最大的近代纺织企业之一	纺织机器设备先进，产品畅销川内
民生轮船公司	民生集团	渝中区朝天门	1926 年	卢作孚	中国最大的民族资本航运企业。抢运内迁物资和人员入川抗战	拥有大型客船，垄断长江航运
民生机器厂	重庆船厂	江北区青草坝	1928 年	卢作孚	最大的民营机器厂	大型设备在西南技术领先
四川水泥股份有限公司	重庆水泥厂	南岸玛瑙溪	1932 年	胡仲实	四川第一家水泥生产企业，是西南最大的水泥厂	丹麦制造的全套生产设备，水泥产品优质

2.1.3 从农业城市向工商业城市演变

对外开放是重庆近代工业产生和兴起的前提，重庆进出口商品随着开埠后急剧增长。城乡商品经济迅速发展，引进的先进技术、生产方式、管理模式、资金都为重庆近代工业的诞生提供了条件，促使重庆由一个封建农业城市演变为工商并举的近代化城市，具有以下特征：

一是城市性质转变。经过 19 世纪末到抗日战争前的 40 余年，重庆近代工业从无到有，异军突起，城市性质逐步改变单纯的商业中心，向既是商业中心又是工业中心的大城市迈进。

二是城市人口增长。开埠之前，重庆不过是西南一隅的中等封建小城，人口不足 20 万。近代工业促使大量农村人口向城市及周边集聚，抗战前重庆人口近 50 万，列全国城市的第 9 位。

三是城市组团格局初现。开埠前，重庆城市主要集中在渝中半岛不足 2 平方公里范围内，近代工业企业除向市区半岛较高的台地扩展外，相当部分跳出半岛向南岸弹子石、铜元局和江北三洞桥、刘家台一带发展，如当时的棉纺业主要分布在南岸弹子石至窍角沱和江北嘴一带，火柴厂分布在市区下半城至江北城一带，玻璃厂主要分布在江北刘家台至江北嘴一带，机器制造业在南岸铜元局一带。在重庆城沿长江和嘉陵江沿岸方圆 10 平方公里的范围内形成近代工业城市的雏形，呈现“小集中，大分散”的城市空间结构特征。

四是工业以生产资料生产为主。重庆近代工矿业发展到 1936 年共有 41 个行业，属生产资料生产的行业有 15 家，占总资本额的 67%，表明重庆近代工业结构从产生阶段起就和沿海城市不同，保持生产资料生产为主的特征，特别是钢铁、机械、冶炼、煤炭业占近代工矿总数的 58%，初具重工业城市的特征，而沿海地区则是以生活资料生产为主的轻工业开始的，例如江苏南通、无锡等地的纺织业特别发达。

五是工业化进程仍较滞后。虽然重庆建立起初步的近代工业，根据国民政府经济研究所《中国工业调查报告》下册统计，1933 年重庆市共有工厂 390 多家，工人 1.4 万人，分别占当时国内 12 个城市工厂总数的 4% 和工人总数的 3%，其工业产值和资本额在上海、天津、广州、武汉、青岛、无锡、北京、南京之下，名列第 9 位。从全国水平上看，重庆工业大部分规模较小，设备简陋，基础薄弱，部门结构不合理，整个工业尚处于工场手工业向机器大工业过渡阶段。这个时期重庆的工业与上海或其他城市比较，可以看出重庆开埠后的 20 年时间工业发展还是相对缓慢。重庆的机器缫丝业是重点行业，最早出现于 1902 年，发展到 1911 年也不过 4 家，1936 年也仅有 8 家，资本 50 万元，而上海 1929 年就高达 104 家，2.4 万余部缫丝车。与开埠较晚的武汉比较，其近代工业也是 19 世纪 90 年代才开始，到 1937 年已有工厂 787 家，工人 4.8 万人，为重庆的 4 倍，生产净值 7300 余万元，为重庆的 7 倍。①

2.2 第二阶段：陪都工业兴盛时期（1938 ~ 1949 年）

抗日烽火连天，历史的机遇降临重庆，炮火把国民政府赶到重庆，把沿海、沿江的工业、人力、财力赶到重庆。这时期，沿海、中部等工业发达地区的工业发展处于停滞期，却是重庆工业发展的高涨时期。重庆工业因迁而盛，救国而兴，从西南一隅的小城市一跃成为中国当时唯一的综合性工业基地和中国经济中心、政治中心、军事中心、同盟国中国战区指挥中心和有重要国际地位、重大影响的国际大城市。

2.2.1 全国工业第一次内迁

1937 年以前，中国工业在半殖民地半封建社会里畸形发展，布局上极不合理，比例严重失调。抗战以前，中国工业偏重于东南沿海一隅，据初步统计，沿海地区集中了全国 80% 以上的工厂。1936 年年初，江苏、浙江、上海、南京、天津等沿海省市的工厂共达 3178 家，占全国已登记工厂的 70.75%，资本额 2.78 亿元，占全国资本总额的 70.5%，工人为 35 万人，占全国工人总数的 77%，其中上海的工业最为集中，已登记的工厂为 1235 家，占全国已登记工厂的 31.3%，资本额 1.5 亿元，占全国资本总额的 39.73%，工人占全国工人总数的 31.7%②，包括重庆在内的西部地区工业密度远不如东部高。

为什么国民政府选择重庆作为抗战时期国家的政治和经济中心？其中一个主要原因是重庆有较好的近代工业基础，雄厚的工业基础促成国民政府确定重庆为战时首都，重庆不仅具备有利抗战的地理环境和气候条件，而且重庆是西南地区的工业中心城市。交通业的民生公司拥有轮船 47 艘，总吨位 3 万吨，基本垄断川江航运。重庆有丰富的水电和矿产资源，即使东部沦陷、沿海封锁，仍能继续维持生产，支撑大后方抗战生产。

---

① 隗瀛涛 . 重庆城市研究 [M]. 成都：四川大学出版社，1989.

② 国民政府档案 1932 ~ 1937 年工厂登记统计。

这次调整开始于沿海工厂的内迁，从1938年起，400多家大中型企业迁往内地四川、湖南、广西、陕西、云南、贵州等省，重庆成为抗战内迁工厂主要集中地，其中一半以上迁到重庆，迁渝工厂243家，占迁川工厂总数（260家）的93.46%，占内迁工厂总数（450家）的54%。工厂大量内迁，不仅向重庆转移了数万吨新式机械设备、数百万熟练技工和数亿元工业资本，而且给重庆带来了工业生产管理的人才和管理技术。重庆工业在战争刺激下蓬勃发展，到1945年为止，重庆工厂数和资本额分别占四川省的60%和57.6%，西南地区的51.5%和45.6%，大后方的三分之一左右（表2-2）。形成了以重庆为中心的大后方工业生产体系[①]，确立了重庆长江上游的经济中心地位，标志着中国工业生产力布局第一次历史性大调整的完成。

1945年重庆工业地位比较　　表2-2

	重庆	占四川比例	占西南比例	占大后方比例
工厂（家）	1000	60%	51.5%	28.3%
资本（亿元）	272.6	57.6%	45.6%	32.1%
工人（万人）	10.65	58%	47.9%	26.9%

资料来源：近代重庆史。

2.2.2 战时工业性质

重庆是战时中国工业部门最齐全、工业种类最多、工业生产规模最大、工业产品最丰富的综合性工业生产基地。既是重庆工业在量和质上的飞跃，又是全国工业的一次大整合和大提升，技术和规模进一步壮大。战时工业的特点自然是围绕军事斗争，军事工业是战争时期最重要的行业，其他主要行业也主要是为战争军需配套，形成兵器工业"一枝独秀"，相关行业"百花齐放"的良好态势。重庆聚集了国民政府主要的兵工厂及配套的工厂，这些企业代表了中国军事工业最先进的技术。同样，在各行各业都汇集了全国的优秀企业和先进技术，为抗战胜利作出了巨大贡献，不少企业在战后以及新中国成立后都成为重庆的支柱性企业。

1. 兵器制造工业

重庆的兵器工业具有起步晚、发展快、规模大的特点。东部沿海城市如上海早在19世纪60年代就开始创办兵工厂，四川成都1876年创办了四川机器局（后名四川第一兵工厂）。重庆最早的兵器工业始于1922年，由重庆铜元局改建的川康绥靖主任公署子弹厂。1928年，四川军阀刘湘又在临江门外的杨家花园开设了重庆武器修理所，在修理武器的同时也制造一些简易武器。重庆电力炼钢厂到1937年才建成，生产军用钢材。到抗战爆发前夕，重庆兵器工业已能生产步枪、机枪、掷榴弹等常规武器弹药。

抗战奠定了重庆中国兵器工业中心的地位。战时生产规模最大、生产能力最强、生产品种最全的兵工原料生产厂家和枪炮弹药生产厂家全部集中在重庆。至1945年抗战

① 隗瀛涛主编．近代重庆城市史[M]．成都：四川大学出版社，1991.

胜利前夕，大后方各省兵工厂共 27 家，重庆占 17 家（表 2–3），拥有 5000 人的大厂全部集中在重庆，总计员工近 10 万人，占当时全国兵工业总人数的 77%，重庆兵工承担了全国械弹三分之二的份额，其兵器生产的规模、能力与品种在中国兵工生产中占有绝对的支配和统治地位，是战时中国国防工业最大的聚集地和供应中心。

兵器工业典型工厂一览表　　表 2–3

历史名称	现在名称	地点	始创年代	创办人	历史价值	技术特点	典型遗存
兵工署第 1 兵工厂，原汉阳兵工厂	建设厂	九龙坡鹅公岩	1890 年	张之洞	中国最早、最大的步枪工厂	主要设备购自德国，汉式步枪为全国产量最大的步枪	百余个岩洞车间
兵工署第 10 兵工厂	江陵机器厂	江北忠恕沱	1935 年	蒋介石	中国创办的第一个完整的炮厂	主要设备购自美国，生产大口径野战炮及榴弹炮	—
兵工署第 20 兵工厂，重庆铜元局	长江电工厂	南岸苏家坝	1905 年	锡良、刘湘	重庆近代最早的机械工厂	枪弹生产的专业工厂	—
兵工署第 21 兵工厂，金陵制造局	长安集团	江北簸箕石	1862 年	李鸿章	中国最大和最早的枪炮制造厂	中正式步枪是世界军械中数一数二的利器，被比利时国家博物院收藏	生产车间、办公楼
兵工署第 24 兵工厂，重庆电气炼钢厂	特殊钢厂	沙坪坝詹家溪	1919 年	熊克武、刘湘	西南最早的炼钢厂	西南地区最早生产电炉优质钢，西南唯一的轧制钢板厂家	建厂纪念碑、办公楼
兵工署第 25 兵工厂，江南制造局龙华分局枪子厂	嘉陵厂	沙坪坝詹家溪	1875 年	李鸿章	中国最大的枪弹生产厂	枪弹质量在国内居于领地位	电气熔铜炉山洞及遇难烈士纪念碑
兵工署第 26 兵工厂	长寿化工厂	长寿区下关	1939 年	蒋介石	中国最早的氯酸钾炸药制造厂	采用美国的设备和工艺生产氯酸钾炸药	生产设备
兵工署第 29 兵工厂，汉冶萍钢铁联合企业	重庆钢铁集团	大渡口	1890 年	张之洞	中国最早、规模最大的钢铁联合企业	我国第一座现代化钢铁联合企业	轧钢生车间、炼铁高炉等
兵工署第 50 兵工厂，广东第二兵器制造厂	望江机器厂	江北郭家沱	1931 年	陈济棠、李宗仁	国内规模最大的炮及炮弹生产厂	是抗战和解放战争时期国民政府主要的炮和炮弹厂	厂房、生产山洞

除兵工厂外，包括兵工署在内的其他与兵工有关的研究、教育机构均全部汇集于重庆。有一大批兵器专家更是发挥重要作用，他们大多留过学，如果没有这样一大批专家人才，就研造不出来先进的或改进的武器。例如，第 21 兵工厂厂长李承干毕业于日本东京帝国大学，研制定型的中正式步枪性能上超过了日本的三八式步枪。这些武器源源不断地运往前方各战场，成为打赢八年抗战最重要、最直接的利器。[①] 许多大型兵工

① 据中国第二历史档案馆的统计，从 1938 年各厂相继复工至 1945 年抗战胜利止，重庆兵工厂共生产各种枪弹 8.54 亿发，步枪 29.34 万支，轻机枪 1.17 万挺，马克沁重机枪 1.82 万挺，火炮 1.4 万门，炮弹 599 万颗，甲雷 43 万个，手榴弹 956 万颗，各式掷弹筒 6.79 万具，掷榴弹 154 万颗，炸药包 376 万个；1945 年生铁产量达 48495 吨、钢产量达 18234 吨。

企业在战后留在重庆，成为重庆机械制造业的骨干力量。主要的兵工厂简述如下：

（1）兵工署第1兵工厂原是清光绪十六年（1890年）湖广总督张之洞在湖北汉阳创办的湖北枪炮厂，后名汉阳兵工厂。该厂的设备是当时全国兵器制造工厂中最先进的，主要设备购自德国，生产枪、炮、枪弹、炮弹等，1895年生产的汉式步枪（被称为汉阳造）曾一度为全国产量最大的步枪，在中国一直都是主力武器之一。抗战爆发，1938年6月，汉阳兵工厂迁至湖南辰溪，改称兵工署第1兵工厂，1940年又迁至重庆鹅公岩设厂，占地25万平方米，在靠近长江边的山崖开凿岩洞107个作为生产车间（图2-6），洞内建筑面积20124平方米。主要生产中正式步枪和75毫米炮弹。1945年成为第21兵工厂第一分厂。现为重庆建设厂。

（2）兵工署第10兵工厂是1935年秋中国创办的第一个完整的炮厂，曾名炮兵技术研究处，生产师团野战炮及100毫米榴弹炮。1938年6月1日，炮技处奉令内迁重庆，选定嘉陵江边江北县石马河乡的忠恕沱[①]为厂址，1941年年初命名为第10兵工厂。主要生产TNT炸药包、雷管、马克沁机枪零件、60迫击炮与炮弹以及20、37榴弹等，被列为兵工署的重点厂之一。1946年4月工厂改名为第50兵工厂忠恕分厂。现为国营江陵机器厂。

（3）兵工署第20兵工厂系1905年创办的重庆铜元局，是重庆近代最早的机械工厂。1922年刘湘任川军总司令，利用铜元局的机器设备，改装试制子弹，最终以制造枪弹代替铸造铜元。1930年改称国民革命军第22军子弹厂。1937年8月18日军政部兵工署接管该厂，改称兵工署第20兵工厂，成为枪弹生产的专业工厂之一。对产品制造工艺、技术和材料都进行了一系列的改革，枪弹品种和数量有很大发展，产品质量有很大提高，是抗战时期中国主要的子弹专业工厂。现为重庆长江电工厂。

（4）兵工署第21兵工厂曾是中国最大和最早的枪炮制造厂，前身为清同治元年（1862年）洋务大臣李鸿章在上海松江城外创办的中国最早的枪炮制造工业——上海洋炮局，1865年迁到南京雨花台，改名为金陵制造局，与江南制造局、天津机器局、福州船政局一起并称为洋务运动四大军工企业。民国后，改称金陵兵工厂。抗日战争爆发，金

图2-6 九龙坡区鹅公岩第1兵工厂山崖遗址

① 原名空树沱，因地名不雅，被改名忠恕沱，因当时国民党倡导忠恕精神。

陵兵工厂于1938年2月迁到重庆江北簸箕石建厂，同年7月，接收汉阳兵工厂步枪厂，接管重庆武器修理所，更名为兵工署第21兵工厂。1939年郭沫若作词、贺绿汀作曲为第21兵工厂作厂歌。1943年，第21兵工厂研制成功并正式批量生产中正式步枪，为此，蒋介石召见了研制有功人员，并给以重奖。1946年3月，兵工署举办的中正式步枪比赛中，第21兵工厂生产的获得最优。1949年成为兵工署下规模最大的工厂，生产汉式步枪、中正式步枪、捷克式轻机枪、马克沁重机枪、120毫米迫击炮、火箭发射筒等武器。中正式步枪在由美械、日械装备的国民党军队中，仍是主要的量产步枪，在当时世界军械中是数一数二的犀利军械。1947年3月，该厂奉令精选中正式步枪1支，轻重机枪各1挺，82毫米迫击炮1门及附件全副，赠送比利时国家博物院收藏。现为长安集团，保留大量抗战时期的进口老设备（图2-7）。

（5）兵工署第24兵工厂系始创于1919年的重庆电力炼钢厂，钢厂的建设和生产，因时局动荡几经周折，1935年8月，钢厂初期建设工程全面动工，1937年1月8日正式出钢，是西南地区最早生产的电炉优质钢（图2-8）。抗日战争时期钢厂的主要生产任务是为兵工厂供应钢材，后方各兵工厂所用的电炉钢材，主要由其供给。1939年，更名为兵工署第24兵工厂。该厂生产水平和技术水平具有一定的代表性，电炉冷装冶

图2-7　第21兵工厂的机器
（资料来源：作者自摄）

图2-8　第24兵工厂
（资料来源：欧阳桦绘）

炼工艺利用毛铁炼钢成功，获美国技术专家称赞，1942 年 10 月正式轧制钢板，是西南唯一的轧制钢板厂家。现为重庆特殊钢铁厂。

（6）兵工署第 25 兵工厂系清光绪元年（1875 年）在上海建立的江南制造局龙华分局枪子厂。抗战爆发，1938 年 4 月迁往重庆，选定沙坪坝詹家溪为厂址，1939 年在紧靠挂榜山等地段征地建厂，建设了 40 余座山洞，将熔铜、轧片、弹头、装校等重要机器设备移入洞内生产①（图 2-9）。1939 年 1 月 1 日更名为第 25 兵工厂，主要制造 7.9 毫米枪弹、机枪弹、冲锋枪弹等品种。枪弹生产量均超过 5000 万发，质量在国内居于领先地位，是中国最大的枪弹生产厂。在兵工署每年组织的枪弹质量比赛中，第 25 兵工厂生产的枪弹多次被评为第一名。抗日战争胜利后，第 25 兵工厂停办，成立第 20 兵工厂詹家溪保管处和第 9 制造所。现为嘉陵工业集团。

（7）兵工署第 26 兵工厂是中国最早的氯酸钾炸药制造厂。抗日战争爆发后，进口物资被封锁，为力求用国产原料生产炸药，国民政府决定筹建氯酸钾炸药制造厂。1939 年 10 月 2 日，在长寿县城郊邓家湾河街关口一带选定厂址，由基泰工程司设计，由著名化工学家侯德榜在美选购制造设备。1944 年 7 月安装完成，1945 年 1 月，正式生产氯酸钾炸药。现为重庆长寿化工总厂。

（8）兵工署第 29 兵工厂是中国最早、规模最大的钢铁联合企业。原系清光绪十六年（1890 年）湖广总督张之洞创办的汉阳钢铁厂，1894 年建成投产，开采江西萍乡煤矿，1908 年，汉阳钢铁厂与萍乡煤矿合组为“汉冶萍煤铁厂矿公司”，成为亚洲最大的现代化钢铁联合企业。抗战爆发，1938 年 3 月 1 日，由国民政府军政部兵工署和经济部资源委员会联合组成钢铁厂迁建委员会，将汉阳钢铁厂、上海炼钢厂内迁重庆大渡口建厂。

图 2-9　第 25 兵工厂挂榜山下生产洞及纪念碑
（资料来源：作者自摄）

① 民国 31 年（1942 年）1 月厂长顾汲登为开凿山洞牺牲的烈士所立纪念碑，依稀可见的文字为：“山洞工房……工程艰巨……遇难者血肉模糊、惨不忍睹……之精神，实无异疆场杀敌……今洞坚强如堡垒，宏敞如宫殿……死者之英灵……与……洞同不朽也欤……”

上海炼钢厂前身是江南制造局炼钢厂，是中国第一座炼钢厂。两厂先后并入钢铁迁建委员会，开采南桐煤矿、綦江铁矿，成为当时大后方最大的一座钢铁联合企业（图 2-10）。1949 年 3 月 1 日，改称军政部兵工署第 29 兵工厂。现为重庆钢铁集团。

（9）兵工署第 50 兵工厂是国内规模最大的炮及炮弹生产厂，原系 1931 年桂系军阀李宗仁、陈济棠创办的广东第二兵器制造厂。抗日战争爆发，1938 年迁至重庆江北郭家沱，更名为兵工署第 50 兵工厂。精密贵重的机具设备安装在山洞内（图 2-11），专门修建别墅式的外国专家招待所。1943 年 3 月，建成一座火力发电厂，位于地下 12 米深处，采用钢筋混凝土防爆结构，由上海馥记营造厂施工建设。主要生产 60 毫米迫击炮和炮弹，是抗战和解放战争时期国民政府主要的炮和炮弹厂。现名重庆望江机器厂。

此外，有一些兵工厂，如第 2、30、40 等兵工厂在抗战胜利后迁回、或撤销、或合并，没有在重庆继续发展。

图 2-10　第 29 兵工厂
（资料来源：市档案馆）

图 2-11　第 50 兵工厂生产车间

2. 其他工业门类

抗战时期，全国经济发达的沦陷区的工厂纷纷内迁重庆，有的与本地的企业合营、合并进行充实壮大。虽然工厂内迁重建历尽千辛，但是在战争机器的带动下，生产规模也不断扩大，工厂都有较大的发展。无论是官办企业还是民营公司，呈现生机勃勃景象（表 2-4），为抗战提供机器设备、棉纺织品、运输、化工等产品，有力地支援了抗战。

其他典型企业一览表　表 2-4

历史名称	现在名称	地点	始创年代	创办人	历史价值	技术特点	典型遗产
恒顺机器厂	重庆水轮机厂	巴南李家沱	1908 年	周恒顺	历史最久、规模最大的机器厂之一	发明的二冲程煤气机取代了进口产品，获得政府 10 年专利	办公楼、金工车间
民生机器厂	重庆船厂、东风造船厂	江北青草坝、郭家沱	1928 年	卢作孚	重庆最早、最大的修造船企业	后方最大的民营机器厂，造船技术大后方领先	修船厂厂房群、住宅
中国汽车制造股份公司华西分厂	重庆机床厂	巴南李家沱	1936 年	曾秀甫	国内最大的汽车制造厂	产品畅销市场	工具车间

续表

历史名称	现在名称	地点	始创年代	创办人	历史价值	技术特点	典型遗产
天原化工厂	天原化工厂	江北猫儿石	1928 年	吴蕴初	国内著名的日用化工企业	“佛手牌”味精享誉海内外	吴蕴初办公楼
中央造纸厂，上海龙章机械造纸有限公司	重庆造纸厂	江北猫儿石	1904 年	李鸿章	中国最早的三家机制纸厂之一	大后方最大的机械造纸厂	厂招待所
天府矿业股份有限公司	天府矿业集团	北碚天府镇	1932 年	卢作孚	后方最大的煤矿公司	采用现代机械化生产	金工车间、办公楼等
大明纺织厂，原三峡染织厂	重棉五厂	北碚文星湾	1927 年	卢作孚	最大的棉纺织厂之一	纱、布产品畅销西南各省	—
汉口裕华纺织有限公司渝厂	重棉三厂	南岸窍角沱	1919 年	—	国内纺织业有名的大厂之一	产品风行西南各地	厂门 办公楼 主厂房
国民政府航空委员会第二飞机制造厂	晋林机械厂	南川海孔村	1939 年	蒋介石	中国第一架中型运输机（中运 1 号）	自主研发生产运输机和教练机	天然大山洞

（1）机器制造业

恒顺机器厂是后方设备最好的工厂之一。1908 年始创于汉阳，是武汉历史最早，规模最大的一家民营机器厂，该厂的生产能力和技术水平，在武汉民族资本中首屈一指。1938 年迁渝，与重庆民生实业公司合资改组，于 1939 年 4 月在李家沱复工。该厂发明的二冲程煤气机取代了进口产品，获得政府 10 年专利。现名重庆水轮机厂。

民生机器厂是后方最大的民营机器厂。由著名实业家卢作孚 20 世纪 20 年代创办于江北青草坝，民生厂的主要任务是为民生公司生产和修理航行川江的各种船只，聘请上海江南造船厂和全国的优秀造船专家，其造船技术为国内大后方首屈一指。现名重庆船厂（图 2–12）。

图 2–12　民生机器厂旧址

图 2–13　豫丰机器厂旧址

豫丰机器厂始建于 1941 年 11 月，位于北碚蔡家，豫丰纺织股份有限公司的纺织机械修造机器厂属官僚资本企业。后工厂改名为余家坝机器厂。新中国成立后迁九龙坡区杨家坪，改名重庆空压机厂，现名重庆铁马工业集团（图 2–13）。

（2）汽车制造业

中国汽车制造股份公司华西分厂是国内最大的汽车制造厂。是由国民政府交通部长曾秀甫于 1936 年创办的官办企业。总厂建在湖南株洲，抗日战争爆发后，总公司迁香港，1941 年香港沦陷后，总公司迁重庆，厂址设在巴县渔洞镇道角（图 2–14）。当时生产的主要产品有柴油汽车、奔驰柴油机引擎、455 柴油机等，产品在市场上很有声誉。现为重庆机床厂。

图 2–14　中国汽车制造股份公司华西分厂旧址

（3）化工业

天原化工厂是国内著名的日用化工企业。1928 年由著名化工实业家吴蕴初创办于上海，吴蕴初的“天”字号企业是国内有名的大厂。1939 年春，天原厂内迁重庆江北猫儿石建厂（图 2–15），生产烧碱、盐酸、漂白粉以及味精，“佛手牌”味精享誉海内外。现名重庆天原化工厂。

（4）造纸业

中央造纸厂是中国最早的三家机制纸厂之一。原系清光绪三十年（1904 年）李鸿章在上海建立的龙章机械造纸有限公司。抗日战争期间迁至重庆江北猫儿石，更名为“中央造纸厂”，成为国民政府财政部直属造币厂，1941 年建成投产，是大后方最大的机械造纸厂（图 2–16）。现名重庆造纸厂。

图 2-15 吴蕴初旧居

图 2-16 造纸厂历史建筑

（5）橡胶制造业

中南橡胶厂是整个大后方唯一的橡胶厂。1940 年 4 月由爱国华侨创办于重庆化龙桥（图 2-17），填补了后方橡胶工业的空白，该厂生胶由印度进口，并试制成功的再生胶技术，生产了大量的汽车轮胎、飞机橡胶制品，各种胶管、胶鞋，为支援抗战作出了突出贡献。

（6）采矿业

天府矿业股份有限公司是后方最大的煤矿公司。1932 年卢作孚成立天府煤矿股份有限公司，1938 年 5 月 1 日，天府煤矿股份有限公司与内迁重庆的河南焦作中福煤矿股份有限公司达成合并协议。①成立后基本实现机械化生产，产量突飞猛进，刷新了重庆煤矿业史。新天府月产量高达 5 万吨，比旧天府月产 4000 吨提高了 11 倍，据统计，天府煤矿产煤量 1945 年达 39 万余吨，占全市电力用煤的 60%，纺织、航运用煤

图 2-17 化龙桥中南橡胶厂原貌

① 河南焦作中福公司是资源委员会同河南省政府经营的中原公司与英福公司组合而成，董事长是翁文灏，矿冶专家孙越崎任总理。

图 2-18　天府煤矿机修厂办公楼及厂房

的 80%，兵工、航运的 50% ~ 80% 均由其供应。1943 年 10 月，天府煤矿机修厂自行设计制造了中国第一部火车头，被国民政府经济部长翁文灏赞为“开创了中国机械制作之先河”，对发展国产动力机械设备作出了特殊的贡献（图 2-18）。

（7）棉纺织业

汉口裕华纺织有限公司渝厂是国内纺织业中有名的大厂之一。1919 年创办于武昌。抗战爆发后，内迁重庆与民生公司合作，厂址设在南岸窍角沱（图 2-19）。由馥记营造厂承建，1939 年 7 月开工，从英国购买了纱机 4000 锭和布机 56 台，产量持续上升，产品质量较高，所产红磅芦雁细布和 20 支双支细纱风行西南各地。现名重庆棉纺三厂。

大明纺织厂是重庆当时最大的棉纺织厂之一。原是卢作孚创办于 1927 年的三峡染织厂，位于北碚文星湾。1937 年抗战开始，江苏常州的大成纺纱厂内迁。大成纺织厂是有悠久历史的大厂，创办人是著名企业家刘国钧。1937 年入川与三峡染织厂合办工厂，定名为“大明织染股份有限公司”。纱、布产品畅销西南各省，为支持抗战和服务人民生活作出了积极贡献。现名重庆棉纺五厂。

豫丰纺织公司重庆纱厂是当时西南纺织业中规模最大、实力雄厚的大厂之一。1919 年由民族资本家创建于河南省郑县（今郑州市），是当时中原地区最早、最大的一家近代纺织企业。1938 年内迁重庆土湾（图 2-20）。在棉纱市场中举足轻重。现名重庆第一棉纺织厂。

图 2-19　裕华纱厂办公楼及仓库
（资料来源：作者自摄）

（8）钢铁工业

除钢铁迁建委员会和第 24 兵工厂外，渝鑫钢铁厂是后方最大的民营炼钢厂。由中国钢铁大王余名钰于 1933 年秋在上海创办。抗战迁渝后与民生公司合作，更名渝鑫钢铁股份有限公司，1938 年 2 月在重庆土湾建厂投产。不仅以产品种类多著称，产量也较大，产品质量也较高。1942 年，周恩来与冯玉祥参观该厂，周恩来题词："没有重工业，便没有民族工业的基础，更谈不上国防工业，渝鑫厂的生产已为我民族工业打下了初步的基础"。抗战胜利后迁回上海，部分并入重庆钢铁公司，厂址由重庆印染厂接收使用（图 2-21）。

中国兴业公司是 1939 年 7 月由孔祥熙、翁文灏等创办于江北相国寺的钢铁厂，其规模仅次于钢铁迁建委员会的第 29 兵工厂。现名重庆钢铁公司第三钢铁厂。

图 2-20　豫丰纱厂厂房旧貌
（资料来源：欧阳桦摄）

图 2-21　渝鑫钢铁厂厂房旧貌
（资料来源：欧阳桦摄）

（9）航空业

国民政府航空委员会第二飞机制造厂于 1939 年由江西南昌迁渝，位于南桐丛林乡海孔村，在天然大溶洞中（长达 350 米，洞内空间高 40 多米，宽 20 ~ 30 米）建造钢筋混凝土结构三层楼厂房，洞外是生活区用房（图 2-22），1941 年竣工时，国民政府主席林森进行了视察。自主研发生产出中国第一架中型运输机（中运 1 号），之后，又生产了多个型号的运输机和教练机。1947 年迁回江西南昌。

图 2-22　第二飞机厂山洞厂房

2.2.3　近代工业的壮大

抗战时期，中国工业快速发展壮大，成为夺取八年抗战胜利的决定性力量，同时促进重庆城市地位空前提升、城市面貌日新月异，是重庆城市发展史最辉煌的时期。

1. 强大的战时工业

战时重庆在军需民用方面所表现出来的巨大工业生产能力，使之成了支撑中国长期抗战最大的经济堡垒和最坚强的脊梁。八年抗战期间，重庆工业企业发展到1694家，工业企业数占当时“大后方”工业企业总数的28.3%，占西南地区的51.1%，占四川的59.4%；重庆工业资本额达272.6亿元，占整个大后方的32.1%，占西南的45.6%，占四川的57.6%。可见重庆在整个大后方的工业经济和工业生产中占有绝对的支配和中心地位，其生产的大多数工业产品占整个大后方生产量的一半以上，有的只有重庆能够生产。到1945年年底，重庆工厂数量1694家、工业资本额达272.6亿元、工人106510名，分别为战前的18倍、1588倍和10倍①（图2-23）。

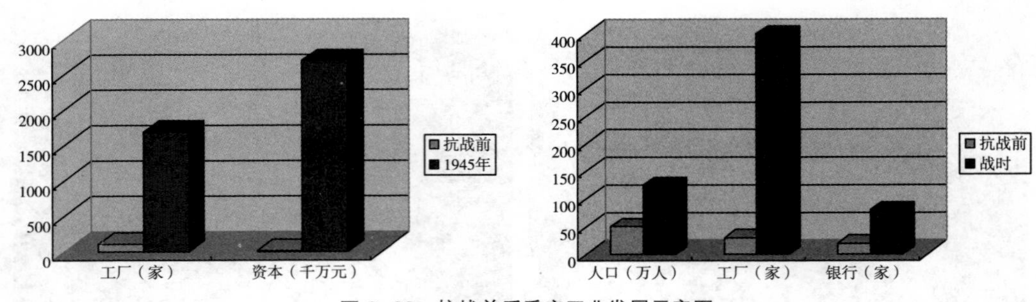

图2-23　抗战前后重庆工业发展示意图

2. 成为国内唯一综合性工业基地

抗战时期重庆工业的发展，不只是表现在工厂数量的增加，更表现在工业结构的变化。抗战前，重庆工业除重庆炼钢厂、四川水泥厂稍具重工业的性质外，其余大多是一些中小型工业。抗战爆发后，随着一大批重要的国防兵工企业和沿海厂矿内迁，重庆很快便形成了以兵工、机械、钢铁、煤炭、纺织、化工、电器等部门为主体的工业体系，加上各类与之配套的新兴工厂的建立，重庆成了战时中国工业部门最齐全、工业种类最多、工业生产规模最大、工业产品最丰富的唯一的综合性工业生产基地。这使重庆战前的工业结构得到彻底改变，这不仅适应了战时中国的需要，支撑了伟大的抗日民族解放战争，而且奠定了重庆工业经济的发展基础和格局，使重庆由一座工商业城市发展成为中国大后方唯一的工业门类较齐全的综合性工业基地，从一座中等工商业城市一跃成为拥有百万余人口的特大工商业城市，成为近代全国性的经济中心，在长江上游地区城市体系的最高层次，发挥着经济、政治的主导作用。

3. 推动城乡全面的工业化进程

抗战时期，重庆城市结构和规模也有了较大的发展。在距重庆方圆100平方公里的地域形成综合工业区，集中了全市工业总产值80%以上的企业，这些企业给所在地区的发展带来了蓬勃的生机，使大城市近郊的各级城镇空前繁荣，比如，沙坪坝、小龙坎、石桥铺、九龙

---

① 周勇．重庆通史（近代史卷）[M]. 重庆：重庆出版社，2002.

坡等地房屋鳞次栉比，已颇具大都市景象。重庆城市附近的巴县、江北县、长寿县、壁山县、大足县等郊区，近代工业形成一定规模，城市建设也有较大起色。此外，巴渝地区除重庆综合工业区外，还形成万县、涪陵一带的水电、棉油工业区，这些工业区大大增强了巴渝地区近代工业的比重，也使一些原本无工业的小城镇（如酉阳县龙潭镇等）有了近代工业。

2.3 第三阶段：现代工业奠基时期（1950 ~ 1963 年）

2.3.1 奠基重工业城市地位

抗战胜利后，国民政府还都南京，大批工厂企业和技术人员回迁东部沿海城市，再加上不久解放战争爆发，时局动荡，加重了重庆经济形势的恶化，新中国成立前夕，一些重要厂矿还遭到炸毁和破坏。新中国成立后，重庆工业在百废待兴中稳步崛起。1949 年，重庆约有工业企业 2000 家，经过“一五”、“二五”建设，发展到有 4700 家工业企业（表 2–5）。经苏联的援助和自力更生，重庆工业又得到恢复与发展，这一阶段主要是解决工业恢复重建问题，在旧工业基础上建成具备一定产业链和配套加工能力的现代工业体系。这一时期是近代工业向现代工业承前启后的过渡时期。

“重化工业优先”战略在重庆“一五”计划建设时期表现得十分突出，国家有关部委在重庆安排的全民所有制基本建设项目投资就有 111 个工业项目，累计达 8.269 亿元，其中，重工业投资 4.91 亿元，占工业总投资额的 89.9%，而轻工业投资仅为 5514 万元，占工业投资总额的 10.1%。重工业项目占了相当比重。重庆发电厂、长寿水电厂、重庆酸化工厂、长寿化工厂、重庆木材加工厂等被纳入国家“一五”计划 156 个重点项目，这些重点工业建设项目迅速填补了重庆重工业门类的空白。改扩建后的 101 钢铁厂（即重钢）是西南地区最大的工业企业，新建和扩建了重棉一、二厂的织布车间，改扩建了中南橡胶厂和天原化工厂等企业，新建了西南地区第一对年产 60 万吨的竖井——鱼田堡一号油井。私营机械厂进行全行业公私合营，调整合并，形成重庆通用机器厂和重庆水轮机厂等企业，重庆工业制造出多类苏联型号的精密齿轮机床、中小型动力设备和特种钢材。还新辟南桐矿区，建成重庆钢铁公司大平炉、重庆空气压缩机厂、重庆造纸厂、中梁山煤矿等重点工业项目。建设厂改扩建等国防军工项目也在“一五”期间强力推进实施，为重庆兵器工业发展打下了坚实基础。重庆特钢 1952 年建成我国第一个冷拉钢材车间。长寿化工厂 1958 年建成我国第一套氯丁橡胶生产线。长安机械厂 1958 年生产出我国第一辆越野吉普车。以 1956 年和 1952 年比较，重庆工业总产值增加了约 1.8 倍，工业总产值占四川全省的 35%。初步建构起现代重工业的骨干体系，进一步强化了重庆作为西南地区和长江上游重要工业城市的地位。

“二五”计划提出“尽快把重庆建设成为综合性现代化工业城市”的“大跃进”目标，拟定投资建设 150 个大中型项目，主要行业有钢铁、煤炭、电力、机械以及化工等，工业建设重点是重庆钢铁公司。但由于“大炼钢铁”和“以钢为纲”过左的指导方针，工业盲目大跃进，使工业生产受到严重挫折。在“二五”后期开始进入调整时期，贯彻执行“调整、充实、巩固、提高”的总体要求。1962 年经济开始好转，新增工业企业 2100 多家，新增投资 21 亿元，新增公路通车里程 5000 公里。

2.3.2 重工业典型企业

西南工业部 101 厂（重钢）原是民国时期第 29 兵工厂。1950 年 10 月，重钢轧制出新中国第一批汉阳式 85 磅重轨，完成重轨 13000 吨，铁道垫板 7647 吨，为成渝铁路 1952 年 7 月 1 日正式通车作出了贡献。1958 年到 1960 年，重钢进行了包括矿山、炼钢、轧钢、机修、动力以及耐火材料等项目在内的大规模基本建设，两座 620 立方米的高炉分别于 1960 年和 1970 年投产。为配合重钢的扩建，还修建了大洪河电站，扩建了重庆发电厂。以 1956 年和 1950 年比较，重钢生铁产量提高了 13 倍多，钢产量提高了 35 倍多。

重庆第二钢铁厂（重庆特殊钢厂）原系民国时期第 24 兵工厂，是我国常规轻武器钢材的主要供应单位。1958 年，钢厂与钢研总院合作，研制并生产出我国第一块不锈钢复合钢板，获得国家级的荣誉称号。

国营重庆机床厂原是民国时期中国汽车制造股份公司华西分厂，1953 年试制成功全国第一台仿苏滚齿机、插齿机、剃齿机，1956 年第一次自行试制成功更精密的仿苏式滚齿机、剃齿机型号，结束了引进图纸仿制普通滚齿机的历史（图 2-24）。

重庆造纸厂原是民国时期的中央造纸厂，是国家在西南地区定点生产高级文化用纸的骨干企业，是全国唯一生产军用地图纸的厂家。

国营江陵机器厂原是民国时期第 10 兵工厂，生产的 37 高榴（甲）弹在全国同行业中，产量最大，质量最好，成本最低，深受部队欢迎。

重庆发电厂是西南第一个现代化火力发电厂，是苏联援助建设的全国 156 项重点工程之一，位于九龙坡五龙庙，占地 39.5 万平方米，由苏联专家援助勘察设计，并指导土木建设和安装的施工（图 2-25）。1954 年 4 月 20 日，西南军政委员会副主席贺龙出席了该厂发电剪彩典礼。

图 2-24 重庆机床厂

图 2-25 重庆发电厂

狮子滩水电站是新中国成立后国内自行设计、自行组织施工的我国第一座梯级水电站，是西南第一个大型水电站。1954 年建成，蓄水湖面占地 64.4 平方公里，挡水坝主坝长 1014 米，高 52 米，总库蓄水量 9 亿多立方米。担任总工程师的李鹗鼎 1956 年被评为全国劳模。

重庆空压厂是 1952 年余家坝纺织机械厂迁建九龙坡后改建为高射机枪和生产坦克的军工厂，是我国履带式车辆生产基地。现为重庆铁马集团。

巴山仪器厂于 1959 年创建，隶属中国航天科技集团，是我国航天遥测领域的“领头羊”，主要生产航天遥测设备、研发关键技术。为我国“两弹一星”的试制成功提供了关键的遥测设备和控制技术。

新中国成立初期典型企业一览表　　表 2–5

历史名称	现在名称	地点	始创年代	创办人	历史价值	技术特点	典型遗产
西南工业部一零一厂	重钢集团	大渡口	1890 年	张之洞	轧制新中国第一批重轨，建成成渝铁路	大平炉是中国第一座自己设计的具有现代工业水平的平炉	炼铁高炉、炼钢车间等
重庆第二钢铁厂	重庆特殊钢厂	沙坪坝詹家溪	1911 年	熊克武、刘湘	研制并生产出我国第一块不锈钢复合钢板	我国常规轻武器用料的主要供应单位	专家招待所
长寿狮子滩电厂	长寿狮子滩电厂	长寿	1958 年	—	我国第一条梯级水电站	总库蓄水量 9 亿多立方米	坝体和电厂
华西汽车制造厂	重庆机床厂	巴南李家沱	1941 年	—	1953 年试制成功全国第一台仿苏滚齿机、插齿机、剃齿机	高精密、大型机床	厂房
中央造纸厂	重庆造纸厂	江北猫儿石	1904 年	李鸿章	国家定点高级文化用纸企业	是全国唯一生产军用地图纸的厂家	厂招待所

2.3.3 发挥现代重工业城市的辐射作用

在新中国的建设中，重庆发挥老工业基地的作用显著。20 世纪 50 年代初，重庆是西南大区军政所在地和中央直辖市，重庆城市性质与功能的定位为我国战略后方重要工业基地，建设方针和基本任务定位是以服务国家的重工业建设为中心。《重庆城市初步规划（1960 年）》开篇指明：“重庆已经逐步地建成一个钢铁、冶炼、机械、制造、电机、交通、工具制造、煤炭化工、建筑材料、造纸、医药、轻重化工的综合性现代化工业城市，本身即将构成一个完整的工业体系，又将成为西南数省经济协作区的主要基地之一，是一个以重工业为主体的综合性现代化工业城市”。重庆工业不但供应四川及西南建设所需要的部分钢材，水泥、煤炭等原材料，还供应部分机床及大量轻工产品，发挥了重庆老工业基地的辐射作用，基本形成新中国重要的战略工业基地。例如，重钢不仅支援全国 27 个省、直辖市和自治区的建设，还供应朝鲜、越南、印度和巴基斯坦等周边国家，奠定了我国现代化建设“南有重钢”的历史地位。

随着现代工业化的发展，城市化进程加快，城市规模随工厂企业布局不断扩大。“一五”

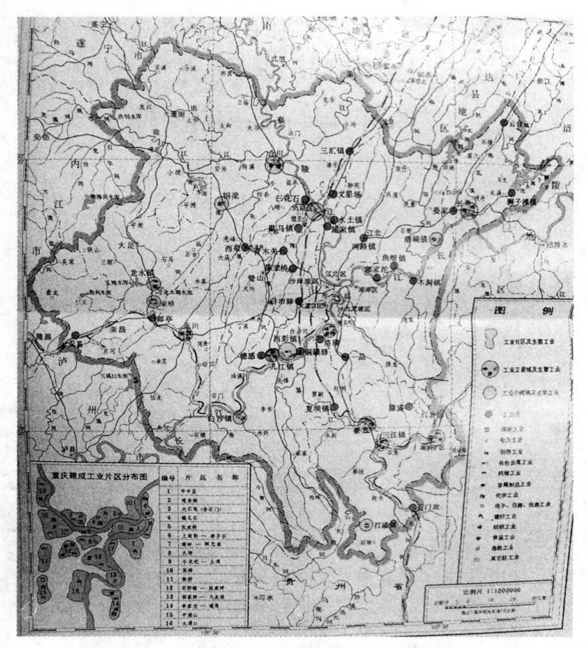

图 2-26　新中国成立初期重庆工业分布图
（资料来源：重庆工业综述）

时期，除改造利用旧城区的工业基础外，又开辟了李家沱、中梁山、南坪、道角、石门、牛角沱等一批新的工业点。在成渝铁路通车的带动下，远郊区县也开始了工业的建设。工业的稳步发展提高了当地经济社会的水平，推动了广大乡村的城市化进程，在重庆主城周边形成了众多的新兴工业强县（镇）。例如，在上桥、石门等地建立和形成通用机械工业点，在李家沱、中梁山、井口等地发展化学工业，在歇马场、海棠溪发展农业机械制造工业，在各县城和主要集镇发展日用轻工业。重庆的工业分布现状和山地条件：城市发展提出了“大分散、小集中、梅花点状”的城市格局思路，初步形成现代重庆城市骨架（图 2-26）。

2.4　第四阶段：三线建设加速时期（1964 ~ 1980 年）

2.4.1　中国现代工业建设的第二次内迁

1964 年至 1980 年的三线建设①在中国历史上是一个规模空前的重大经济建设战略，是中国现代工业建设的第二次内迁，是中共中央和毛泽东主席于 20 世纪 60 年代中期作出的一项重大战略决策，在当时国际局势日趋紧张的情况下②，是为加强战备，经略后方，改善西部地区人民生活水平，逐步改变我国生产力布局的第二次全国性由东向西转移的战略大调整，建设的重点在西南、西北的工业。在长达十六年横贯三个五年计划的时间里，国家主要是在中西部的 13 个省和自治区进行以战备为指导思想的大规模国防、科技、工业和交通基本设施建设，投入 2052.68 亿元巨资（占同期全国基建总投资的 39.01%，超过 1953 年至 1964 年全国全民企业总投资的总和），极大地提升了我国战略后方的工

① 关于三线建设结束时间，一般有三种说法：① 1978 年，以十一届三中全会召开和 1979 年年初决定对国民经济调整为标志。② 1980 年，以第五个五年计划结束为标志。③ 1983 年，以中央确定三线建设调整改造政策为标志。根据陈东林著的《三线建设——备战时期的西部大开发》采用 1980 年为结束，本书亦同。

② 1964 年到 1980 年，在中国中西部的十三个省、自治区进行了一场以战备为指导思想的大规模国防、科技、工业和交通基本设施建设，称为三线建设。一线指位于沿海和边疆的前线地区；三线指包括四川、贵州、云南、陕西、甘肃、宁夏、青海等西部省区及山西、河南、湖南、湖北、广东、广西等省区的后方地区，共 13 个省区；二线指介于一、三线之间的中间地带。其中，川、贵、云和陕、甘、宁、青俗称为大三线，一、二线的腹地俗称小三线。

业技术水平，其中包括后来被称为西部脊柱的攀枝花钢铁冶金基地，成昆、襄渝、川黔等铁路干线，葛洲坝水电站，酒泉、西昌航天卫星发射中心，六盘水工业基地，湖北中国第二汽车厂，中国西南物理研究院、中国核动力研究设计院等科研机构等，初步改变了中国东西部经济发展不平衡的布局，带动了中国内地和边疆地区的社会进步。

尽管“三线建设”中存在许多有争议的问题，对其功过从不同角度有不同的认识。本书认为三线建设堪称中国历史上空前的西部建设战略，初步改变了中国东西部经济发展不平衡的局面，带动了中国内部和边疆地区的社会进步，对增强全国各民族的团结，都有深远的意义和作用。如果没有三线建设对西部地区的工业、基础设施的投入，今天，东西部地区的经济、社会、文化差距会更大，这将直接影响到整个国家和社会的稳定，我们现在的西部大开发的战略任务将会更艰巨。即使三线建设造成了人力、物力和财力的巨大浪费，这也属于国防安全支出的成本。三线企业已成为一个特殊时代的工业标本，历史已留给我们值得珍视的文化遗产，见证了新中国从襁褓中成长壮大的艰难历程。当年那种无私奉献、忘我工作的精神已成为中华民族宝贵的精神财富。几百万工人干部、知识分子、解放军官兵和上千万人次民工建设者，在“备战备荒为人民”、“好人好马上三线”的时代号召下，打起背包，跋山涉水来到祖国大西南、大西北的深山峡谷、大漠荒野，露宿风餐、肩扛人挑，用十几年的艰辛、血汗和生命，建起了1100多个大中型工矿企业、科研单位和大专院校，形成了中国可靠的西部后方科技工业基地，至今多数企业在西部发挥引领经济发展的作用。

重庆是“三线建设”最主要的城市之一。当时，党中央和国务院决定“以重庆为中心，用三年或者稍长一些时间建立起一个能生产常规武器并且有相应的原材料和必要的机械制造工业的工业基地”和“以重庆为中心逐步建立西南的机床、汽车、仪表和直接为国防服务的动力机械工业”。三线建设期间，国家投入42亿元的巨额资金，在重庆周围地区兴建了一批兵器、船舶、电子、航天、核工业企业和科研单位，同时，迁建、改建、扩建了一批国防工业配套的机械、仪表、化工等企业。据不完全统计，从1964年到1966年，涉及中央15个部的企事业单位从北京、上海、辽宁、广东等12个省市内迁到重庆地区，内迁职工达43488人。1964年下半年至1967年，在重庆地区进行的“三线建设”项目中，国家在重庆共投资118个重点项目和60家重点骨干企业。除了国防工业项目外，还有88个配套的民用工业项目。重庆每万名职工所拥有科技人员数量比沿海地区高出3~4倍[①]，使重庆成为全国最大的常规兵器生产基地，全国最大的军工城市，工业固定资产值跃居全国第五位，对重庆的工业经济、城市建设、道路交通等方面产生了巨大影响，加快了重庆的现代化进程，在生产规模、技术水平、结构布局方面都有一个极大的飞跃，一举成为国内举足轻重的现代化工业城市。

三线建设壮大了重庆老工业基地的实力，形成了以机械、冶金、化工为主体，轻、重工业并举，门类较齐全的工业生产体系，并改变了以往工业企业主要集中于城区的不合理

① 陈东林．三线建设——备战时期的西部大开发 [M].

状况，工矿企业带动远郊区县经济和社会发展。可以说，没有三线建设，就没有重庆今天的工业实力，就没有至今仍在发挥重大作用的全国一流的几个大厂，如西铝、川仪、重汽、川维厂等，也可以说，没有西铝、川仪、重汽、川维，就没有西彭、北碚、双桥、长寿地区现在的繁荣。即使是三线建设的调整对重庆地区经济的发展也起到了促进和推动作用，通过合并、整合相关企业形成更大规模的企业集团，加快了重庆市工业布局的完善，增强了经济实力，加快了城市化进程。三线建设对重庆的工业化和现代化起了巨大的推动作用，使重庆在国家政治和战略地位上得到了应有的肯定。因此，三线建设留给重庆宝贵的工业文化遗产，具有较高的历史价值、社会和文化价值，与抗战时期的工业遗产同样是重庆工业发展中独一无二的财富，是其他城市无可比拟的，必须作为重要的文化遗产加以保护和发扬。

2.4.2 三线建设的主要内容

三线建设时期重庆工业的主要发展行业是兵器、船舶、电子、航天、冶金、化工以及机械制造业等。其中，以兵器制造业为主，“三线建设”期间，新建和扩建了118家工业企业，其中仅军工企业就达30余家，配套民用工业企业达88家。安排在重庆地区的国家大型工厂企业的生产技术水平居于国内甚至国际领先水平，有一批较有代表性的工厂企业（表2-6）。

首先是兵器工业的改扩建。主要包括原有7个老厂(长安机器厂、望江机器厂、江陵机器厂、建设机床厂、空气压缩机厂、长江电工厂和嘉陵机器厂)的扩建和一批机械厂、研究所的新建。如新建红山、庆岩等14个机械厂以及62、54两个研究所。

其次是船舶、电子、航天工业项目的建设。在船舶工业的建设项目上，在以重庆为中心的永川、江津、涪陵、万县沿江一带，从1965年开始，相继建成了较为完整配套的船舶工业基地，重点生产两种舰艇：一种是小型巡洋舰，另一种是在涪陵的李渡生产核潜艇。建成的造船配套工业有前卫仪表厂、重庆造船厂等近10家；在电子和航天工业建设项目上，国家在重庆地区先后扩建了重庆无线电厂、重庆微电机厂和巴山仪器厂，新建了3个微电子研究所，与之配套，还先后新建扩建了测试仪器厂、无线电二、三、四厂等，从而形成了以30多个电子工业项目为依托的电子工业基地，能够生产国防和民用的电子产品14大类320余个品种。

第三是对冶金、化工、机械工业项目的配套建设。在冶金工业方面，如重钢、特钢及三江钢厂的改扩建，西南铝加工厂、重庆铜管厂的新建和重庆铝厂的恢复建设；化学工业方面，国家投资建设了四川维尼纶厂、重庆氮肥厂、重庆磷肥厂等一批骨干化工企业，改造扩建了天原化工厂、长寿化工厂、重庆化工厂等一批老企业；机械工业方面，先后改扩建了矿山机器厂、起重机厂等一批老企业，新建了四川仪表总厂、实验设备厂等一大批骨干企业。到20世纪70年代“三线建设”末期，重庆已经形成了冶金、化工、机械、纺织、食品五大支柱产业。

第四是对交通项目的建设，主要有川黔、襄渝铁路的修建，嘉陵江大桥、涪江大桥、朝阳桥的建设，以及各港口、码头、机场的新建和改扩建。

三线建设典型企业一览表 表 2-6

历史名称	现在名称	地点	始创年代	历史价值	技术特点	典型建筑
西南铝加工厂	西铝集团	九龙坡西彭镇	1962 年	是我国自行设计、自我装备、自己建成的大型铝镁钛合金加工厂	为导弹、卫星等国防重点产品提供关键铝部件	压延车间、锻造车间厂房、机器设备
核工业 816 工程	建峰化工厂	涪陵白涛镇	1966 年	亚洲最大的地下核军工厂	主要生产钚 239 核燃料，安装着国内最先进的计算机	816 工程洞体
四川仪表总厂	四联集团	北碚	1965 年	西南仪表工业基地	自动化水平较高，先进的仪器仪表工业基地	四厂办公楼、六厂精密车间
中国石油化工总公司四川维尼纶厂	四川维尼纶厂	长寿	1970 年	中国五大石油化纤化工基地	引进日本和法国的大型设备装置，是国内自动化程度高的大型化工化纤联合企业	生产设施、设备
四川汽车制造厂	四川汽车制造厂	双桥	1965 年	国内较早的重型汽车生产基地	从法国引进的整车生产技术	生产设施、设备
松藻矿务局	松藻矿务局	綦江	1961 年	最大的无烟煤生产基地之一	1 号井是重庆煤炭工业第一座高度自动化的现代化大型矿井	生产设施、设备
重庆发电厂	重庆发电厂	九龙坡	1954 年	苏联援助的重点工程	采用当时苏联的技术设计、施工和安装	生产设施、设备

（1）西南铝加工厂是国内现规模最大、装备先进的综合性铝加工基地。工厂筹建于 1959 年，当年苏联援助中国建造一座年产量为 10 万吨的大型铝镁钛合金加工厂的项目。因原址有地质问题，1962 年，在邓小平的关心下，国家计委将厂址迁到重庆市西彭乡。1965 年 4 月动工，西南铝加工厂是我国自行设计、自我装备、自己建成的大型铝、镁、钛合金加工厂，以生产航空、航天用大规格铝合金材料为主的工厂。装备由我国自己设计、制造的号称"国宝"的大型铝加工设备，其中有先进的亚洲最大的 3 万吨立式锻模水压机、1.5 万吨卧式水压机和 2400 毫米冷轧机（图 2-27）。生产的大中型铝、镁、钢、

图 2-27 西铝大型国宝级加工设备

（资料来源：作者自摄）

高温合金锻件及大型交通用铝型材和各种铝合金挤模压制品，被广泛应用于航空航天、国防军工等领域，研制的高精尖特新产品被“神六”、“神七”飞船、“长征”系列捆绑火箭、中远程导弹、军民用飞机、国防重点工程广泛采用。全厂有4项技术获得国家技术进步奖，4项获国防重大科技进步奖，生产出“燕牌”高质量表面铝材，获得国家金奖。

（2）核工业816工厂是我国第二个核原料工业基地，中国最大的地下核军工厂。前身是甘肃404工厂（中国最早的核工厂）。20世纪60年代，苏联对中国进行核威胁，中央决定将核工厂搬迁到内地，并进山洞。1966年，周恩来总理审批兴建了为生产原子弹服务的重庆涪陵816核军工厂，建设原子能反应堆，主要生产钚239核燃料。816工厂洞体于1967年2月动工，整座大山被挖空，参加工程建设的有6万多人，有75位为此项工程牺牲。[①]该洞洞体的土建工程量完成85%，国家已经投资了7.4亿元，但工程于20世纪80年代停建。工程完全位于山体中，山脚共有大小19个隐蔽洞口，里面共有大小洞室18个，道路、导洞、支洞、隧道等130多条。洞体内厂房进洞深度400米左右，顶部覆盖层最厚达200米，核心部位厂房的覆盖层厚度均在150米以上。816洞体主要由两部分构成，即反应堆部分和废料处理部分，反应堆部分是整个工程的核心。核反应堆大厅上下共有9层，高达69米，相当于20多层楼房的高度，核反应堆洞室总面积达1.3万平方米。主控台的操作仪器原封未动，核反应堆的设备仍在，操控台上安装着当时国内最先进的计算机（图2-28）。该工程解密后，国内许多专家参观完这座亚洲最大的人工洞库后皆赞叹该洞的“神奇、神秘、神圣”。816工厂停建后，原职工队伍军转民，改建为化肥厂，现名重庆建峰化工总厂。

（3）四川仪表总厂是西南仪表工业基地，创建于1965年。由上海、江苏、辽宁等地区内迁老厂组建成，是我国仪器仪表行业的大型骨干企业。总厂下属22个专业化分厂、1个设计研究院、1个研究所。川仪九厂生产的SY-211型可见光检测离子色谱仪1987年获得布鲁塞尔国际博览会金奖。现已成为产品品种较全，生产能力较强，成套自动化

图2-28　核816工程

① 纪念陵园碑文记载：“回顾20世纪60年代，为祖国、固国防……进洞建设核反应堆816工程，6万余人云集乌江之畔、金子山麓，搭篷为屋、垒石为灶、战天斗地……工程之巨、难度之大、过程之苦，难以言表，其间，先后计76名官兵于掘洞工程中壮烈牺牲，殉国时平均年龄21岁……美好青春魂系国防大业……烈士献身后，厂于1974年元月建陵园一座以资纪念。”

水平高，管理较先进的仪器仪表工业基地。现为四联集团。

（4）中国石油化工总公司四川维尼纶厂是中国五大石油化纤化工基地。1970年11月，为了充分利用四川天然气资源，解决人民的衣食问题，国家在重庆市长寿县朱家镇新建一个维尼纶厂，以天然气为原料生产维尼纶短纤和甲醇、聚乙醇等产品的化工化纤大型企业。四川维尼伦厂20世纪70年代引进日本和法国的7套大型设备装置进行建设，从法国空气液化公司引进一套当时国内最大的制氧装置，总投资10亿多元，是国内较早引进国际先进技术，以天然气为原料生产维尼纶和甲醇的大型成套化工技术装置和自动化程度高的大型化工化纤联合企业。为重庆市和西南地区的纺织行业提供了一种新的高档纺织原料。四川维尼纶厂全厂方圆10里，号称“十里川维”（图2–29）。

图2–29　十里川维厂面貌
（资料来源：川维厂志）

（5）四川汽车制造厂是我国第一个重型汽车生产基地。1964年年初，中法建交后，经周恩来总理批准，引进法国军用越野车技术，并从西欧六国购买生产、检测设备在重庆建厂，生产重型军用越野车装备我军炮兵和二炮部队。1965年建成，并在三线建设史上创造了“川汽速度”。

（6）松藻矿务局1号井是重庆煤炭工业第一座高度自动化的现代化大型矿井。1961年建于綦江县，1965~1985年间建成大规模的无烟煤生产基地，成为迄今重庆生产能力最大，装备最先进的煤矿，整个矿井机械化、现代化水平列西南前茅。

（7）重庆造船厂是西南地区唯一制造水面舰艇的专业工厂，位于南岸明月沱。1969年1月破土动工，1974年6月工厂建设初具规模，工厂的主导产品是“037”型反潜护卫舰，1978年开始制造第一艘舰艇，后发展为制造各种型号的民用船舶。产品远销缅甸、中国香港等地。

（8）綦江齿轮厂始建于1939年，原民国时期国防部运输署第二军用汽车配件制造厂，负责生产汽车配件。新中国成立后，綦齿在中国汽车工业史上创下了五个第一，例如1952年生产出新中国第一台汽车变速器，次年生产出新中国第一批汽车齿轮，1965年生产出新中国第一辆重型自卸汽车，次年生产出新中国第一辆军用越野车。“綦齿”被称为中国汽车齿轮行业的开山鼻祖。

（9）重钢中板厂是1966年为了海军大型舰船配套生产中厚板材，将鞍钢中板厂整体搬迁到重钢。重钢中板厂的产品质量高，是原冶金部免检产品，被誉为“中国第一板”（图2–30）。

（10）川东造船厂属中国船舶工业总公司直属大型企业，位于涪陵李渡长江边，20世纪60年代中期，由上海江南造船厂包建内迁，是我国潜艇基地，被称为“中国西南船王”。

图 2-30　重钢中板厂

其他企业还有：如西南合成制药厂是当时西南乃至全国最大的四环素生产厂；重庆齿轮箱厂创建于 1966 年，位于江津，生产高精度舰船齿轮箱，隶属中国船舶重工集团；江津增压器厂创建于 1967 年，生产涡轮增压器，产品获国家银质奖，隶属中国船舶重工集团；綦江双溪机械厂是 1966 年从东北齐齐哈尔搬来，生产 152 毫米大口径加农炮；南川区有红山机器厂、天星仪表厂等整装炮厂和配套厂，万州区清平机械厂等。

2.4.3　三线建设对城镇体系形成的推动

近现代重庆城镇的发展主要靠工业化推动。1954 年重庆成为四川省辖市后，城市地位被降低，对周边乡村的吸引力和辐射力减弱，主要通过工业厂矿的布点和扩大生产来带动周边城乡的经济和社会的发展。尤其在三线建设时期，大批中央和东部发达省份的工厂企业来渝建厂和分支机构，带来大量建设资金、先进技术和科技人员。按照中央“靠山、分散、进洞”的建设布局要求，工业厂矿的选址远离城市布点建厂，使原本荒芜的地方发生改天换地的变化，这是重庆城市第三次大规模地向外扩展，一些偏远、落后的城镇开始了工业化和城镇化进程，发展成为地区性城市，如：綦江、南桐、巴县、江津、永川、荣县、大足、璧山、铜梁、北碚、长寿、合川等地的山区成为军工业的集中之地，先后新建迁建了兵器、船舶、航天、电子、核工业等 30 多个军事工业企业、科研单位和 80 多个与之配套的机械、仪器、仪表、冶金、橡胶、化工原料等一批大中型骨干企业。这批重点工程企业绝大多数分布在 12 个县境内，占重庆国防工业企业总数的 80% 以上，此外，还有配套的民用工厂 73% 的企业集中在郊区。重庆主城是常规武器成套生产基地和综合性加工工业基地，有了一批工艺技术先进的工业基地，例如南线国防工业基地、大足重型汽车基地、北碚仪表工业基地、西彭铝业基地等，带动南川区、双桥区、北碚区和九龙坡区的城市建设和经济社会的进步；在江津、巴县附近是与重庆主城老厂配套的专业工厂，轻纺和食品工业生产较为发达；在涪江、嘉陵江、渠江两岸（北碚、合川、江北、璧山、铜梁等区县）主要是生产规模较小，运输量不大的工厂及相应科研机构；在长江、乌江两岸（武隆、南川、彭水、长寿、涪陵、丰都、忠县、万县等县市），主要是大型器械及为其配套的专业厂、仓库和科研机构；在永川、荣昌、南桐、綦江等区县，靠近成渝、川黔铁路，是重庆市的燃料供应地之一；在潼南、大足、垫江、梁平、巫溪、开县、城口、云阳、巫山、石柱、酉阳、黔江、秀山等县，因远离“两江”（长江、嘉陵江）、三线（成渝、襄渝、渝黔），以小型工业为主。工业化直接推动当地城镇化进程，带动了城乡经济社会和小城镇的发展，使重庆初步形成了规模不等、职能各异的城镇体系，对城乡的经济发展起着重要的促进作用。

随着三线建设对生产力布局和城镇建设的促进，一个以重庆母城为核心，以县城为骨干，以工业集镇为基础的不同性质、不同职能、不同规模的现代化多层次城市体系已初步形成，构成以主城为中心的重庆城镇群，以万县为中心的沿长江城镇群和以涪陵为中心的渝黔城镇群。但由于受“山、散、洞”建设方针的影响，约74%的三线建设工厂进山太深，战线拉得太长，过于分散，没有很好地依托基础较好的城镇进行建设，增大了城市体系深度发展的难度，使城镇空间进一步合理配置分布受到一定影响。尤其是，在三线建设开展不久，十年浩劫的“文化大革命”也拉开了大幕，由于受到干扰和破坏，重庆工业连续几年大幅度下降，全市工业总产值从1966年至1974年累计下降了88.5%。直到1975年，邓小平主持中央工作后，重庆工业狠抓了企业的全面整顿，生产才有了较大的回升。同时，加大了轻工业的发展，轻工业产值的比重由1970年的39.3%提高到1975年的44.3%，全市轻重工业的比例，逐渐趋于合理。“文革”期间，为确保“三线建设”重点工程的完成，重庆做了大量的工作，尽管有“文化大革命”的干扰破坏，但仍完成了大量基本建设。

2.5 第五阶段：改革开放后重庆工业的新时期（1980年至今）

当代重庆工业特别是改革开放和直辖后又有突飞猛进的发展，但这都是建立在过去发展成就基础上的飞跃，传统工业留下的巨大遗产无疑是重庆工业再次起飞的基础，尊重和保护好过去工业的遗产对当今工业的发展提供了更多有益的启示。

十年动乱结束之后，重庆工业在改革开放方针的推动下，持续、稳定、协调地发展，在四川省和西南地区占据重要地位，发展成为新中国重要的战略工业基地之一。尤其在重庆成为直辖市后，重庆老工业基地又焕发了强大的活力。

直辖前，重庆工业已具有相当的规模，工业门类较齐全，配套能力较高，全国工业原划分的15个大门类，重庆都有；在43个小门类，166个行业中，重庆有40个小门类，145个行业。重庆工业各行业需要的主要原材料，大都可以就近配套，机械、化工、冶金、纺织、食品五大行业，不仅在重庆经济中起着主导作用，而且在四川、西南地区乃至在全国的经济格局中也都占有较重的地位。1983年6月6日，国务院批复重庆市城市总体规划时，明确城市性质为“重庆市是我国的重要工业城市，是长江上游的经济中心，水陆交通枢纽和对外贸易港口”。1985年全市工业固定资产原值约占四川省的1/5，西南地区的1/7，在全国15个中心城市居第5位。1990年重庆工业总产值219.05亿元，较1978年增长2.43倍，年平均增长10.8%，在14个计划单列城市中位居第5位。1995年工业总产值增为1000.79亿元，比1990年增长2.08倍，年平均增长25%，在原14个计划单列城市中居第7位。从20世纪80年代开始，重庆市已成为中国重型汽车、大型自动化仪表、常规兵器、钢铁生产基地之一，全国三大铝加工基地之一，是西南地区最大的机械、造船、纺织、化工、医药、仪表、军工工业基地。

直辖后，重庆老工业基地实现了跨越式的腾飞。《重庆市城市总体规划（1996—2020年）》对重庆城市的定位为“重庆是我国直辖市之一、国家的历史文化名城、我国重要的工业城市、交通通信枢纽和贸易口岸，是西南地区和长江上游最大的经济中心城市和科技文化、教育事业的中心”。1997年实施了重庆直辖后的“七个一批”战役，有效解决了国有企业多年积累的矛盾和问题，一大批国有企业度过了生死存亡的危急关头。2000年，重庆一举扭转国有企业长期高额亏损的局面，当年实现利润总额14亿元，基本实现了老工业基地的振兴。形成汽车摩托车、装备制造、天然气石油化工、电子工业、材料工业等支柱产业，促进了重庆工业的加速发展。

从2006年开始，重庆工业进入又好又快的发展时期，支撑了经济年均14.1%的增长速度。建成了国际一流、能支持本地汽车发展并向全球供货的汽车零部件生产基地；建成了内燃机、环保成套设备、仪器仪表、武器装备四个国家级装备研发生产基地；形成了输变电成套设备、数控机床、电子产品及通信设备、船舶四个优势装备制造业；发展天然气化工和精细化工产业链，建设了长寿、涪陵、万州三大化工园区；形成了以高新技术产业为先导、支柱产业为支撑、优势传统产业为基础、重点企业为骨干的现代工业基地。2007年，全市工业新产品产值达1314亿元，是1978年全市工业总产值的19倍，新产品产值率高达30.4%，为全国前列，西部第一，仅是直辖十年，重庆工业经济总量就翻了两番。当前，中央对重庆战略发展进行“314”总体部署[①]，国务院批准重庆两江新区为国家级开发开放新区。重庆工业各项重点指标再创历史新高，2010年规模以上工业总产值突破万亿元大关，增长23.7%，增速排名全国第一。实现产业结构调整快速转型，电子信息制造业异军突起，今后五年将成为全球电子信息制造中心，成为重庆新的支柱性行业，“十二五”期间，重庆工业必将持续健康、快速发展，再上更高的台阶。

2.6 本章小结

在漫长的封建社会，重庆一直是西南边陲的农业小城，远远落后于成都等西部省市。步入近代，重庆开埠通商后，近代工业兴起，迅速发展成为西南重要的工商业中心城市，并在两次全国性的工业内迁中跳跃式地发展壮大，一举成为中国最重要的工业城市之一，抗战工业、三线工业遗产都是全国独一无二的宝贵遗产。可以说，没有近现代工业的基础，重庆就没有抗战陪都、军工之都、长江上游中心城市、西部唯一直辖市的城市

---

① 即三大定位：西部地区重要的增长极、长江上游的经济中心、城乡统筹发展的直辖市；一大目标：在西部地区率先实现全面建设小康社会的目标；四大任务：加大以工促农、以城带乡力度，扎实推进社会主义新农村建设，切实转变经济增长方式，加快老工业基地调整改革步伐；着力解决民生问题，构建社会主义和谐社会；全面加强城市建设，提高城市管理水平。

地位，正是高度的工业文明使重庆在中国近现代百余年历史中实现跨越式发展，并走在全国的前列。尤其在民族存亡之刻，重庆的工业成为中国最坚硬的脊梁，成为反抗帝国主义侵略的坚强机器。因此，重庆的工业文明无论是对于城市，还是国家，都有极其重要的历史意义。

重庆工业遗产的形成具有极强的时代性和地域性，在国内都具有典型性和代表性，是研究近现代中国工业发展史中不可缺少的重要组成部分。工业遗产反映出不同时代科学技术和社会生活的进步，是城市发展史重要的篇章，也是无数劳动者和建设者对特殊历史年代的记忆和怀念，应该加强保护。

3 重庆工业遗产类型与特征

任何一种文化遗产都折射出其生存的时代背景。工业遗产不仅和当时的新技术、新工艺紧密联系，还与特定的自然环境、政治、文化、意识形态乃至人们的生活息息相关。

3.1 工业遗产分布特点

重庆工业布局具有鲜明的时代特征和地域特征。重庆是我国著名的山城、江城和“雾都”、“火炉”。工业分布格局主要是在抗战时期和三线建设时期基本形成的。据初步统计，在全市184家大中型工业企业中，1949年前建厂的有80家，1950～1957年建厂的有41家，两项合计，占全市大中型工业企业总数的2/3。改革开放后，工业企业进行大规模的“抓大放小”和“退二进三”改造，造成大量中小型企业“关停并转”而消失，2005年主城区有一定规模的企业数仅为1997年的17.6%，不少大型的、历史悠久的企业也纷纷退出主城区原址进入新的工业园，造成许多宝贵的工业历史文化遗产的消亡，例如重庆铜元局、化龙桥工业区、重庆棉纺企业等。结合我市第三次全国文物普查有关工业遗产的调查数据，现存的工业遗产分散在约60个工厂内，在分布上有如下特征。

3.1.1 三条工业聚集带

工业布局综合交通、能源、自然资源状况、原材料供应和市场等因素，重庆的工业门类多为重工业，工业用水量很大，而且在山高岭峻的山地环境中，公路交通不便，水运交通更便捷，运费较低，顺嘉陵江和长江把生产资料和产品大批量地运输，工厂多依托航运。例如，钢铁迁建委员会选择钢厂地址的三条原则：一是运输方便及建厂迅速，须在长江沿岸；二是必须时借用重庆电力，离城不宜太远；三是为解决供水困难，离供水位不宜过高，最后选在长江边的大渡口建厂。因此，近代工厂以重庆母城为中心，主要沿长江、嘉陵江两岸地势较为平坦处建厂。新中国成立后，随着川黔、襄渝和成渝铁路及公路干线的建成，陆路运输更便捷，成为主要的运输通道，开始沿陆路交通干线布局厂矿企业，形成以重庆母城为中心，沿“一线”和“两江”分布的格局，即长江、嘉陵江两江沿线和川黔线。三条聚集带形成于不同的历史时期，发展特点不同。

（1）长江工业遗产聚集带。开埠时期，外国的舰船通过长江航道来到重庆，在距重庆城隔江相望的长江南岸王家沱一带建立洋行，兴办工厂，这里离城不远，交通和生活便利，办工厂土地便宜。例如，日本在王家沱划定租界区，建起了又新丝厂、日清公司等企业。随后，一些官办和民族资本的企业在长江沿岸兴建，重庆最早创办的近代工厂森昌泰火柴厂在长江王家沱，重庆最早的机械制造厂铜元局在长江南岸，最早的电力公司烛川电灯公司建在长江北岸的渝中半岛，最大的民族资本企业民生公司设在长江朝天门，并在长江北岸青草坝建立民生机器厂。抗战时期，内迁来的工厂在两江沿岸地区建厂，兵工厂等重要工厂占据了最有利的地势。长江沿岸成为近代重庆工厂聚集区，密集地分布兵工署第 1、第 20、第 26、第 29、第 50 兵工厂以及恒顺机器厂、裕华纱厂、华西汽车制造厂等工厂，约有 20 处主要工厂遗存，长江的黄金水道孕育了重庆的工业文明。

（2）嘉陵江工业遗产聚集带。20 世纪 20 年代，著名实业家卢作孚被任命为江巴璧合[①] 四县峡防团务局局长，他开始在嘉陵江上游以北碚为中心开展乡村建设运动，兴办了四川第一个纺织企业三峡印染厂和最大的煤矿企业天府煤矿公司。1935 年重庆最早的炼钢厂在嘉陵江畔的詹家溪开工。抗战时期嘉陵江沿岸亦有大批工厂落户，例如第 10、第 21、第 24、第 25 兵工厂以及中国兴业公司、天原化工厂、中南橡胶厂、中央造纸厂、豫丰纱厂等。现有十余处主要工厂遗迹。

（3）川黔线工业带。三线建设时期，由于战备安全的需要，中央对工厂选址布局的原则是“靠山、分散、进洞”。两江沿岸已不够隐蔽，进入川黔交界的山区成了工厂的首选。川黔铁路专线和公路网已逐步建成，一大批内迁的企业沿此交通线形成綦江至南桐工业带，在高山河谷隐蔽之处开山凿岩建厂。区域内有丰富的河流提供生活、生产用水，再加上川黔地带铁矿、煤矿等生产资源富集，因此，綦江齿轮、南桐煤矿、松藻煤矿、红山机器厂、晋林机器厂等军工企业建设在这一带的山区中。

总体上，重庆近现代大约 80% 的工厂企业分布在长江和嘉陵江所组成的“两江工业带”，以及川黔铁路、公路的“綦（江）南（桐）工业走廊”上，二者构成近现代重庆工业遗产分布的大十字形格局（图 3–1）。

在三条主要的工业遗产廊道上，又集中分布若干工业遗产区域，从市域范围看，串联着四个工业遗产集中区，即主城工业遗产核心区、渝东（万州、涪陵、长寿）、渝南（綦江、南川）和渝西（江津、双桥）工业遗产集中区。

3.1.2 靠山、隐蔽、分散

工业布局与大山大水的自然环境和国防战备的时代背景密切相关，靠山或者进山设厂是因为战争和战备的形势所迫，在平坝开阔地带更有利于工业生产，重庆两次工业大发展都是在战争和战备的形势下，所以，工业企业布局靠近山体，许多大兵工厂建在山崖之下或山谷之中。三线建设时期，大多数工厂进入山高岭峻的渝黔交界的山区。按工业生产流程，生产车间顺着山谷地带延绵展开数公里，之间通过公路或铁路联系，生活设施布置在更高的山坡之上。分台处理地形是山地建厂的经验和做法。最有典型性的是攀枝花钢铁厂，按国际惯例，建设一座年产 150 万吨的钢铁厂，至少需要 5 平方公里的平地。然而，攀钢在 2.5 平方公里、高 80 米的山地上，通过将山坡平整成 4 个大台阶、23 个小

---

① 即江北县、巴县、壁山县、合川县。

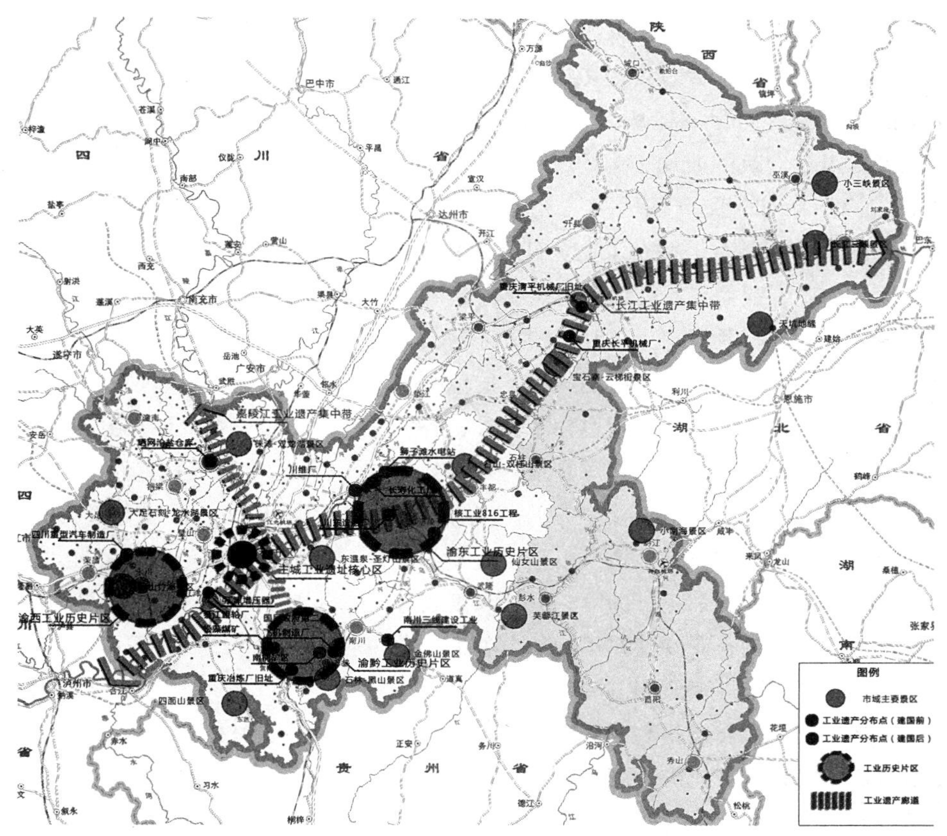

图 3–1　工业遗产市域分布格局
（资料来源：工业遗产总体规划）

台阶，辅以先进的多种运输方式和相应的工艺流程，浓缩安排下钢铁厂的布局，被人们誉为“象牙微雕”立体的大型企业。

图 3–2　核 816 工程隐蔽在山中，只见通气囱
（资料来源：作者自摄）

山洞车间在重庆的老工厂中很普遍，发挥山地地貌便于隐藏的优势，军工厂几乎都修建山洞车间，将一些重要的设备和生产单元进洞隐蔽。有的是利用天然的大溶洞或在山体里开凿巨大的人工生产洞，这是中国工业遗产的奇迹。在三线建设时期，为对付国外卫星的侦察，一些重要的国防战略设施进入苍茫的大山深处，例如涪陵 816 核工程，开挖出 150 万立方的土石方，将 20 余万平方米建筑全隐藏在山体内，外部只看到几个普通的出入洞口，内部却另有洞天，山脊上竖立一根高百余米的通气烟囱（图 3–2）。周围方圆几公里设

为军事禁区，加上伪装设施，从外部很难发现工厂。

工厂布局形态“大分散，小集中”，工厂很多选址在远离主城的郊区，一是有利于战备疏散的需要；二是建设的成本较低，厂区扩建容易；三是军工厂保密和安全的要求，不宜距城区过近。抗战时期，第 30、40、50 兵工厂选择在江北县偏远的唐家沱、郭家沱等地；三线建设时期，西南铝加工厂落户在偏僻的九龙坡区西彭乡，距城区都有十几公里以上的距离。还有一些军工企业甚至建在三峡地区的远郊区县，如在綦江、涪陵、万县等地。因此，我们在研究保护重庆工业遗产时，不能忘记在广大偏远区县散布的城市工业遗产，它们都是特定历史时代的见证物，不因远离城区就失去意义和价值，反而是其见证了历史的特殊性，都应纳入保护的范围。

即使在同一个工厂内，车间也相距较远，各生产单元相对独立，自成生产单位，利用专用铁路或公路联系。采用“瓜蔓式”布局[①]，即通过交通线把几个生产区连接起来，犹如藤上结几个瓜，各功能区受地形沟坎所阻隔，往往相距甚远，通过内部铁轨联系，呈现小集中、组群式的特点。这与平原城市工业各生产单元紧密结合在一起的大场面有很大区别，例如西南铝加工厂的第二分厂和第三分厂相距近十公里，每个分厂为了选择隐蔽安全的生产环境，车间建在不同的山谷中，之间通过铁路专线运送原材料和产品。

山地城市工业在特殊历史时期留下的工业遗产很典型，尽管从工业生产的合理性分析，生产部门分散布局不利于原材料和产品的运输及生产流程的组织，加大生产成本和浪费资源；但是从文化的角度看就不一样了，文化是讲究归属、地域、特性的，历史的特殊性和意义就蕴涵在特殊的工业遗产中，是较独有的生产形式，保留这种特征才能体现重庆工业发展历程的艰辛，突显重庆工业遗产的独特性。

3.1.3　多中心组团式

重庆地处丘陵山地，长江、嘉陵江分隔，集中成片的用地规模有限。工业格局形成分片布点、有机散开、多中心组团式的结构。主城区形成工业中心区，工厂生产资料、市场销售和生活配套要尽可能依托主城区，在主城聚集主要的工厂，在城区形成多个工业片区，城市面积从原来的十余平方公里扩展到上百平方公里。

在主城区外围区县，形成工业卫星城和工业小城镇，工业的集聚效应吸引大量农村人口聚集形成街市、城镇，促使广大乡村地区逐步城镇化，星罗棋布的城镇在工业化的带动下逐渐繁荣起来，从而推动重庆城镇体系的形成，所以区县城是围绕和依托工厂而形成，为工厂生活、生产配套服务。例如，万州和涪陵区形成川东船舶制造基地，长寿区形成重化工生产基地，双桥区形成重型汽车制造基地，綦江、南川区是煤炭和兵器生产基地。工厂围绕主城和区县城共同显现出梅花点状结构形态，构成了重庆多中心、组团式、梅花状的城市空间结构。这种形态特点在我国工业城市中独具特色，而平原工业城市形态的主要特征是由里及外布局的圈层结构。因此，保护重庆工业分布的格局特征

---

① 陈东林著 . 三线建设——备战时期的西部大开发 [M]，2003：235.

应该进一步强化重庆城市的形态特征，重庆工业遗产保护应该整体保护工业城市这一特有的形态，在每个城市组团中保留有价值的工业遗产片区，保护工业城市的历史格局。

3.2 工业遗产空间环境的山地特色

3.2.1 与环境相融合的整体性

山地工厂外部空间呈现“厂在山中、山在厂中”与自然环境融合的特征，连绵的山脊线、建筑轮廓线、水岸线三条线分明。工厂充分利用山地地形，保留山头、冲沟、崖壁等地形地貌，厂房建筑布置顺应自然地形，一栋栋厂房穿插在绿树丛中，厂区道路两侧绿树成荫，砖红色的厂房掩映在绿树丛中，一些老厂区古树参天，这些上百年的树木见证了企业的创业和成长，是宝贵的环境资源。厂区利用山头绿地做成厂区公园。厂房靠山布置在沟底、谷中、崖下，部分车间还隐藏在山洞中。厂区布局按地形特点，工厂建筑布局多了些自由和随意，建筑适应地形，处理手法多种多样，分台、上跨、下联、错接等，体现山地建筑的特色，重庆簇群式的形态使得只能看到厂区“冰山一角”。

图 3–3 山地工厂与环境融合一体
（资料来源：作者自摄）

重庆工厂临水而建，厂区拥有长长的水岸线，有码头、提水泵房、货场、缆车道等设施，山体、溪谷、江河与工厂的厂房、生产设施共同构成山水厂的整体形象。厂区横向展开的山脊线、建筑轮廓线、水际线十分明显，灰绿的山体衬托高低起伏的工业建筑轮廓线，山水环境背景下工业建筑时隐时现。这与平原工业城市工厂区建筑连绵不断，缺少山水背景环境，只见烟囱林立的水泥森林的景观截然不同，这是重庆这座山地工业城市所独有的山水环境（图 3–3）。山水自然环境是工业遗产重要的组成部分。

3.2.2 与地貌相结合的层次性

工业生产分区是山地工厂布局的特色，有严格的功能分区，以生产区为中心，一般分为码头区、生产区、办公区和生活区，军工企业生产区旁还有疏散区和警卫区、仓库区，生产区按工艺流程布置各个生产环节。在沿江的坡地上生产区占据较好的地段，相对集中布置在临江的平坝地带，生产区内再细分几个小平台，利用高差重力流原理布置生产线。再是办公区，布置在生产区和生活区之间，方便办公人员生活和工作。生活区则布置在靠后更高的台地上，住宅、宿舍、浴室、食堂、球场、礼堂、子弟校一应俱全，形成生活配套体系，生活设施根据地形条件分散布置，与周围的城市逐渐融为一

图 3–4　山地工厂顺应地形分台布局
（资料来源：作者整理）

体。各功能区错落布置在台地上，形成丰富的建筑层次。例如，重庆铜元局的整体布局采取的山地建筑处理手法很有特点，在厂区布局上基本保留传统前厂后院的格局，采用院落式组合，在山坡上平整筑成两层台地，用 48 级的大台阶相连。前院是生产区，平面布局呈品字形，按工艺布局得较工整有序，以道路为轴线，左为英厂，三幢分别长 140 米的厂房分三排横列。右边为德厂，德厂厂房的布局则是四幢厂房以纵向的组合方式分列。这是根据工艺流程的特殊需要而截然不同的厂房排列组合关系。在厂区江边还修建了专用装卸运输码头。后院为署衙和住宅，称为大花厅，为二进院，带有后花园，花园中有建厂纪念亭和荷花池，右侧为局长公馆和员工住室（图 3–4）。这种传统前店后宅的模式，形成层次丰富的工业建筑群体关系。

3.2.3　与重工业相联系的标志性

由于重庆工业以军工、钢铁、重化工等重工业为主，占地面积广，一些大型军工企业，厂区面积达到数平方公里，如建设厂约 3.2 平方公里，特钢厂约 2.4 平方公里，重钢厂 5.7 平方公里。重工业工厂区被人们形容为“烟囱林立、机器轰鸣、浓烟滚滚”的宏伟壮观的景象，巨大的车间厂房、纵横交错的巨型管道、长长的输送带、高大耸立的高炉、料仓等构成超大尺度的工业天际轮廓线，间或被高高的烟囱所突破，犹如工业交响乐章中的高音符。特殊的生产性质决定了工厂的景观特征。重工业如同翻腾的大海、巍峨的高山一样也有慑人的气魄，在炼钢车间里、炼铁高炉前，在烟雾和火焰的笼罩下，参观的人有一种要被吞噬掉的渺小感。纵横交错的巨型管道是工业区的“血管”，烟囱、冷却塔、高炉、输送带、管道、水塔、缆车道、铁轨、码头等工业遗存遍布厂区，与生产厂房共同构成工作场景，是不可缺少的工业景观元素，具有强烈的工业标志性，这是重工业特有的环境氛围（图 3–5）。利用这些构筑物、设施结构作为环境再造中可资利用的新景观要素，使人追忆昔日的工业生产活动。还有些特殊的构筑物和设施体现了工厂特殊的地位，如专用的生产码头、货场、铁路专线都是重要的军工企业独有的标志。为了满足现代重工业生产的工艺要求，工业厂房建筑体量、高度、长度上都是超常规的，体现了重工业的特点，其重工业建筑遗产在国内很有代表性。例如，西南铝加工厂的锻压车间近 40 米高的单层钢筋混凝土厂房尺度巨大，地下还有十几米深，安装几台新中国成立初期“国宝级”的水压机设备，体量庞大的液压系统装置，如此规模的厂房在国内也十分罕见（图 3–6）。

图 3-5 重工业标志景观
（资料来源：重钢档案资料）

图 3-6 西铝加工厂大型设备及厂房
（资料来源：作者自摄）

3.3 工业遗产类型特征

3.3.1 行业性质

工业遗产主要的行业性质反映了城市工业化的特征。重庆近代开埠之初的工业性质是以火柴、棉纺、缫丝业等轻工业为主，在当时全国都有一定影响。随之，近代四川军阀的混战愈演愈烈，带动了枪炮生产的兵器制造业的发展，有了第 20 集团军枪弹厂（由铜元局改建而成）和重庆电气炼钢厂等军工企业。抗战时期，军事工业更是迅猛发展，奠定了重庆军工之都的战略地位。新中国成立后，对轻重工业比例进行适当调整，比例才较合理。随着国家“三线建设”的开始，重庆成为以军工、造船、化工、装备制造等重工业为特色的国家国防战略基地。可见，重庆工业发展的特点是重工业性质，工业遗产具有鲜明的重工业的特征。

重庆传统行业中冶金、机械、化工、棉纺、食品曾是重庆的支柱产业，重工业的遗产保存好于轻工业的遗产。以棉纺、食品为代表的轻工业工厂早在城市产业转型和开发建设中被严重破坏，保留下的工业遗产所剩无几。重棉一、二、三、五厂都早已倒闭，工厂用地已作为房地产开发，工业遗存荡然无存，1956 年苏联援建的重庆罐头厂现已倒闭，土地将被进行房地产开发，原总厂专家招待所等建筑遗产面临拆除的危险。由于重庆轻工业不属于国家战略性工业，依靠市场竞争生存，在改革开放的竞争中，纷纷倒闭。然而，以冶金、化工、机械制造业为代表的重工业在国内一直保持领先地位，成为国家重点的战略工业基地，这些工厂企业至今仍保持良好的生产势头，但大多数面临"退城进园"，这些具有国防和军工背景的企业占地面积普遍较大，保存完整，搬迁后将留下大量有价值的遗存。主要类型有冶金、军工（机器制造）、化工、船舶等。

军工制造业类型。从抗日战争始，重庆就成为"军工之都"，兵工署规模和等级最高的十几个大厂都位于重庆，占比近90%。大部分兵工厂都延续至今，成为重庆机械和军事制造业的龙头行业。在20世纪80年代以前，军工和机械制造占全市工业产值的半壁江山。除建设厂、铜元局厂区已经搞了房地产开发，长安、嘉陵、望江、铁马、水轮机、机床厂、四川重型汽车制造厂等的工业生产厂房和厂区都保留较完整，长安厂的精密分厂的办公楼和厂房、水轮机厂的周恒顺旧居和金工车间、望江厂的厂房和生产洞等都是宝贵的工业遗产，构成重庆工业遗产的主体，据统计，军事工业的遗产占总数的一半左右。

大型冶金及加工业类型。代表企业有重钢、特钢、西南铝加工厂等。例如，特钢的面积约3平方公里，有近一百年的历史，是我国特殊钢材的供应基地，生产工艺流程的设施、设备和厂房都基本保存。西南铝加工厂是我国为航天、航空、导弹工业配套建设的大型铝合金加工厂，现在仍是我国三大铝加工企业。工厂保留建厂初期的厂房和设备，例如3万吨亚洲最大的立式水压机、1.25万吨卧式水压机和冷轧机等国宝级的设备，这些设备和厂房都还在生产使用。

核工业816工程是我市唯一、国内仅存不多的核工业遗产类型，是我国核工业发展和三线建设的典型遗产，遗存亚洲最大的人工生产洞、厂房、设备，是重庆规模最大的三线建设工业遗产之一，具有独特的历史价值。

重化工厂的长寿化工厂和四川维尼纶厂都位于长寿。长寿化工厂前身是抗战时期生产炸药的第26兵工厂。川维厂是20世纪70年代国家重点引外资建设的石油化工基地，规模庞大，号称"十里川维"。这两个化工企业构成了我国西南重化工业基地的骨架。

重庆造船业兴起于20世纪20年代，以民生公司及其修造船厂为代表，长江内河成为国家舰艇制造的战略基地，配套与舰艇相关的生产企业沿长江分布，以涪陵李渡的川东造船厂为代表，这里曾是我国核潜艇的生产基地之一。

仪器、仪表自动化控制业的典型企业是沿海各地内迁形成的四川仪器总厂，主要为船舶、机器、航天工业生产配套，发展成我国主要的自动化仪器、仪表基地。此外，巴山仪表总厂也是我国航天遥控骨干企业，其技术广泛应用在我国系列飞船和卫星上。

以冶金、化工、大型机器制造为主的重工业是重庆工业主要的门类，这是重庆作为国家国防、大型装备基地的城市职能所决定的。同时，重庆是综合性工业基地，虽然以重工业的遗产为主，但是轻工业仅存的工业遗产更加珍稀，我们更要保护好，而不能只突出重工业的特点，要保护工业遗产类型的完整性。例如，对仅存的重庆罐头厂专家招待所在地块开发时应提出保护要求。李家沱的重棉六厂虽已倒闭，但目前厂区还保存完整，李家沱片区曾是抗战时期的棉、毛纺织基地，应利用老厂房作为纺织业的工业博物馆，展示重庆纺织业的历史和成就，成为市民了解重庆工业发展的窗口。

3.3.2 建筑形态

1. 单层厂房

单层厂房是最普遍的工业建筑形式，随时代的进步，单层厂房从小空间向大空间发展，从简易的砖木结构到坚固的钢筋混凝土现代厂房，有鲜明的时代性。在抗战期间，工厂为了尽快建成投产，厂房建筑都很简单甚至简陋。①一般为砖木结构或砖混结构的单层厂房，兵工署曾下达《建筑工程有关规定》提出“各厂房建筑工程，因建筑材料来源缺乏，运输困难，单价奇昂，为求经济迅速起见，所有厂房建筑应以适用为主，并力求简单，并尽量采用当地材料，至于因此发生局部不便之处，暂时应加忍受，俟度过严重时期后，再行设法改善”，因此，当时工厂建设提出“先生产、后生活”的口号，一切都给生产让路，较好的房子先安排给生产单位。受当时经济条件和材料、结构限制，以砖木结构的一主两边跨形式为主，一般主跨在9米左右，边跨4米左右，柱距在3.6 ~ 4.8米，面积约300平方米。一些有实力的大型兵工厂采用钢筋混凝土建有框架结构的单层主厂房，满足大规模机器化生产的需要。新中国成立后，现代工业以重工业为主，冶金、重型制造、大装备工厂需要高大的生产空间，建筑体量高大是新中国成立后厂房的特征，例如重庆西铝加工厂、重钢炼钢车间、重庆机床厂、建设厂的单层厂房。采用钢筋混凝土排架柱和钢屋架或钢筋混凝土折线形屋架，空间更高大，采用高低跨连续跨的形式，主车间中部开通长天窗，厂房建筑规模宏大（图3–7）。

2. 多层厂房

采用多层厂房主要基于生产工艺的需要，同时兼顾节约用地的好处。多用在电气、

图3–7 新中国成立前后厂房空间对比

① 据原兵工署第21兵工厂（现长安厂）老职工回忆：“为了使工厂早日恢复生产，先将厂区作大致的规划，按生产单位划分地区，每个生产单位都分到几间破旧房子，然后再在各地上各自修建，修建的房子也有个统一的标准，都是锯齿形的，简易的竹墙瓦顶房，竹墙外边抹上泥巴，再逐步抹石灰，大家为了早日恢复生产，为抗日前线提供武器弹药，人人都干劲十足，各厂之间无形中展开了竞赛，只用了半个月的时间，就建起了大片厂房”。——摘自《百年长安》。

图 3-8　川仪六厂多层洁净厂房

面粉、烟草、仪表、纺织、食品等轻工业中，或者是有特殊室内环境要求的化学、自动化等工业中。由于把全部或者主要的生产工段都集中在一栋或数栋生产楼中，在工艺组织、运输组织、采光、通风、抗震等方面比单层厂房复杂。多层厂房是中国工业建筑发展中的一个进步，最早的钢框架结构多层厂房是建于 1913 年的上海杨树浦电厂一号锅炉间。多层厂房通常采用钢筋混凝土结构，有框架、混合结构和无梁楼盖三种主要形式。重庆轻工业和电子工业中多层工业建筑数量多，例如川仪总厂第六分厂的集成电路生产楼具有代表性，是精密仪器的洁净生产车间，建于三线建设时期，六层框架结构，面积 2500 平方米，体量高大，装配电梯，室内空气洁净度标准高，达美国标准，当时在国内是技术先进的洁净车间（图 3-8）。

3. 山洞车间

山洞车间是最有地域和时代性的特殊空间类型，几乎每个老工厂都有，既是山地城市利用地形地貌的举措，也是战争或战备的局势所逼。抗战时期的工厂生产车间几乎都在山洞中，山洞厂房一般呈圆拱形，宽约 4~6 米，深 10 余米，高约 3~4 米，有单洞，也有连洞，即各洞联通，既便于工艺间产品传运，又便于安全转移，有时洞内壁有砌衬抹灰，有的就是岩壁，凿痕可见，反映了当时生产状况的紧急和简陋。例如，兵工署第 1 兵工厂（现建设厂）的生产车间是在沿江的山崖内开凿了 107 个山洞，洞洞相连，作各种军火生产空间。兵工署第 25 兵工厂（今嘉陵厂）委托川康营造厂、利源建筑公司挖建山洞厂房 9 座、9 处防空洞、公共防空洞 23 个，其中该厂的发电所车间开掘在山崖下，在原有自然溶洞的基础上整修加固而成，十分隐蔽，装有德国西门子 2000 千瓦涡轮发电机一套，是大后方冶金工厂最大的发电机组。山洞车间顺应山石肌理的走向，形态不规则，左高右低，高处 20 米，低处 10 米。洞口为通透式隔断，内部分割大小不同的复杂空间，在入口处设有防爆炸气浪的缓冲室。又如第 50 兵工厂（今望江厂）在铜锣峡山谷的崖壁下开凿规模很大、相互串联的洞窟车间，面积 1 万多平方米，是现存最大的连通式山洞车间群。主洞车间宽约 6 米，拱顶高约 8 米，进深约 30~50 米。钢筋混凝土浇筑而成，整体十分坚固，洞壁上浇筑行车牛腿，地面有排水沟，钢筋混凝土结构顶部与岩壁之间可供人员检修和通风之用，设计十分周全。辅洞较主洞尺寸稍小，用于交通和生产联系，组成网状的地下生产线（图 3-9）。

山洞车间中的特殊类型是利用天然大山洞或开凿巨大人工山洞布置整个工厂，所有的生产都在山洞里，内部空间巨大、神秘，这一类型的山洞厂房在全国十分罕见。例如，核 816 工程的洞库是亚洲最大的人工洞库，一共开挖了 150 万立方的岩石，洞内建筑面

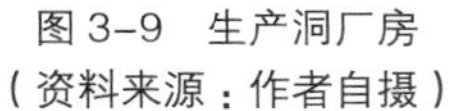

图 3-9 生产洞厂房
（资料来源：作者自摄）

图 3-10 核 816 工程人工洞库厂房
（资料来源：作者自摄）

积 10.4 万平方米，最大的装核反应堆的大洞跨度达 31.2 米，高达 69 米，是“洞中有楼，楼中有洞”，修建了各种军事工程（图 3-10）。万盛南桐丛林乡海孔村的海孔洞是最大的天然山洞车间，抗战时期第二飞机制造厂利用天然大山洞作厂房，洞长达 350 米、高 40 多米、宽 20 ~ 30 米，内建有钢筋混凝土结构的三层楼厂房。

4. 办公楼及民用建筑

尽管厂办公楼、工人住宅、影剧院等生活、文化服务设施建筑与工业生产关联性不如厂房紧密，但是由于中国计划经济时期，工厂区基本上就是一个小社会，完善的生活服务配套体现了计划经济时代工业生产关系的特征，这与国外的和我国现代的工业社会关系截然不同，具有时代的典型性和特殊性，所以这些建筑类型与我国工业化有较密切的关系，应该作为工业遗产的一种类别予以保护。

办公楼的规模一般不大，不同时代的形象特色不同。新中国成立前的办公楼多为两三层坡屋顶建筑，建筑面积三四百平方米，平面为矩形，砖混结构，开间 3 ~ 3.6 米，设内廊或外廊，层高 3.6 米左右。有的办公楼兼作厂主的宿舍，例如周恒顺机器厂厂长的住宅及办公楼是两层砖木结构建筑，青砖外墙，五开间，中部有外廊，山墙出挑阳台，建筑外形小巧，色彩素雅，是典型的民国时期建筑风格（图 3-11）。新中国成立初期的办公楼规模更大，仿苏式风格或传统中式，平面为矩形或工字形，多层建筑，建筑面积约有几千平方米，办公楼前有环境优美的广场或花园。例如，川仪四厂办公楼，建于 1942 年，原为俄语专科学校教室，20 世纪 60 年代作川仪四厂办公楼，两层砖混结构，矩形平面，外抹灰，坡屋顶用女儿墙遮挡形成平屋顶的外观，建筑外墙攀爬满植物，前庭院中有水池与雕塑，衬托得建筑更加典雅（图 3-12）。

在居住建筑类型中，新中国成立前工人的居住条件很恶劣，许多工人住在窝棚、茅屋甚至洞穴里，潮湿阴暗，空间狭小，少数高级职员和管理人员居住的条件较好。新中国成立后，工人基本居住条件得到改善，一般为干打垒、夹壁墙的平房。20 世纪 60 年代，

图 3-11　水轮机厂老办公楼
（资料来源：作者自摄）

图 3-12　川仪四厂办公楼
（资料来源：作者自摄）

重庆钢铁厂为工人修建起了成片渝钢村居住小区，行列式布局，约有50余栋，每栋4层楼，单元式住宅，砖混结构，每户只有40平方米左右，有单独卫生间，共用的厨房。在当时的条件下已是非常好的居住条件，体现了社会主义工人的地位。

为丰富工人业余生活，国营工厂修建观演、体育、卫生、浴室、学校等生活服务设施，越大的工厂设施越齐全、条件越好。工厂的礼堂、剧场、医院等大型公共设施同样为周边的城镇居民服务，成为城镇条件较好的公共设施。新中国成立后工厂重要的文化建筑也是工业遗产的一部分，反映了工人阶级的社会生活状况。从建筑艺术水平看，礼堂、剧场的建筑水平最高，体现了当时的建筑风格。例如，重钢的钢花影剧院是1959 ~ 1967年修建的，仿苏式建筑风格，有1800个座位，是大渡口区观演条件最好的剧场。

3.3.3　结构形式

1. 砖木混合结构

图 3-13　重棉一厂木结构厂房
（资料来源：欧阳桦摄）

在近代工业初创时期，工业厂房多采用木结构的单层厂房，如重棉一厂（抗战时期的豫丰纱厂）采用木结构，为获得更大空间，加大柱距，木柱上支四个方向的斜撑，如伞状，造型独特，又节约材料，显示出较高的工艺水平和现代建筑创新精神（图 3-13）。

由于木结构不够坚固和耐火，砖木混合结构的厂房成为主要厂房结构形式，采用砖柱和豪式或芬克式木屋架结构体系，木屋架下弦用木连系杆

图 3-14 长安厂砖木混合结构厂房
（资料来源：欧阳桦摄）

图 3-15 重庆工具厂木结构行车梁
（资料来源：作者自摄）

拉接加固，上铺木檀条和石棉瓦，排架间距 4 米左右，主跨跨度在 9 米左右，附加边跨增大使用空间（图 3-14）。砖墩上部收窄形成牛腿承重吊车梁，吊车梁一般采用钢筋混凝土“T”形梁。在材料缺乏时，也用木梁替代。例如，抗战时期建的原华西汽车制造厂的老厂房中，吊车梁是用木料拼装而成的行车梁，下部用木人字撑加固，至今仍在使用中，这种木行车梁形式是重庆工业厂房中的孤例（图 3-15）。新中国成立后，砖木结构厂房由于木屋架不坚固和易燃，木屋架普遍改换为铸铁三角屋架。

2. 钢筋混凝土混合结构

这是工业厂房应用最广泛的结构形式，而且重庆应用的时间早。1905 年，重庆铜元局的英厂和德厂就使用钢筋混凝土和耐火材料建筑厂房，1937 年四川水泥厂在重庆投产，重钢等钢铁厂亦陆续迁渝生产，钢筋混凝土材料开始大量使用。这种结构形式建造的厂房空间高大，适应现代化工业生产的要求，通常采用钢筋混凝土柱，截面形式有矩形、工字形、斜（平）腹杠双支柱等，屋架形式有木屋架、钢筋混凝土折形屋架、钢筋混凝土三角梁架、钢屋架等，吊车梁主要是等高吊车梁。抗战时期的钢筋混凝土结构形式简单，一般由矩形钢筋混凝土柱，木质或铸铁屋架、钢筋混凝土梁屋架、等高吊车梁组成结构体系。例如，重钢的型钢车间采用钢筋混凝土的矩形排架柱结构，排架用圈梁连系加固，木三角屋架，钢筋混凝土等高吊车梁承载大吨位的行车，跨度达十余米，这个轧钢车间厂房是目前重庆保留的最早的钢筋混凝土结构，仍在使用（图 3-16）。在有的钢筋混凝土厂房中，柱距不大，砖砌拱桥承载行车梁，节约用材，又增加了空间的美感。例如，长安厂 246 翻砂车间，没有采用通常的矩形混凝土行车梁，采用连续多跨的砖拱桥作行车梁，跨度约 4 米，连续拱桥富有韵律美（图 3-17）。

在重庆近现代工业厂房遗存中，普遍采用钢屋架和钢筋混凝土梁柱结构，充分发挥两种材料的性能，空间高大开阔，经济耐用。新中国成立后的工业厂房普遍采用大跨度的钢筋混凝土结构，屋架为钢或钢筋混凝土桁架，钢筋混凝土框架结构以高跨和边跨组合的方式构成规模巨大的厂房，在主工作面采用高跨，在次要工作面采用低跨，既能满足使用要求，又节省材料。这种结构形式使空间更高大，类型更丰富，结构更坚固，耐火、

图 3-16　重钢轧钢车间钢筋混凝土结构厂房
（资料来源：作者自摄）

图 3-17　长安厂砖拱券结构行车梁
（资料来源：作者自摄）

图 3-18　西铝压延车间钢筋混凝土结构厂房
（资料来源：作者自摄）

图 3-19　重钢钢结构大型厂房
（资料来源：作者自摄）

抗震、抗爆性能更强。例如，西南铝加工的压延车间钢筋混凝土结构厂房顺应地形呈“Z”字形，为满足连续的铝材延压工艺要求，厂房长 900 余米，是重庆最长的工业厂房（图 3-18）。核工业 816 工程的钢筋混凝土结构最为坚固，采用能承受最高等级的抗震和抗爆炸标准，暴露在外的钢筋混凝土通风烟囱设计能抵挡万吨当量氢弹的空爆，代表了重庆工业建筑技术具有国际领先的水平。

全钢结构的厂房在 21 世纪初新建的大型冶金、制造业厂房中采用，为冶金、重型制造建造连续的高大的生产空间，而采用钢屋架和钢柱的全钢结构厂房。例如，在重钢中板厂新扩建的厂房采用钢柱钢屋架全钢结构大跨度厂房，跨度 30 米，高近 40 米，钢结构镀绿色防腐防锈漆（图 3-19）。由于钢结构造价高，在重庆潮湿多雨的气候下，容易生锈，维护成本高，因此其使用受到一定的限制。以往小型的钢结构一般是用作高炉、料仓、储气罐等设施，或堆料场的雨棚，用于生产辅助空间。这与沿海发达工业城市广泛使用钢结构有明显差距，例如上海 1913 年杨浦电厂透平间就采用的单层钢结构作工业厂房，到 1938 年新建的 5 号锅炉间已是当时全国最高的钢框架厂房。

3.4 工业建筑风格特征

3.4.1 折中式

重庆开埠后，西方的建筑风格和现代建筑技术传入重庆地区，西方建筑的式样影响了这一时期的建筑风格，混凝土、砖石技术逐步取代穿斗木结构体系，建筑仿欧式的装饰增多，拱券、欧式门窗、线条在建筑立面上开始增多，总体上是西方折中式建筑风格盛行。有的是直接采用殖民式风格建筑，例如法国水师兵营、英国盐务管理所等西式建筑，更多的是融合重庆地区传统的建筑形式、施工和材料技术，形成折中式建筑风格，仿欧装饰简单，远不及上海等城市的工业建筑欧式风格，在西方古典装饰上有很大差距，例如上海自来水厂是当时远东最大规模的自来水厂，厂房由英国公司设计和建设，外观具有鲜明的维多利亚式建筑风格。地处内陆的重庆工业建筑的欧式装饰简化，多是用青砖和青石模仿欧式建筑的符号，典型的处理方式：一是窗楣用砖砌弧线型线条，有的砌成拱券，墙裙用青条石砌筑；二是青砖外墙角和砖墩在中部和顶端夹青石，石面凿毛，仿欧式柱；三是采用硬山墙突出扶壁柱，山墙面用砖错齿状出叠涩，仿欧式线条，在山墙开拱形门洞（图 3–20）。

重庆工业厂房折中式风格的代表是铜元局工业厂房，其形态高大、宽敞、敦实，与早期作坊式低矮简陋的厂房截然不同，有一种官办企业庄严的气派。厂房山墙为三开间，高 15 米，宽 17 米，清水砖墙，山墙的山花处开着透气的圆窗，腰线以下的墙裙为条石砌筑。屋顶采用人字形天窗，横向长达 100 多米的立面由墙柱等距离地划分成尺度宜人的单元，沿下横梁处砖砌出的锯齿状线脚，配以砖券门窗，使得长而单调的横立面产生具有韵律的形式和井然有序的美感，其造型和装饰手法虽极为简练朴实，但仍可以从檐口的山花线脚上看出西式建筑立面典型的装饰韵味（图 3–21）。

抗日战争时期的工业厂房，由于时局艰难，欧式装饰线条更少，基本上是砖墙和

图 3–20 英国亚细亚火油厂仿欧式的山墙叠涩和窗拱
（资料来源：作者自摄）

图 3-21　铜元局老厂房欧式拱券窗和山花
（资料来源：欧阳桦绘）

图 3-22　望江厂和水轮机厂抗战时期厂房山墙造型
（资料来源：作者自摄）

混凝土柱的本色，建筑外墙几乎都是清水砖墙，青砖勾缝，窗框或檐口、滴水用混凝土本色，深色瓦屋面，显得更加朴素、简单。通过连续的边跨增加建筑体量的变化，形成有节奏的韵律美。例如，恒顺机器厂的金工车间厂房，单跨单层砖木结构厂房，青砖墙面，硬山屋顶，山墙上部收头作压顶处理，檐口处叠涩出挑，在天窗端部做成局部山墙，形成上下两段山墙面，丰富了山墙的造型。望江厂的厂房则以小规模的人字形屋面的单层厂房并排组成具有韵律感的建筑群（图 3-22）。

3.4.2　仿苏式

新中国成立初期，新中国的建设得到苏联的援助，建筑风格主要受苏联的影响。苏联在第二次世界大战后是社会主义阵营的领导者，在建筑、文学等艺术领域奉行“社会主义现实主义”的创作思想和方法。认为“建筑的主要特征是形成建筑物的思想艺术和建筑形象”，把建筑作为某种既定形象的艺术创作。因此，建造了一些无实际功能的建筑体量，如柱廊大门、雄伟大厅、高塔等，把高大的空间与繁琐的装饰（台基、重檐、窗楣石、图案）认作是社会主义的优越性的体现。在建筑立面上也是根据所谓的立面构图来设计，凹进突出的“垂直体量”的划分处理与平面功能并无必要。这样的建筑思想和建筑风格必然影响到当时社会主义阵营的其他各国。[①]

① 外国近现代建筑史 [M]. 北京：中国建筑工业出版社，2004：130.

苏联援建和参与了重庆重点工厂的建设，厂房建筑在规模、结构、材料上都有很大进步，工业建筑具有明显的仿苏联建筑的特征。在建筑形态上表现为巨大的空间和体量，超大的尺度、朴实的材料和清晰的构造节点，体现“工业机械美学特征”，强化了工业建筑与民用建筑的区别，反映建筑结构的真实性，通过超大的空间体量和富有韵律感的结构骨架表达工业美学特征，外墙特征为红砖实砌的清水墙，门窗过梁保持混凝土色或刷白，显得十分醒目，硬山屋面铺着机制瓦，屋脊处有通长的采光天窗，门窗采用金属门窗，整体建筑形象宏伟大气。例如，重庆机床厂的生产厂房在清水红砖墙面上，外露灰白色的钢筋混凝土框架、窗门过梁、圈梁，没有装饰，建筑构造节点清晰外露，有些墙面刷着“文革”时期的标语口号，反映时代特征，体现简洁明快的工业建筑个性（图 3-23）。

图 3-23　嘉陵厂仿苏式的厂房
（资料来源：作者自摄）

3.4.3　古典中式

在 20 世纪初至中期新古典主义的民族样式是中国现代建筑创作的方向，主要特点是在现代功能建筑创造中延续中国古典形式，有许多代表性的建筑作品和建筑师。对“中国式”的处理手法大体上可以概括为三种设计模式①：一种是被视为仿古做法的“宫殿式”，这类建筑极力保持中国古典建筑的体量权衡和整体轮廓，保持台基、屋身、屋顶的“三分”构成，屋身尽量维持梁柱额枋的开间形象和比例关系，不超越古典建筑的基本体形，保持整套传统造型构件和装饰细部。最典型的作品有重庆人民大礼堂建筑群。

第二种是被视为折中做法的“混合式”，这类建筑突破中国古典的体量权衡和整体轮廓，不拘泥于台基、屋身、屋顶的三段式构成，建筑体形由功能空间确定，墙面大多摆脱檐柱额枋的构架式立面构图，代之以砖墙承重的新式门窗组合，或添加壁柱式的梁柱额枋雕饰，屋顶仍保持大屋顶的组合，或以局部平屋顶（小披檐）与大屋顶相结合，

① 中国建筑史 [M]. 第四版 . 北京：中国建筑工业出版社，2001：382.

图 3-24　长安精密仪器厂办公楼混合式风格
（资料来源：作者自摄）

外观呈现中式的体量与大屋顶，表达传统构造特征。例如，长安精密仪器厂办公楼，1955 年建成，重檐歇山大屋顶是中式建筑风格，立面采用横向五段式划分，竖向屋顶、墙身、基座三段式，屋檐下出挑木挑檐，檐口和窗间墙装饰传统图案，仿古典建筑的斗栱和彩绘，淡黄色墙面与灰白的门窗过梁和女儿墙色彩搭配显得典雅大方（图 3-24）。

第三种是以“传统装饰的现代式”，这类建筑在新建筑的体量基础上，适当装点中式的装饰细部，这样的装饰细部不像大屋顶那样以醒目的传统部件形态出现，而是作为一种民族特色的标志符号出现。普遍的特征是采用工字形或一字形平面，横向三段式或五段式，竖向条窗，坡屋顶，在建筑柱廊和檐口等细部上装饰简化的中国传统图案等。例如，川仪四厂办公楼在入口牌楼式门廊体现中式风格，三开间入口柱廊，饰白色云纹的额枋具有中式建筑特色，木制门窗窗棂为中国图案，局部天花和墙面装饰中式线条（图 3-25）。

在厂房建筑中，普遍以实用风格为主，清水砖墙，暴露梁柱结构，但也有的厂房建筑外墙适当增加中式的传统图案装饰，增添了建筑美感。例如，长安精密仪器厂厂房为一主两跨结构，人字形坡屋顶，外墙刷白，在山墙面开竖向方窗，窗下墙用中式的图案装饰（图 3-26）。简单的装饰给单调的建筑形象增添了生动和美感。

3.4.4　传统民居式

工厂是生产型聚落形式，与传统民居场镇聚落比较，在空间形态、环境景观、建筑构造方面有相似之处，也有工业生产的独特性。一是工业区规模更大，空间尺度大，空

图 3-25　川仪四厂办公楼中式装饰特征
（资料来源：作者自摄）

图 3-26　长安精密仪器厂厂房装饰图案
（资料来源：作者自摄）

间性质多样，层次丰富。空间形态与民居场镇类似，有街巷（厂区道路）、场口（工厂大门）、渡口（工业码头）、街口（广场、绿地）、标志建筑（烟囱、高塔、巨型设备等）。工厂选址布局依山就势，因地制宜，由于受到山地地貌高低不平局限，山地条件下修建厂房借鉴民居适应山地的布局方式，采用分台地布置车间和办公用房，沿江而上分别为生产区和办公区、住宅区，类似民居前店后宅的布局。体现对山水格局的尊重，不随意破坏和改变原生态自然风貌格局，山头植被和滨水岸线构成整个工业区环境和功能的重要组成部分和基础条件。山地工厂布局尊重自然环境要素，形成自由多变的形态，完全不同于平原工业城市布局规整、横平竖直的形态。

二是构成多维景观形象。山地厂区有多角度、多视角的景观展开面，呈现与平原工业区不同的四维立体画面景观，构成山地富有动感的工业景观，厂区内道路蜿蜒曲折，上下高低起伏，产生步移景异的流动空间效果，工厂形象从上下左右各方位都不同，除沿江景观面外，从山上俯视，工厂的第五立面形象突出，屋顶各种形态丰富，高低交错，生动变化，全景尽收眼底（图 3–27）。从低处往上看的视觉冲力也同样强烈，层层叠叠的厂房、设施顺坡而上，层次丰富多变，在山顶高处往往屹立着高大的储气罐、水塔等工业设施，犹如民居场镇的楼阁等标志性建筑。

三是借鉴山地民居建筑适应地形的方法。沿用山地传统的建造技术和建筑形式，采用上爬式、吊脚、分台处理。不同台地间，为增加生产联系，采用爬山廊联系。例如，英国亚细亚石油公司炼油厂不同台地间的厂房用三叠的爬山廊联系，与民居建筑构造方式如出一辙（图 3–28）。在结构体系方面，借鉴川东民居穿斗排架木结构体系，采取中柱落地，减小木豪式屋架的跨度，以获得厂房连续的大跨度空间（图 3–29）。将屋面天窗处理为民居式的抱厅，或在屋面开民居式的老虎窗，增强厂房内部的通风和采光。四周屋面出檐采用大挑檐处理，设置木斜撑托着屋檐，使墙体不受雨淋。重庆非常普遍的山洞厂房如同窑洞式民居，利用山地的崖壁开凿空间用于生产，有单洞和连通式，生产洞的建筑规模相对民居窑洞更大，民居窑洞面积规模一两百平方米，而生产洞通常几千平方米。生产洞口仿窑洞民居处理，上部为镂空砖砌固定花窗，下部为宽大的铁门扇，显得坚固和厚重（图 3–30）。

图 3–27　山地工业自由多变的形态特征
（资料来源：作者自摄）

图 3–28　仿民居的爬山廊
（资料来源：作者自摄）

图 3-29 木豪式屋架与砖柱混合结构
（资料来源：作者自摄）

图 3-30 生产山洞入口处理

3.4.5 重工业建筑形象

工业形象是工业技术的外在表象。不同的生产工艺，而产生不同的建筑形式和生产流程，从建筑的外观就能基本判断是何种类型的工厂，不同的生产工艺其外观形态各异。重工业的形象特征一是建筑空间高大，生产需要吊运巨大的原材料和产品，其机器设备庞大，厂房跨度普遍在 30m 左右，高度在 20m 上下，长度一般在 200m 以上，室外的生产设施也是异常高大，烟囱高度通常在 150m 以上，厂房采用连续的高低跨构成高大生产空间，建筑开敞，外围护少，因为生产环境已经高温高热，重庆气候又异常闷热，厂房只建在需要遮风避雨的生产部分，为了散热，车间外墙尽量空透，通常生产车间外围护下部采用压型钢板围护，上部空透，或用金属板材作遮阳设施，生产的巨型管道暴露在建筑外部。这些体现工业生产特点的外部特征赋予了工业建筑具有与其他类型建筑显著不同的个性（图 3-31）。

二是工业设施独特。重工业生产与轻工业相比，高耸的烟囱、高炉、水塔、冷却塔、连绵的巨大钢架与管道是最显著的特征，给观察者或身临其境者带来特殊的心理感受和强烈的印象。例如，炼铁厂以高炉为中心，围绕着焦化、烧结、料仓等辅助设施，水平纵横交错的管道和高耸的烟囱、炼铁炉、热风炉具有强烈的工业技术标志性，是工业机械美学的独特魅力，是不可缺少的工业景观元素，具有强烈的工业标志性，利用这些构筑物、设施结构作为环境再造中可资利用的新的景观要素。

三是具有神秘感，重工业工厂通常是严格封闭管理的厂区，工业环境和氛围不为众人所知，专用的生产码头、货场、铁路专线都是重要的重工企业独有的标志和地位，超乎想象的生产流程、蜿蜒远去的铁轨、一望无际的厂房和生产设施形成的神秘的环境令人对其有较强烈的好奇心和探究心理，由此产生“庭院深深深几许”的审美感受（图 3-32）。

重工业的审美特色并不在于建构筑物本身，关键在于在特定工艺流程下所构成的严谨的逻辑关系和整体风貌，工业建筑适应工业生产需求而建成的密切关系是研究和保护

图 3-31 重工业厂房建筑的独特形象
（资料来源：作者自摄）

图 3-32 工厂外部空间
（资料来源：作者自摄）

的重点。比如化工厂的硝酸车间，车间建筑外部十分简陋，似乎没有什么艺术价值，但是高低错落的钢构架，或围合或开敞，为适应室外大型设备及生产的工艺流程的需要而建，体现了化学工业技术的特点，保护的重点是这些钢构架的结构形式与生产工艺配合的关系，而至于厂房外墙因日晒雨淋而斑驳对于工业建筑价值都无甚大碍。

3.5 本章小结

重庆工业遗产具有极强的时代性和地域性，有独特的山地工业建筑文化特征。工业遗产的格局特征和山地环境特色是整体保护工业城市记忆的基础，重工业所特有的高大坚固的钢筋混凝土厂房和体积庞大的机器设施设备是工业遗产的典型代表。从文化的角度看，工业遗产的建筑特色并不在于建筑艺术、装饰，而在于工业文化折射出的时代和地域的真实性，每个城市的工业建筑都在自我的生存环境中有独自的特色，我们不能因其建筑形式的简陋而妄自菲薄，重庆工业建筑遗产反映出的科学技术的进步以及对山地环境的尊重，对当今城市建设发展有重要的启示意义。

4

工业遗产保护理论与策略

没有科学的理论就没有正确的实践，工业遗产的保护理论在世界文化遗产保护理论体系中是新兴的理论分支，发达国家在 20 世纪六七十年代开始探索，并总结了较先进的理论方法。通过借鉴和学习，结合重庆实际情况，探索并建立重庆工业遗产的保护理论以正确地指导实践。

4.1 国外工业遗产保护理论的兴起和发展

4.1.1 国外工业遗产保护国际宪章

国际上对文化遗产保护的认识和理论经历了逐步演进和提高的过程，文化遗产保护理念发展经历了一个从民用建筑遗产到工业遗产、从单体到整体、从局部到全局、从国家立法到地区立法、国际立法的过程，从保护可供人们欣赏的艺术品到保护各种作为社会、文化发展的历史建筑与环境，再进而保护与人们当前生活休戚相关的历史地区乃至整个城市的发展环境，保护领域越来越深广和多样。

1931年，《关于历史性纪念物修复的雅典宪章》，又称为《修复宪章》，其主要精神是："通过创立一个定期的、持久的维护体系有计划地保护古建筑，摒弃整体重建的做法，否定风格性修复的做法，保证修复后的纪念物原有的外观和特征得以保留；应注意对历史纪念物周边地区的保护，一些特殊的建筑群和景色如画的眺望景观也需要加以保护"。1933年，国际建筑协会的关于现代城市规划的纲领性文件——城市规划大纲，即《雅典宪章》中提出："有历史价值的古建筑均应妥为保存，不可加以破坏，但是它们的保护并不意味着人们应该居住在不利于健康的条件中"。1964年，《威尼斯宪章》成为保护文物建筑及历史地段的国际原则。宪章明确了历史文物建筑的概念，不仅包括单体建筑物，而且包括能从中找到一种独特的文明、一种有意义的发展或一个历史事件见证的城市或乡村环境，首次拓展了历史纪念物的内涵，更多地关注历史纪念物保护的真实性和整体性，古迹的保护意味着对一定范围环境的保护，指出"古迹遗址必须成为专门照管的对象，以保护其完整性"。《威尼斯宪章》被国际古迹遗址理事会（ICOMOS）认定为文化遗产保护方面重要的国际宪章，国际古迹保护的权威性文献，让文化遗产保护工作在国际上引起普遍重视，并对后来一系列关于历史地区和历史城市保护的宪章、建议等产生重要的影响，成为文化遗产保护的纲领性文件。1987年，国际古迹遗址理事会通过了《保护历史城镇与城区宪章》，即《华盛顿宪章》，提出"保护规划的目的应旨在确保历史城镇和历史地区作为一个整体的和谐关系"；1975年，欧洲议会《关于建筑遗产的欧洲宪章》、《阿姆斯特丹宣言》提出了整体性保护的理念和原则，特别强调"城镇历史地区的保护必须作为整个规划政策中的一部分，这些地区具有历史的、艺术的、实用的价值都应该受到特殊的对待，不能把它从原有环境中分离出去，而要把它看做是整体的一部分，尽量尊重它们的文化价值”。上述两份文件都对“整体性保护”的理论和方法作了充分的阐述。

虽然这些国际宪章主要是对非工业遗产的保护性文件，都还没有关于工业遗产保护的论述，当时，工业遗产还没有引起国际上普遍的关注，对城市文化遗产保护的重心还是那些象征权力和高尚艺术的民用建筑遗产，这是历史的局限性。但是，这些国际宪章所提出的文化遗产保护的基本原则和理念对工业遗产同样具有指导意义，尤其《威尼斯宪章》是工业遗产保护应遵循的基本原则和纲领。

工业遗产保护的理论研究从20世纪50年代的英国开始，到1973年，在英国铁桥峡谷召开了第一届工业纪念物保护国际会议，1978年在瑞典成立的国际工业遗产保护委员会（The International Committee for the Conservation of the Industrial Heritage，TICCIH），对全世界范围的工业遗产保护起了关键的推动作用。它是一个世界性的促进工业遗产保护、维护、调查、记录、研究和阐释的国际古迹遗址理事会的专业咨询机构，下有采矿、纺织、煤炭、交通4个专业委员会。每年出版四期公告，介绍成员国在工业遗产保护方面的进展情况，组织召开国际性的工业遗产保护研讨会，通过国际交流和合作推动工业遗产保护的实践。在2003年7月，国际工业遗产保护委员会在俄罗斯北乌拉尔市下塔吉尔镇[1]召开第12届国际工业遗产保护委员会大会，通过了首部有关于工业遗产保护的国际性宪章《下塔吉尔宪章》[2]，是有关工业遗产保护最为重要的国际宪章，具有里程碑意义。宪章指出，“为工业活动建造的建筑和构筑物，工业生产过程与使用的工具，工业生存所在的城镇以及形成的景观，以及其他物质和非物质载体，都具有同等的重要性。应该研究、讲授它们的历史，探索和界定它们的价值，认定最具代表性和特色的案例，以《威尼斯宪章》为指导来实施保护和维护。保护工业遗产的宗旨是基于群体的普遍价值，而非个别遗址的独特性”。宪章对工业遗产的定义、价值、认定、记录和研究都给出了指导意见，强调了工业遗产的价值意义，阐述了工业遗产认定、登录、研究的方法，提出了保护、维护的九条原则，是目前为止世界上公认和遵循的、最为权威的工业遗产保护文件。

《下塔吉尔宪章》颁布之后，工业遗产得到更加广泛的重视，一大批工业遗产保护利用项目开始在世界各地出现，它们的成功进一步推动工业遗产保护和再利用得到更多的认可和理解，使工业遗产保护与再利用在全世界范围蓬勃展开。1986年，英国铁桥峡谷[3]首次入选《世界遗产名录》，是第一项工业遗产类型的世界遗产，具有工业遗产保

---

① 建于1725年，人口41万，俄罗斯主要钢铁工业中心，主要功能为铁路车辆制造、金属加工及焦化工，苏联和俄罗斯现代战车生产基地。

② 该宪章于2003年6月在俄罗斯下塔吉尔市由国际工业遗产保护委员会起草，提交国际古迹遗址理事会批示，并最终由联合国教科文组织正式批准。

③ 是英国工业革命的重要象征和发源地。1986年列入《世界文化遗产名录》。18世纪初这里建造了世界上首座高炉熔炼钢铁。18世纪末建成世界上第一座铸铁铁桥，比法国的埃菲尔铁塔早近百年。1968年以来，专门委员会负责保护这片具有里程碑意义的河谷风景区，按维多利亚时代的原貌恢复一些工业作坊、工场、工人住宅等，并改建了11座不同主题的博物馆。

图 4–1 英国铁桥峡谷工业小镇
（资料来源：作者自摄）

护里程碑的重大意义（图 4–1）。2003 年后又登录了工业遗产 6 项。2007 年 7 月，在新西兰第 31 届世界遗产大会上，日本本州岛 JWAMIGINZAN 银矿山又被登录为世界文化遗产，可见工业遗产保护在 21 世纪初得到空前重视。《世界遗产名录》中，英国的工业世界文化遗产数量最多，共有 6 项，体现了工业革命起源地工业遗产的重要地位，整体被列为世界文化遗产的工业市镇或工业区域共有 20 个，占工业遗产的大部分，这说明国际上对工业遗产注重整体环境的保护。

纵观遗产保护宪章、公约、建议等国际文件的产生背景和发展过程，我们可以发现，随着保护对象和保护范围的不断扩展，文化遗产保护理念和方法也在不断地创新和进步，概括为以下两个特点：

（1）保护内涵和类型不断拓宽。从最初只保护文物、古迹到建筑群再到保护历史地段乃至历史城镇及工业遗产，保护的概念和对象在不断扩展。过去只有杰出的、在历史上或艺术史上占有重要地位的，所谓伟大的建筑作品和艺术品才得到保护。1964 年建筑文化遗产保护理论文件《威尼斯宪章》，扩大了文物古迹的概念，“从个别的建筑作品扩展到能够见证某种文明、某种有意义的发展或某种历史事件的城市或乡村环境，从伟大的艺术品扩展到许多因时光流逝而获得文化意义的一般性建筑、构筑物，以及能够作为社会、经济发展见证物的对象也被列为保护范围”。1976 年《内罗毕建议》提出历史地区的保护概念，包含史前遗址、历史城镇、老城区、老村庄以及相似的古迹群等广泛内容，同时明确保护历史街区在社会方面、历史和实用方面的普遍价值。1987 年《华盛顿宪章》确定了历史地段以及更大范围的历史城镇、城区的保护意义和作用以及保护原则和方法，指出文化财产无论其等级多低均构成人类的记忆。2003 年《下塔吉尔宪章》正式倡议保护工业遗产，以工业遗产为代表的大量一般性历史建筑得到保护和利用，极大地扩展了历史文化遗产保护的类型和范围。

（2）从单体保护走向整体保护。《威尼斯宪章》之前，文化遗产保护主要关注单个的文物、古迹、遗址的保护，强调保护、修复真实性的原则。《威尼斯宪章》开始更多地关注历史纪念物保护的真实性和整体性。宪章开篇即明确："世世代代人民的历史古迹，饱含着过去岁月的信息留存至今，传递它们真实的全部信息是我们的职责。"同时要求，"古迹遗址必须成为专门照管的对象，以保护其完整性"；1975年的《关于建筑遗产的欧洲宪章》、《阿姆斯特丹宣言》特别强调城镇历史地区的保护必须作为整个规划政策中的一部分，对"整体性保护"的理论和方法作了充分的阐述；1987年的《华盛顿宪章》指出"保护规划的目的应旨在确保历史城镇和历史地区作为一个整体的和谐关系"，强调历史地区的保护不仅要保持整体风貌的完整，而且还要从城市经济与社会发展的各个层面整体规划。

4.1.2 国外工业遗产保护理论研究的趋势

注重多角度研究和多学科交叉。国外对工业遗产的研究不仅局限在建筑学、文化遗产学科方面，而且从历史学、社会学、生态环境，甚至从工人性别和种族关系入手研究，例如：2005年英国学者发表了"工业遗产之未来"的代表性论文，从工业时代殖民地角度分析，研究工业社会行为的演变规律等。2010年8月，国际工业遗产保护委员会在芬兰城市坦佩雷主办了题为"工业遗产再利用"的国际工业遗产联合会议，会议确定的主题非常广泛，代表了当前国际工业遗产前沿研究理论。从适应性的再利用到整体翻新修复，都成为工业遗产再利用的方式。与国内目前比较关注保护已废弃的老工业核心区，并着重赋予其新的功能相比，国际上的工业遗产保护领域延伸出更广泛的主题和内容，对工业遗产保护不只限于物质空间，而且展示老工业技术、流程、各种产品，揭示过去的工业社会历史同样重要。同时，出于对能源和环境的保护，在工业的过去中寻找新能源的再利用和替代技术也成为对工业遗产再利用的目的和意义。研究覆盖工业遗产保护及更新的各种方式方法，鼓励与会者从不同学科领域对工业遗产保护和利用进行研究和实践，如社会文化、区域和环境问题等。

注重国际交流与协作。近些年，在国际工业遗产保护委员会的组织下，国际工业考古协会的交流日益增强，为各国工业遗产研究提供成果展示和讨论的舞台，关注并指导发展中国家工业遗产的保护。2006年的年会上第一次邀请了中国学者与会和发言，促进了我国关于工业遗产保护的《无锡建议》的出台。同时，注重加强专业人才的培养。国外一些教育机构专门举办工业遗产培训课。美国密歇根理工大学在2005年原来的工业遗产硕士学位基础上，增设了工业考古博士学位点，每年夏季开设为期7周的考古实习，地点在纽约北部的原西点铸造厂，学生在此接受考古理论与技术实践，分组讨论和合作研究。

4.1.3 工业遗产整体性保护典型案例经验

西方国家工业遗产保护是与老工业区的整体更新改造紧密联系在一起的。通过综合的城市规划、城市设计、建筑设计、景观设计以及政府统筹组织和实施，灵活的市场化运作，实现城市工业遗产的保护再利用和老工业区的复兴。总体上看，西方工业国家对待本国的工业遗产往往采取渐进更新改造的方式，保留原工业区的特征，积极进行更新再利用，方式灵活多样，根据条件，有的采取工业设施和厂房建筑重点保护，例如法国雪铁龙汽车工厂改造成景观公园，只保留了些工业构件作为城市雕塑；有的则是整体工厂完整地保护再利用，不同的保护力度所产生的效果各异。值得重点借鉴的是有的西方国家对待本国重要的工业遗产十分慎重，经过多年探索，采取整体性的保护，取得举世瞩目的效果。

1. 欧洲工业遗产之路（European Route of Industrial Heritage，ERIH）

1993 年欧盟成立后，为推动各成员国的合作和交流，在各个方面展开了整合，包括工业遗产网络体系的建立，欧洲工业遗产之路就是记录欧洲重要工业遗产地的网站。遗产之路是将分散在各国的工业遗产通过旅游线路整合起来，并与废弃的工厂、工业景观、交互式技术博物馆相链接，几乎覆盖整个欧洲，以推动各成员国的合作和交流。人们通过网站了解欧洲各国工业发展历史和成就，也可以实地去感受纺织、采矿、钢铁、制造业等 10 条主题游览线路。在网站中，共有锚点（Anchor Points）66 个，574 个遗产地，覆盖 7 个国家，英国有 26 个锚点、213 个遗产地，德国有 25 个锚点、180 个遗产地。每个地区都有自己的工业遗产特色，地区线路把众多的工业遗产地和锚点联系在一起，例如德国有鲁尔区工业谷、莱茵河地区，萨尔—洛林—卢森堡地区和卢萨蒂亚四个地区线路；英国有英格兰西北地区、中部地区、南威尔士地区、东部地区四条地区线路。这些线路为人们系统地了解各国工业遗产提供了很好的参考。欧盟委员会已成为欧洲工业遗产之路的组织者，为支持其成员国的工业旅游项目提供越来越多的资助。可见，在欧洲大陆各国，工业遗产保护已成为共识，由欧盟专门的机构进行统一规划和建设，采取信息网络传递工业遗产文化，让广大民众和社会单位参与和体验工业遗产文化的魅力。

2. 英国伦敦道克兰（Docklands）码头工业区的整体规划更新

该码头位于伦敦东区的泰晤士河两岸，占地约 20.7 平方公里，其中工业废弃地占 45%。工业革命曾使这里成为英国向欧洲出口工业产品最重要的港口。20 世纪 60 年代逐渐萧条，基础设施老化，整个地区在社会、经济、环境等方面都处于非常困难的状况。随着后工业经济的来临，伦敦向国际化大都市方向发展，道克兰码头区的区位优势越来越明显。1981 年英国政府成立码头开发公司，拟定了整个码头区的改造整治设想和规划，完成了文化、交通、基础设施、社会发展等一系列专项规划。通过规划实施，从 879 公顷荒废的棕地中再生了 826 公顷建设用地，规划了 9 公顷的城市公园，增加了 50 公里沿岸舒适的步行系统，将 195 公顷的狗岛（Island of Dogs）开发成伦敦新的 CBD，新建了 2 所大学、12 所小学等公共服务设施，对一些历史建筑进行保护性再利用。吸引大量社会资金投资建设了旅馆、餐厅、商场和娱乐设施，经济成效十分显著，就业人数从 1981 年的 2.7 万人到 2014 年预计将达 17.5 万。码头区经历了长达 20 年的更新，通过长期的小规模再利用，终于由废弃的工业区码头再生为游人如织的旅游胜地。曾经荒芜

图 4–2　道克兰码头区历史建筑保护与更新
（资料来源：作者自摄）

破败的伦敦码头区已经改造成集工作、休闲和居住于一体的后工业城市社区，经济和社会重新显示出强大活力。

但是，码头区更新既有成功的经验，也有失败的教训。尤其是在改造之初，更新策略是以经济为中心，盲目鼓励私营企业投资，政府也不制定总体规划和城市设计导则，让市场来决定城市的布局和形象。这种过分追求经济效益的做法，致使码头街区原有的景观资源和空间尺度、城市肌理和工业遗产受到破坏。这种做法遭到当地政府和民众的抗议。政府因此调整了开发策略，开始转向整体更新的方式，开始重视总体规划和城市设计导则的制定，规划尊重码头区历史文化风貌的整体性保护，不少废弃的仓库货栈具有英国 19 世纪的建筑形式和风格（图 4–2），在保存其外观的情况下，对其内部结构加以改造、变更空间格局和增添现代化的居住设施，成为深受新生代中产阶层喜爱的豪华公寓。高耸入云的金融大厦与精心保存的历史风貌交织一体，构成伦敦码头区所特有的后工业城市景观。此外，码头区成功改造对伦敦城市复兴起着重大作用，引发了英国城市建设的革命性转变，即以大拆大建转变为以整体规划为指导、以市场为导向、以建筑遗产再利用为核心、小而灵活的城市更新模式。

3. 德国工业遗产的整体性保护

在德国有许多整体保护的成功案例，成为世界工业遗产保护的典范。德国是历史悠久的工业帝国，国家和地方政府都十分注重对工业遗产的整体性保护，有许多成功的范例。德国拥有拉姆斯伯格有色金属矿及格斯拉尔古城、弗尔克林根钢铁厂、埃森关税同盟煤矿工业区三项世界文化遗产以及鲁尔工业区众多的工业遗产公园和工业文化旅游之路。

格斯拉尔是个矿业城市，历史上曾是皇家采矿、行政、贸易中心。拉姆斯伯格有色金属矿曾是中欧最大规模的开采冶炼中心。目前，这里已经改造成一个追求“真实性”的矿业博物馆。完整保留了当时的工业流程和工具、设备，游客能够体验到完整的采矿、选矿、冶炼的全过程。这些完整的工业遗迹成为德国采矿史的见证。同样，因矿建立的格斯拉尔古城整体保持着中世纪风格，15~16 世纪形成的城市整体格局完好保留至今。在这里，工业旅游与历史文化旅游有机地结合在一起。

弗尔克林根钢铁厂曾是全欧洲最先进、产量最高的炼铁厂之一，在 19 世纪和 20 世纪早期的科学技术史和工业文明史中具有独特的地位。1986 年停产后，占地 60 公顷的厂区内保留了原来生产设备的主要部分，为我们展现了历史上一个大型炼铁厂的完整画面。迄今为止，还没有其他地方有这样全套的高炉设备可以如此完整、准确地展现过去的炼铁生产过程。整个厂区甚至还弥漫着硫磺的气息，仿佛这里昨天还在生产一样。主厂房已经改造成工业博物馆，保留了大量的工业设备。先前工人们工作使用的楼梯、平台和步道改装后为旅游者服务，穿插在空中与高炉之间，使人们能够近距离接触到生产设备，体验钢铁巨人的风采。高炉区经过国际著名的灯光大师的设计，成为当地一大景观特色。弗尔克林根钢铁厂整体就是一座工业博物馆，一座体验式的钢铁科学中心。在《世界遗产名录》中，还有瑞典的恩格斯伯格炼铁厂同样是完整保护的案例。

埃森关税同盟煤矿工业区以历史煤矿工业区的完整结构，入选《世界遗产名录》，被评价为“一处稀有的工业建筑群遗址”。煤矿曾经在19世纪和20世纪初充满了“纪录”，是欧洲最现代化和最大的煤矿。在1986年停产后，州政府并没有拆除占地广阔的厂房和煤矿设备，而是将其列入历史文化纪念地，被重新定位为文化休闲中心，有历史价值的机器和设备被原封不动地保存下来。在保护工业特征的基础上还设计出很多富有创意的使用方式，例如市政府会议中心、州设计中心、艺术画廊、工业博物馆、学校、剧场、露天表演场等。厂区的每一栋建筑都被赋予一种新的功能、新的用途，而不是死板地保持它的原样，新的用途又衍生出很多新的活动。这些新用途和新活动对游客有着非常大的吸引力。而且还吸引了众多的艺术和创意、设计产业公司、协会、社团、机构等，发展成德国的工业艺术与现代设计产业的中心。因此，这个旧矿区如今看起来更像个科技园区和艺术园区。关税同盟煤矿工业区整体性保护与再利用，使工业遗产的各个功能单元依然清晰可见，过去和今天很好地结合在一起（图4-3）。

鲁尔工业文化之路整体规划。德国鲁尔河地区的煤和钢铁产业在德国工业发展中起到重要的支撑作用，曾是德国工业的中心。鲁尔区的克虏伯钢铁厂、蒂森钢铁厂都是当时世界上数一数二的大型企业。但是，辉煌了一百余年后，1986年，关税同盟煤矿成为最后一家关闭的企业。当时，按照政府相关法律，土地、厂房、设备的处置费用（包括拆除和污染去处等）高到令原有业主无法承担的程度。于是原有业主纷纷以一块钱的象征性价格转售给政府进行处置，这样形成东西约70公里，南北约13公里，约800平方公里的鲁尔工业区，如何解决一个从经济、产业，跨越到社会的复杂课题。1988年，杜塞尔多夫市政府开始了一项整体的整治计划，即持续长达十年的国际建筑展（IBA，International Building Exhibition）。整个国际建筑展计划包括鲁尔区17个城市，发展旅游为主导的服务性行业成为鲁尔区转型的重点策略之一。这是一个大胆的创举，用一个国际设计竞赛来解决极其复杂的社会问题，突破了传统规划设计的观念和手段，这也是一项系统工程，特别是以工业遗产保护为基础，开发工业旅游、生态恢复、创造新型城市

图4-3 德国埃森关税同盟煤矿工业遗产整体保护
（资料来源：作者自摄）

生活，最终实现经济发展和社会复兴，是非常成功的。在更新策略上有多学科、多领域的研究课题作支撑，在规划理念、实施方法、目标评价等方面建立了新的评价标准。比如政治家参与制定规划，提出社会发展目标，在政治上进行推动。

1998 年，鲁尔区规划机构制定了一条全区旅游景点的区域性旅游线路，即“工业文化之路”，包括 14 个标志景观点、25 个参观点、6 个国家级工业技术和社会历史博物馆、13 个代表性工人居住点，25 条游览线路覆盖 55 座城镇，将约 900 个景点的工业遗产串联起来。统一设计了 1500 块交通路线指示标志、视觉识别符号、宣传手册，建立了 RI 专门网站，编制了《鲁尔地区工业遗产地图集》。随着工业遗产保护和再利用的不断发展，国际建筑展的创新思想逐渐被人们接受，加入到工业遗产之路的景点逐渐增多。到 2006 年年底，工业遗产之路形成了长达 400 公里的机动车道，700 公里的自行车游览路线。

鲁尔工业区保护利用工业遗产的创意是整体性的，包括工业建筑、设施设备的再利用、生态环境的修复、工业遗产旅游的组织，还包括各种创意活动（如展览、音乐、演出等），除了工业遗产文化之旅外，还组织一系列吸引人的体验、体育运动、艺术、商务活动和节日。例如，三年一度的艺术节、钢琴节、欧洲演出季等。鲁尔地区的工业遗产还成为德国成功申办 2010 年的“欧洲文化城市”的重要资源和王牌。可见，工业遗产的保护与利用是城市文化繁荣重要的推手。

西方国家工业遗产保护取得世界瞩目成就的案例几乎都是整体保护再利用的结果，实例不胜枚举，归纳整理如表 4–1 所示。

西方国家工业遗产整体保护实例一览表 **表 4–1**

序号	遗产名称	地点	类型	保护内容	备注
1	铁桥峡谷	英国	工业市镇	铁桥、煤矿熔炉、居民区	《世界文化遗产》
2	布莱纳文	英国	工业市镇	煤矿、采石场、铁路、熔炉、工人住宅及基础设施	《世界文化遗产》
3	德文特河谷纺织厂	英国	纺织厂	工人宿舍、纺织厂保存完好	《世界文化遗产》
4	新拉纳克	英国	工业市镇	纺织厂、工人住宅、教育机构	《世界文化遗产》
5	索尔泰尔村	英国	工业市镇	纺织厂、公共建筑、工人住宅	《世界文化遗产》
6	利物浦—海上贸易城	英国	工业市镇	商业、民用和公共建筑、港口	《世界文化遗产》
7	迈尼帕瑞铜矿和阿姆卢赫港	英国	采矿、运输	矿山深渊、厂房、冶炼场、码头、干船坞、机械	—
8	珠宝街	英国	制造	数十家珠宝加工厂	—
9	古船坞	英国	制造、交通	船厂 80 英亩（约 32.38 公顷）的建构筑物、公认保留最完整的风帆时代船厂	—
10	曼彻斯特科学与工业博物馆	英国	制造、纺织、能源	火车站、蒸汽机车、仓库、办公楼等	—
11	苏格兰矿业博物馆	英国	矿业	保存最好的维多利亚时代的煤矿	—
12	乐石陶器博物馆	英国	制造	保留最完整的维多利亚时代的陶瓷厂	—

续表

序号	遗产名称	地点	类型	保护内容	备注
13	拉姆斯伯格有色金属矿及格斯拉尔古城	德国	工业市镇	完整保留了当时的工业流程和工具、设备及古城原貌	《世界文化遗产》
14	弗尔克林根钢铁厂	德国	钢铁厂	全套的高炉设备	《世界文化遗产》
15	埃森关税同盟煤矿工业区	德国	采矿	煤矿工业区的完整结构	《世界文化遗产》
16	措伦二号四号矿井	德国	采矿	两座矿井、机械厂房、货场、住宅、铁轨等	—
17	汉莎炼焦厂	德国	炼焦厂	整体的建筑和设施设备	—
18	瓦尔特罗普亨利兴堡船闸	德国	交通	船闸设施设备完整保留	—
19	北杜伊斯堡景观公园	德国	炼铁厂	原蒂森钢铁厂完整保留	—
20	北极星公园	德国	采矿	煤矿整体保留	—
21	克雷斯皮达阿达	意大利	工业市镇	工厂及居住区完整保存	《世界文化遗产》
22	恩格斯伯格炼铁厂	瑞典	钢铁厂	钢铁厂完整保存	《世界文化遗产》
23	伯利恒钢铁厂	美国	钢铁厂	炼钢生产线完整保留	—

4.1.4 西方工业遗产保护的启示

尽管西方发达国家也不是对所有的工业遗产都采取全盘保护的方式，也有的是对工业遗产局部地保护，但凡采取整体性保护都获得巨大的成效，成为全世界工业遗产保护与利用的榜样和标杆。虽然西方国家的政府职能、经济制度、土地产权关系和税费政策都与我国体制有很大不同，我们不可能照搬西方国家的模式，但是其重视工业遗产保护的观念和采取的整体性保护方式而取得的卓越成效，值得我们学习和借鉴。

（1）对整体保护观的必要性和可行性的基本认识。世界文化遗产保护理论揭示了保护历史文化遗产真实性和完整性的基本原则，西方各国在工业遗产的保护实践中也为我们树立了众多整体性保护的范例。尽管整体保护模式还不是工业遗产保护的主流方式，原因十分复杂，现实条件的制约使不少有价值的工业遗产消失或仅存单体。由于完整性的缺失，已经让后人不能了解工业文化的真实性，其文化价值大打折扣。只有那些完整性保护的工业遗产，才能使人们感受到、触摸到历史的真实，成为人们参观、游览、学习、受教育的胜地。对工业遗产进行整体保护才是符合国际文化遗产保护原则的正确方法。

在我国历史文化名城保护举不胜举的惨痛教训中，我们也逐渐看清了整体保护的必要和重要。徐平芳先生曾对北京名城保护指出："对历史文化名城的保护，城市规划部门提出的不整体保护完整的古代城市规划'痕迹'，而是有选择地保护一些主观规定的历史文化街区的思路是错误的。"这实际上是在告诫我们不能用局部历史文化街区的保护，来取代历史性城市的整体保护。因为，文化遗产所涉及的历史沿革、历史事件、历史面貌均与群体环境是紧密的整体，如果群体环境受到损害或者消失，文化遗产的完整性及其本身价值也必然受到影响，它所反映的文化内涵，必将处于孤立的、局部的和不完整的状态，这些都破坏了历史文化名城的真实性和完整性。工业历史城市也是同样的道理。虽然，当前的工业遗产是零散工业单体保护的现实状况，这正是保护进程中的现实问题和不足。但随着世界各大老工业区转型成功和社会对工业遗产保护的逐渐重视，整体保护将成为未来工业遗产保护的主要方向。正如吴良镛所言“文化遗产保护在当前的确困难重重，但大方向一旦理顺，克服短期困难就会转入康庄大道，并且越走越宽。如果畏难、怕事，畏缩不前，旧城就再难有复兴之策”。①

（2）整体规划和策划是有效方法。工业遗产保护与利用是城市工业用地更新和复兴系统工程中的子项。不仅涉及物质环境层面，更有经济、文化、社会等层面广泛而深刻的内容。工业遗产保护利用涉及工业区土地功能调整、环境整治、文化保护、设施完善、重建标志性景观、社会更新等复杂的问题。因此，要进行老工业区更新和遗产保护的整体定位和规划设计。国外成功的案例无不是在科学的总体规划设计指导下完成的，前文所述的伦敦道克兰码头区改造前后效果的对比充分说明整体规划引导的重要性。在改造前，定位和策划都经过缜密的计划，在没有明确的思路前不急于启动，西方国家的改造项目在确定了改造目标和方案后，渐进式地推进，及时总结，遇到新的问题不断调整完善，改造的时间长达十几年。其间，改造方案多次组织国际招标竞赛，用国际先进的理念来指导实践，渐进发展，不断调整完善。

然而，在城市快速发展的中国，老工业区的改造缺乏必要的论证程序和科学的整体规划，在没有充分的研究论证下，领导一句话就定了改造方式，既没有科学决策，也没有民主决策，造成很多有历史价值的工业遗产被毁掉，例如素有中国鲁尔之称的沈阳铁西区冶炼厂等工业遗产遭遇简单粗暴的对待，对它们命运的决定是否经过有效的论证？拆除4000根大烟囱后，这些珍贵的工业遗产也被彻底粉碎了。这已是我国城市建设中严重的问题。如何以科学发展观指导城市建设，西方国家的老工业区改造的充分论证、渐进实施、综合完善过程给了我们正确的答案。如果我们对此再一味强调所谓自己的“国情”、“市情”，而不很好地借鉴学习，又将走更多的弯路，甚至还沿着错误的道路走下去。

（3）政府责任是整体推动和示范。工业遗产保护是政府行为，是政府的重要职责。由于工业遗产保护和工业区更新是极其复杂的系统工程，依靠市场经济自发改造，很难达到提升产业能级、提高公共服务水平和改善城市形象的目标。因此，地方政府在旧工业区更新和工业遗产保护中起主导示范作用。国外工业遗产保护成功的大都是地方政府积极有为的结果。国外地方政府以复兴工业废弃地区经济为出发点，以工业遗产的保护利用为切入点，推动经济转型，寻找新的经济增长点，调整产业功能，更新工业区的环境，其基本做法是根据地区发展条件，将老工业区产业转型为高端的制造业、文化服务产业、旅游业等，功能定位多样化、综合化，通过改善自然环境，增强人文内涵，把工业遗产

---

① 吴良镛．总结历史，力解困难，再创辉煌——纵论北京历史名城保护与发展[Z]. 部级领导干部历史文化讲座，2005：350.

保护作为地区经济、社会、文化复兴的重要内容，并制定长期的老工业区复兴实施计划。这作为一种城市产业调整和升级是值得肯定的，对我们当前转变经济增长方式也是很好的启示。

政府具体的职责：一是研究制定保护战略目标和总体规划，借鉴全球经验提出国际领先的改造思路。二是为旧工业区改造制定积极的公共政策（如税收、奖励、资助），用特殊的政策来吸引更多的民间资本参与。例如，1980年年初英国政府为鼓励推动老工业区振兴，调整了用地《使用分类规则》的有关政策，鼓励工业用地转变用途为商业、文化设施用地，这类工程不需要办理规划许可等手续，税费上予以优惠。三是试点示范项目。主要从改造河流环境或利用工业遗产建设大型文化设施着手，作为地区的启动更新的信号。尤其要通过改善环境来恢复地区活力，旧工业区往往遗留下严重的环境污染，首先从河流和土壤的清污除垢开始，恢复生态环境，整治生活区和生产区的土地、河流、道路等，改善步行系统环境，在滨河形成步行区，把有价值的老厂房改造成文化服务设施。这些工作是先由政府牵头组织完成，环境改善后就会吸引投资者、市民、游客重新回到这里生活和发展，逐渐形成繁荣的景象。例如，英国伯明翰政府实施布兰德林地区更新是从整治旧工业区内河环境开始，减排清淤，美化河岸环境，使河岸成为生活休闲的岸线，推动了地区更新。四是注入现代服务业、旅游业、文化创意产业、教育业等新产业。政府善于发挥经济杠杆的作用，引导财团、学校、文化机构、信托基金等机构、公司参与。例如，英国诺丁汉市蕾丝市场改造中，政府引进了大学，把旧工业区改造为校园，大量的学生为这里带来新的活力，是该片区最终改造成功的关键因素之一。五是强化管理。政府在旧工业区更新的过程中要不断加强监控、听取反馈意见、总结政策和调整措施。在英国伦敦码头区改造中，由于开始政府监管不严，听任开发商自由改造，造成不少有价值的工业建筑遗产被毁掉，泰晤士河景观破坏。在社会舆论的反对声中，政府加强了管理，及时调整了政策和规划，制止了情况的进一步恶化，最终实现了码头区的成功更新。

我国的地方政府在工业遗产保护作为上与国外政府有很大的差距。我国地方政府具有更强的行政权力，然而，地方政府看中的是老工厂土地较高的房地产开发价值和较低的拆迁成本。大多数工业区位于滨江地带，有良好的滨江景观，周边城区已有完善的公共服务设施和充足的消费人群，是开发房地产良好的地段。地方政府将老工业用地重新规划为居住用地，然后，高价拍卖给房地产商，获得丰厚的土地出让金。这种做法是我国对待老工业区最为简单、粗暴，也是最为普遍的方式，造成大量有价值的工业遗产被摧毁。究其原因，主要是追求短期经济利益，不惜以牺牲文化遗产为代价。而且，我国的被污染土地的再使用和治理标准没有国外发达国家那样严格，工业废弃地治理标准和成本都很低，不须付出高昂的治污成本，工业用地转为居住用地使用的环保门槛很低。随着人们对居住环境品质和文化品位需求的提高，迫切要求地方政府转变工业区开发的模式，增强工业遗产的保护意识，如果认识到位，在我国现在的行政制度下，地方政府实施工业遗产整体性保护与利用是大有作为的。

4.2 国内工业遗产的保护发展

4.2.1 国内工业遗产保护认识的觉醒

2006年“世界遗产日”无锡会议后，国内学术界又进一步掀起了针对工业遗产保护方式及途径研究的热潮。陆续发表了一些研究论著。2010年6月，城市规划学会在武汉举办了城市工业遗产保护与利用研讨会，与会专家强调城市规划要高度重视城市工业遗产的保护与利用；2010年11月5日，中国建筑学会工业建筑遗产学术委员会在清华大学成立，这是我国关于工业建筑遗产保护的第一个学术组织，并举行了中国首届工业建筑遗产学术研讨会，通过了《北京倡议》——抢救工业遗产，呼吁地方政府管理部门制定工业建筑遗产保护的法规、条例，由于工业企业撤迁和市场低价竞争成为开发商竞相争夺的目标，抢救工业遗产已经迫在眉睫。纵观近几年我国工业遗产的保护研究历程，与国际工业遗产保护理念比较，认识和实践虽有较大的进步，但还存在不小的差距，主要表现在以下方面：

一是国内对工业遗产保护的认识逐渐增强，但尚未形成理论。在专家学者的竭力呼吁下，各地方开始重视工业遗产保护，提出要全面开展调查、登录工业遗产，进行保护性利用。在《北京倡议》和《无锡建议》中都在强调抢救工业遗产。这些年，工业遗产保护与利用也越来越得到政府部门、社会各界及市民的关心和重视，在一些项目激烈争论后，工业遗产保护占得上风。例如:北京798老工业区已经明确不再搞房地产开发，而是作为首都文化建设的名片进一步打造；北京首钢搬迁后，市政府将划一部分区域规划建设工业遗址公园。但是，我国工业遗产该如何保护，还没有形成有地方特点的系统理论和方法。工业遗产是整体保护还是单体保护？怎么改造利用？一系列的问题都还在争论,实际的保护行动仍然很滞后和迟缓。正如有的学者所言“现在的主要问题是体制、机制问题，相对而言，技术、资金问题已经不像过去那么尖锐，现在更突出的是立法、理念、管理体制、管理手段跟不上”。造成管理上无法可依，大量工业遗产游离在名城保护制度之外。因此，许多学者呼吁要将工业遗产保护纳入城市规划中管理，伍江教授指出“一定要把保护的内容纳入同一个规划，不能让保护规划游离在规划体系外面，这一点非常重要”。

二是国内对工业建筑遗产重利用，轻保护。在经济高速发展时期，我国的工业遗产保护更多地表现为闲置空间转换功能再使用，对工业建筑的改造利用主要是利用工业建筑的经济价值。伍江教授曾说“即便只从物质空间角度来看，也不要轻易把工业厂房成片拆掉，加以利用会得到很大价值。简单地把它们列入文物也未必好，不是说它们没有文物价值，而是在我国目前的法制情况下，列入文物就意味着死掉了”。然而，在《下塔吉尔宪章》中非常强调以《威尼斯宪章》的原则来指导工业遗产的保护，认为工业遗产的改造和再利用必须审慎和适度,尤其对“最重要的工业遗迹必须避免一切改造活动，以保护其完整性和真实性”，“工业遗产的保护有赖于维护功能的完整性，因此任何开发活动都必须最大限度地保证这一点。如果去掉部分机械和组成部分，整体的某些辅助设施被破坏，工业遗址的价值和真实性将大打折扣”。在目前我国工业遗产的保护与利用的实际案例中，工业生产的机器设备等生产流程几乎都没有保留，已感受不到工业的氛围，保留建筑的躯壳，改造利用厂房空间的目的是商业用途，有较明显的商业利益倾向，而不是从工业文化传承的目标去保护和利用，以文化教育后人。相比较而言，国外一些重要的工业遗产不仅整体保留生产设备，而且周围的工业市镇也得到整体保护，人们能较切实地体验工业文明的气息，这在英国和德国不乏实例。目前，我国还没有工业遗产入选世界文化遗产，可见，我国在保护效果上仍存在巨大差距，也是保护意识和理念落后的反映。

4.2.2 国内工业遗产保护理念和实践探索

尽管这些年国内改造工业厂房的实践不少，例如艺术园区、创意产业园、商业设施等，但是主要还停留在建筑厂房空间的改造再使用，对工业文化遗产保护的认识还很模糊，改造的手法也是五花八门，而且大多有刻意追求新、奇、怪的设计倾向。从遗产保护科学角度出发的改造实践还不多，近些年，随着学术界对工业遗产保护理论的深入研究，一些工业遗产整体性保护的规划方案相继推出，但其实施还需拭目以待。

1. 北京焦化厂工业遗产保护

北京焦化厂位于北京东郊，建于1959年，是国庆十大建筑的配套工程，仅八个月即建成投产，创造了国内外罕见的高速度，其后逐步发展成为我国规模最大的煤化工专营企业之一。北京焦化厂历史上还创造了商品焦产量第一、自主建设我国第一座6米大容积焦炉等多个中国“第一”。2000年，北京焦化厂被列入重点污染企业，要求在2008年前全部完成调整搬迁工作。厂区占地面积约135公顷，总建筑面积约29万平方米，建筑有办公建筑、工业厂房建筑、配套附属用房及大量的建、构筑物；建筑形态基本上是20世纪50 ~ 60年代的传统工业建筑，保留着大量的炼焦炉等生产线及一些特色的设施设备，具有明显的煤化工工业特征。生产区以错落的厂房、高耸的烟囱、林立的水塔、火光通明的炼焦炉等为主要特征，备煤、炼焦、制气、回收等各个环节都有明显的特色，而且，富有特色的构筑物及设施比较集中，主要分布在焦炉周边区域。运输铁路、皮带运输通廊和架空的管线设施遍布全厂区，将整个厂区空间及生产工艺流程串接起来，呈现较强的系统性和整体性。

在北京焦化厂整体规划中，在不影响城市发展和城市建设目标的前提下，基于对现状工业遗产资源的评价结果，充分保护工业遗存的价值，城市规划统筹总体布局。在焦炉周边区域是工业遗存最为丰富、又比较集中的区域，同时也是煤化工工业风貌特征最为鲜明的区域，是焦化厂工业遗产的精华所在。因此，对这一区域进行整体性保护，保留原有的基本格局和工业风貌特征，将工业遗产转化为城市休憩开敞空间并加入适当的公共文化设施，丰富其功能内涵。同时，加强生态恢复和景观环境的塑造，大力发展工业旅游项目及其相关的服务设施，将该区域建设成为面向公众、充满活力且特色鲜明的城市主题公园。在其周围区域规划布局城市综合服务区、文化创意集聚区、滨水景观休闲区。工业主题公园与以上三个功能区疏密有致，开发量上做到总体平衡，协调保护与开发的矛盾，具有可操作性。通过保留的铁路系统、架空管线和皮带运输通廊把保留的区域和个体串接成一个完整的系统，同时也把四个功能区紧密联系在一起，形成新旧共生、特色鲜明的城市新区。

2. 北京 798 艺术区保护

说到整体保护利用实例，不得不提到“798 艺术区”，原址是新中国“一五”期间建设的“北京华北无线电联合器材厂”，即 718 联合厂，718 联合厂是由周恩来总理亲自批准，苏联、民主德国援助建立起来的。1964 年联合厂分解为部属的 798 等分厂，该艺术区是利用 798 厂原址发展起来的。这是目前国内最大规模整体保留和再利用老工业区的典型例证。尽管当初只是厂方为闲置的厂房找点租金弥补企业的负担，而艺术家也看中其低廉的租金和老厂房空间的可用性，于是一拍即合，如今已发展成国内外知名的艺术区，并不是以工业遗产保护为目标经过精心策划和规划的结果。这种民间自发形成的老工业区整体利用，基本保持了原有的真实性和完整性，厂区肌理、格局、建筑风貌都保留较好。原苏联援助和民主德国专家设计建造的老军工厂车间，经艺术家以当代审美理念改造，空间最大限度地保留了原德国包豪斯设计的风格特色，鲜明地呈现 20 世纪 50 年代新中国社会主义改造、工业化、“文化大革命”和改革开放的历史痕迹，凝聚了社会主义文化的独特内涵。走进 798 艺术区，工业厂房错落有序，砖墙斑驳，管道纵横，墙壁还保留着“文革”时的标语。这里，另类的当代艺术作品与过去的机械等历史痕迹相映成趣，仿佛展开一场跨越时空的“对话”。

在经过一段时间拆还是留的争论后，工业遗产保护的理念逐渐被人们领会，如今北京市政府已经决定把 798 艺术区列为北京五个文化创意社区之一，北京市政府、朝阳区政府、酒仙桥街道和七星集团已经组成了联合工作小组，负责对“798”的规划和管理工作，并将在此地投资 1.5 亿元人民币进行创意园区建设。虽然 798 艺术区成功转型为创意文化区，但是，从工业遗产保护角度分析，在 798 园区规划中应还原有代表性的电子联合器材厂生产技术特征，目前建筑物厂房保存较完好，但是主要的生产设施设备被拆除，改作了商业、画廊、餐厅、书店等用途，充满了商业气息，已经不能看出当年国内规模最大、技术先进的电子器材厂的特点（图 4–4）。即使整体保留了建筑的躯壳，但是缺乏工业文化技术的氛围，这同样是有违《威尼斯宪章》关于历史文化遗产保护的真实性和完整性的原则。

3. 上海工业遗产保护

上海工业遗产保护与利用的特点是分散、小规模、数量多、以创意园区为主要利用模式。位于中心城区的企业关停后，闲置厂房区位较好、规模不大，便于转型利用。从 20 世纪 90 年代末到 21 世纪初期，上海开始在散落的老旧厂房自发聚集起当代艺术家工作室，逐渐发展到地方政府“顺势而为”引导与鼓励企业既保留老建筑历史风貌，又为老厂房、老仓库注入新的产业元素，建成创意产业聚集区。如今，从苏州河到大杨浦，从泰康路到莫干山路，再到 8 号桥，上海越来越多的老厂房经过创意改造，成为上海新的时尚地标。

上海工业遗产和创意产业的结合成为传统工业向新型服务业转型的重要形式之一。作为一座具有上百年工业发展历史的城市，上海拥有大量的老厂房、老仓库，这些工业文明遗产和创意产业相结合，形成了上海特色的创意产业聚集区。上海市政府有组织地进行这些企业的转型，先后挂牌了80余处创意产业园，吸引社会资金参与改造，以工业历史建筑再利用为切入点，将保护和开发融入创意产业发展。目前，改造老工业建筑群成为了上海特色的创意产业发展之路，藏身于工业建筑和旧式里弄的创意产业集聚区，成为上海商业地产新形态。比较有代表性的老厂房改造实例有田子坊、M50、1933工坊、“8号桥”等。

泰康路上的田子坊弄堂在20世纪30年代就是上海艺术家协会所在地。在改革开放前后发展了大量弄堂工厂，但是不久便经营不下去。1998年，陈逸飞等艺术家利用老厂房建了工作室，2000年开始，街道办事处看到了老工厂转型为创意产业的商机，可增加就业岗位，开始利用老厂房资源进行招商。目前，进驻了70余家单位、18多个国家和地区的近百家视觉创意设计机构，成为上海最大的视觉创意设计基地，形成了一定的视觉创意设计产业规模，使泰康路成为上海创意产业的发源地。田子坊最大的特点是多元化的业态和生活形式混合，是政府引导、社会自发形成的艺术区、餐饮、酒吧和原住民混杂的区域，保持原有里弄的格局，建筑外观基本不变，增加了必要的消防通道、设备等基础设施，相对低廉的消费水平和较真实的里弄生活吸引了众多消费群体。

“8号桥”正式的名字叫“上海时尚创意中心”，原是上海汽车制动器厂15000平方米的旧工业厂房，砖木结构的厂房经过半个多世纪的风雨已是破旧不堪。经过精心重建改造，原来老厂房中那些厚重的砖墙、纵横的管道和斑驳的地面被局部保留下来，每一座办公楼和厂房都有天桥相连。“8号桥”已吸引了众多创意类、艺术类及时尚类的企业入驻，目前已入驻10多家企业，包括海内外的知名建筑设计、服装设计、影视制作、画廊、广告、公关、媒体等公司。“8号桥”老厂房改造成功，一是区位好，位于中心城区繁华地段，而租金是同区位高层甲级写字楼租金的五分之一；二是老厂房改造采取只保持原厂房外形和格局，建筑内外都进行重新设计和改造，山墙面的砖块肌理艺术化处理，砖与玻璃和钢材的搭配形式新颖又有历史韵味，设计及建设的效果较好，体现上海精细化的风格，吸引许多知名设计机构入驻，改造老厂房取得显著的经济效益。但是该项目对老厂房内外改造一新，基本上从外观上看不出原厂房的面貌。虽然不少学者认同老厂房建筑不是文物建筑，建筑艺术感较差，重新改造可以旧貌换新颜，但是对待老厂房建筑应怀有尊重历史的态度，对大面积老旧的厂房应该认真研究和选择有代表性的建筑立面予以保护，保留些历史的痕迹，哪怕墙面上斑驳的“文革”标语也传递着历史的记忆和故事，使其在新的使用中给人以回味和联想，在改造后的建筑中新与旧巧妙融合，增添新建筑的文化内涵，这才是符合工业遗产建筑保护基础上再利用的基本原则。

上海世博园区所在地是上海工业遗产最重要的地方，是原江南造船厂所在地，为实现对具有历史风貌的老厂房和优秀建筑的保护和再利用，在上海世博会200万平方米的总建筑面积中，由老建筑改建利用约25万平方米，包括发电厂厂房、船厂船坞和主厂房、三钢厂主厂房等建筑。这些老建筑被用于展馆、管理办公楼、临江餐馆、博物馆等（图4–4）。不仅大幅度降低建设费用，也完成了从工业厂房到博览场馆之间的转换，一举打破150年来历届世博会上全部使用新场馆的老模式。世博会为上海大规模保护和再利用工业遗产提供了实践舞台。但是相对5平方公里的范围而言，保留和利用的仅是建筑空间，没有工业生产技术特征的保护和展示，已经体验不到原有工业历史的氛围。

上海第十七棉纺厂改造的“时尚绣场”是厂区整体保护与再利用的典型案例。该厂隶属于上海纺织集团，老工厂停产后，集团计划将该厂整体保留，规划建设为上海的时尚中心，主要是服装潮流的发布，高档的名品展示和交流。厂区位于杨浦老工业区，紧邻杨浦发电厂，厂区约10公顷土地，主要厂房都得到保留，保护建筑占总建筑面积的54%，保留改造的占15%，拆除的是些乱搭乱建的部分，作广场和通道，改善厂区的环境。保护建筑基本按原貌进行修复，替换一些腐朽的屋架和砖块，基本保持原来的风貌特征，屋顶上的锯齿形天窗得到保留（图4–5）。内部安装现代设施，增加消防水管、风管、照明等，室内改造为新的功能。在老厂办公楼开辟了厂史陈列室，展示工厂过去的生产情景。总体上，改造将原来杂乱、拥挤、破败的厂区变成环境整洁、历史建筑重现风貌的场所。该项目是上海整体保护性再利用工业遗产较成功的案例，主要原因之一是上海纺织集团经济实力雄厚，对工业遗产保护再利用与时代潮流有较高的认识，也需要一处历史文化和时尚交融的场所进行服装潮流的展示和发布，也归功于规划设计单位法国夏邦杰公司丰富的历史文化遗产保护与利用的经验和高水平的设计，多方有利条件成就了该项目的成功。相比之下，此前曾经名噪一时的杨浦区滨江创意产业园区是台湾设计师登昆艳改造利用上海通用机器厂辅机厂区项目，采用符合历史原貌的改造方式，保持建筑外观陈旧，但内部现代，取得保护与利用的成功。但由于民间经营管理的问题和配套不能同步提升和完善，导致不少创意公司离开，包括登昆艳，由于没有形成规模效应，二期工程一直没有动工，现在已较为冷清。

4. 南京原金陵制造局旧址整体保护

1865年，时任两江总督的李鸿章创建了金陵机器制造局，从而开创了我国近代工

图4–4　上海钢铁三厂轧钢车间改造为宝钢大舞台
（资料来源：作者自摄）

图4–5　上海第十七棉纺厂整体改造为服装时尚中心
（资料来源：作者自摄）

业和兵器工业发展的先河，历经了晚清、民国直至当代的近 140 年沧桑岁月，虽名字几经改变，从最初的金陵机器制造局，到民国时期的金陵兵工厂，再到新中国成立后的三零七厂和晨光机械厂，但这里极富特色的工业建筑及其树木葱郁、宁静悠远的环境氛围一直延续至今。2007 年始，南京秦淮区政府和晨光集团共同成立投资管理公司，结合晨光机械厂旧址的保护性再开发将“晨光 1865”打造成为“国内外知名的融科技、文化、商业、旅游为一体的综合性创意产业与时尚消费中心”。两家部门利用资源成立公司形成良好的优势互补关系，使得创意园政企结合运作模式得以成功。到 2009 年，园区已改造和使用的既有建筑有 32 栋，占比达三分之二，但年代较久远和面积较大的历史建筑出租利用率低，因为，这些历史建筑改造利用的限制条件和改造成本较高。

园区内对历史建筑采取差异化的分阶段改造，以对建筑外界面和内部空间更新为主，没有大拆大建，规划设计立足于保护用地内所有文物建筑、优秀历史建筑和绝大多数建筑质量完好的现代建筑，拆除临时性建筑和体量小、质量差或对园区整体空间环境质量提升有明显妨碍的建筑，整体上维持园区内现有建筑环境风貌特征，确保其文化符号意义的实现和文化遗产历史信息的真实性。同时，在用地内适当区位进行适度的新建设，以完善并提升园区功能配置和空间环境格局。在对现有建筑质量进行综合评估的基础上，规划针对不同时期建筑制定了整体的改造设计导则。采取青砖、钢等建筑群中普遍存在的材质，更加明确地向公众传递建筑群的历史特征，打破内外分区明显的厂房界面，创造出过渡空间，吸引外部人流进入；将建筑表面新旧痕迹加以并置展现，以历史文化内涵提升建筑的底蕴与品质，这些措施使得金陵制造局旧址风貌整体得以保护。

5. 广州市新荔湾滨江工业区改造

广州市新荔湾区珠江岸线总长达 25 公里。在计划经济时代，滨江地区的土地大都被一些大型国有企业所占用，珠江岸线多是生产性码头、工业、仓储等。新荔湾规划以发展现代化商贸文化旅游区为目标，整体规划滨江地区公共休闲、旅游、商贸、文化等功能。对沿江的部分旧厂房实施功能置换和保护性再利用，重点突出文化、旅游和商贸功能。利用老建筑群打造的信义国际会馆（图 4–6），依托独特优美的自然环境和浓厚的文化积淀，提供个性、时尚的展览、写字楼、会议、公寓、酒店、餐饮、娱乐及相关配

图 4–6　信义会馆保留原厂区的整体风貌特征
（资料来源：作者自摄）

套服务，会馆占地2.3万平方米，临江保留利用了1.3万平方米老厂房，共12幢历史建筑，仿原有风格新建了约3000平方米，总建筑面积约1.6万平方米。旧建筑改造保留了工业时代的意味和质感。已形成了一定规模的文化企业群，正逐步建立创意文化经济圈，成为广州市创意产业的重要组成部分。该项目对周边建筑价值起到了很大的提升作用。项目实施后，该地区仓库租金已提高了50%。江畔八十棵百年榕树、临江木栈桥、宽阔的白鹅潭水面与人文景观融为一体，成为广州的一个城市亮点（图4-6）。该项目的特点是滨江环境和工业遗产保护与综合整治，良好的生态环境和历史文化遗产吸引人们。

综上所述，国内工业遗产保护从单体的建筑改造逐渐向成片的厂区整体保护性利用转型。首先是整体保护观的逐步树立，对待有重要意义的工业遗产，当地政府或业主都十分慎重，委托专业的研究设计机构进行全面调查、认定，不再局限于土地经济效益，保留一两栋厂房，而是根据历史的价值和工业技术完整性的需要，划出大面积的保护区进行整体的保护。其次是在保护区外搞新的开发建设，完善配套厂区原先不具备的城市综合服务功能，美化、改善地区生态环境，通过规划适量的商业、住宅和新的产业园取得土地的经济效益。这些案例基本上实现了经济效益、环境效益和文化保护利益的协调，从实际操作看，也是可行的。再次是运用整体的规划设计手段，把文化遗产保护与生态环境恢复、功能定位、产业布局、经济发展、交通改善等问题综合考虑。把遗产保护放在城市老工业区整体更新恢复活力的系统工程中，发挥老工业区用地广，便于整体平衡保护与建设的矛盾，这一民用建筑遗产不具有的优势，发挥城市规划对空间资源调控的作用，合理布局用地结构和开发强度，协调好保护与开发的矛盾。

目前，我国仍在大规模城市建设，有的学者提出工业遗产整体保护不可泛化的观点，认为工业遗产整体保护虽是理想的保护方式，但是对不同等级的工业遗产并不一定都采取整体保护，其针对的往往是城市重要的工业遗产，对一般等级的工业遗产则采取单体保护的方式。本文认为这种观点有失偏颇，整体性保护是指导思想，是认识论，而不是具体的方法。强调整体性保护的观念是贯穿在工业遗产保护的始终，通过调查、评价认定的工业遗产，就必须整体地保护，当工业遗产是集中成片的建筑群体时，就应采取片区整体的保护，如是单栋的工业建筑遗产，也是采取建筑整体保护的方式。因此，坚持整体保护的原则，在贯彻中如何根据遗产存在的状况而采取不同的方式是个重要的问题。中国文化遗产保护多年来一开始就走在否定这一原则的弯路中，教训太多，至今仍为不少领导者和“专业权威”人士所不悟，有不少地方政府以整体保护的占地太大，妨碍新发展为由，与开发商相呼应，成片破坏城市历史文化遗产。所以，在我国对历史文化遗产的整体保护不少“太泛”了，而是远远不够。

4.3 重庆工业遗产保护挑战与机遇

4.3.1 面临的主要问题

重庆老工厂数量多、占地面积大、环境污染重，还涉及工人的安置、企业搬迁等社会稳定问题，企业和当地政府对工业遗产价值认识不够，使工业遗产保护更加复杂和艰巨，破坏、拆毁日趋严重。具体表现在以下方面：

一是保护认识不到位。工业遗产保护是公益事业，是地方政府的职责所在。政府应该对具有重大历史意义的工业遗产组织实施保护利用。国外成功的保护实例证明政府的作用是不可替代和或缺的。尤其，在我国，地方政府的行政权力和经济调控能力远远高于国外政府，为什么国外的政府都能做得到，而我们强有力的政府却放任工业遗产被摧毁呢？显然是我们地方政府的保护意识不到位，在他们看来，倒闭废弃的工厂是技术落后的表现，没有什么可留念的。主城区的用地寸土寸金，卖掉可以获得大笔土地出让金。现在，工业遗产保护呼声渐高，地方政府就认为建个工业博物馆，以图片、模型陈列展示就可以了，那些不可移动的高炉设备、建构物筑就不用保留。博物馆保护工业遗产很有局限性，因为博物馆很难实现遗产整体的保护，而且，博物馆往往意味着这些遗产是过去的，跟当代再没有联系，只是供人们凭吊的历史。国外发达国家对工业遗产侧重采取实地保护再利用方式。所以，强调以博物馆方式保留工业遗产也非常危险，为大规模拆毁工业遗存找到借口。

二是保护家底不清。调查不够细致和深入，缺乏对工业遗产认定的标准，至今还没有明确工业遗产保护名单，具体保护什么很难落实。虽然一些老厂列入了新公布的市级文保单位，但没有具体的保护对象，没对每个工厂进行深入的调查分析，哪些要保护，怎么保护模糊不清，保护和改造的措施没有针对性，缺乏可操作性。

三是保护规划滞后。尽管在城乡总体规划的历史文化名城专篇中提到要注重工业遗产的保护，但没有具体保护对象，无法落实。主城区的控制性详细规划基本已全覆盖，但控规编制时没认识到工业遗产的重要性，对工业遗产在控规中没有保护的要求，甚至像长安厂这样的百年老厂都没有在控规中制定规划保护要求。对工业遗产比较清楚的是有关专家和工作参与者，大多数管理者和决策者并不清楚工业遗产的具体位置和保护价值。规划管理是依照城市控规，普查登录的工业遗产并没有落实在控规中，在控规中没有工业遗产保护的要求，规划管理就不会把工业遗产作为建设的保护条件。例如，原汉阳兵工厂、抗战时期的第 1 兵工厂旧址用地卖给了房地产企业，由于土地出让时控规中没有划定哪些工业遗产要保留，尽管专家到现场指出保留的区域，但是开发商还是破坏掉了工业遗址，建成密集的高层住宅，寻不到百年老厂的历史痕迹，问题就出在没有将保护要求落实在控制性详细规划中。

四是保护管理机制不健全。工业遗产保护与其他类型的文化遗产保护一样，保护工作需要很多相关部门和社会机构参与，建立有序的工作机制显得至关重要。工业遗产保护从普查、评价、登录、公布、制定保护办法、编制保护规划、筹措资金、制定实施计划到实施保护整个过程须有明确的法定的工作机制，规定相关部门的职责，才能保证工业遗产保护依法有序开展。目前，工业遗产归口哪个政府行政部门管理不清楚，没有明确的责任部门，遗产保护责任就落不到实处。政府管理部门的条块式职责分工使其大多从部门的自身利益和职责去认识和对待工业遗产。工业遗产能否保护一方面看企业的态度，大多数企业希望搬迁后原有厂址土地用于房地产开发，从中可获取丰厚的资金，尤其对已破产的企业，土地的资金是解决职工的生活保障等问题的来源。此外，还涉及央企、国资委、经委、西南兵工局、地方政府、土地储备机构、银行等部门，这些都是左右工业遗产保护的利益相关单位，主要是以经济利益最大化为出发点，而不是以城市文化遗产保护为出发点，因此，亟待在市政府层面建立统筹协调的保护机制。

五是法制保障不到位。目前，工业遗产保护的规章制度和法规文件，无可供操作的法定程序。重庆工业遗产保护的法律地位还没确立，大多数工业遗产没纳入文物保护单位，未上报市政府公布，使工业遗产得不到法定保护的效力。

4.3.2 保护工业遗产对重庆城市发展的意义

当前，重庆提出建设具有人文、生态特征的国际化大都市。老工业区的城市区位重要，占地面积广，对城市功能结构和城市形象的影响大。保护和利用工业遗产的价值有助于实现城市的这一战略目标，有助于实现城市的可持续发展。

1. 百年工业时代的见证

工业时代就像新石器时代过渡到青铜器时代的变革那样意义深远，完全堪称人类社会进步的一场革命。工业革命对人类社会物质文化、制度文化和精神文化三个层面引发了巨大的变革。以机械化大生产方式取代手工生产方式，使人类的物质生活方式获得巨大成就；同时，工业革命引起一系列社会结构的变化，使人类建立起一种全新的社会、经济和政治制度。工业时代对人类文明的作用超过有史以来的任何一次技术革命。今天，工业时代虽然逐渐远去，但仍在影响我们的生活，仍是未完全超越的社会阶段和现代历程。

工业遗产是即将逝去的工业时代的标志，也是工业化早期开拓者创造并遗留给子孙后代的历史财富和记录一个时代经济发展水平和社会风貌特征的历史见证。它见证了工业活动对历史和今天所产生的深刻影响，承载着真实和完整的工业化时代的历史信息，对研究近现代工业活动的产生和发展具有普遍意义；对研究工业领域科学技术的发展轨迹，保护某种特定制造工艺或具有开创性的行业更有特别的意义。

重庆虽然有悠久的巴渝文化、移民文化、抗战文化等众多文化内涵，但推动重庆从农业封建小城跨越到新兴的近现代工业重镇，快速发展的动因在于高度的工业化。近现代以来重庆的城市性质一直定位为工业城市，重庆以雄厚的工业基础和实力成为全国著名的六大老工业基地之一。[①] 在我国工业发展史上的各个历史时期，特别是抗战时期和三线建设时期，重庆工业都有浓重的一笔。

正是工业文明的繁荣推动了重庆经济、社会的发展，提升了重庆在国家的城市地位，可以说，正是工业文明造就了今天的重庆。在重庆主城开始“退二进三”步入后工业化时代之时，作为工业文明的物证的工业遗产，理应成为重庆历史文化遗产中最重要的遗

① 我国的老工业基地，主要是指那些在新中国成立之前及成立初期所形成的对工业化起步产生过重要影响的地区和城市。主要城市为上海、天津、哈尔滨、沈阳、武汉、重庆等。摘自《中国老工业基地改造与振兴》，国务院研究课题组，1992年，第41页。

产之一，保护好各个时期有代表性的工业遗产，就是为重庆这个工业重镇留下记忆，为我国工业史的研究留下“活化石”。

2. 丰富城市文化

后工业社会更关注人文关怀。在崇尚非理性的思潮影响下，审美取向越来越充满个性、随机性和贴近生活，不同人群有属于自己的不同于别人的兴趣点。为更多人提供高质量体验、多样化生活选择的城市才是最具有吸引力的。文化多元化和大众审美情趣的转变，给工业遗产的保护和利用带来了契机。老厂房、老民居比官邸大院更贴近普通人的生活，更能反映普通大众的历史经验和生活记忆，这些场所更容易唤起共鸣。这些曾经承载着他们往昔辉煌的岁月与纯粹理想社会回忆的物质载体，可以找到一种久违的亲切感。

进入后工业社会，对文化的体验、消费有特别的需要。例如在上海，12 个历史文化风貌区和中心城区集聚了上海 56% 的中高档餐厅、57% 的时尚精品店、77% 的高档酒吧、51% 的豪华酒店、70% 以上的美术馆、音乐厅，从其中不难看出这些时尚消费与历史文化有密切的关联。市场竞争机制使历史遗产的文化价值和经济价值逐渐显露，在市场的推动下逐渐成为一种流行和时尚，人们有对历史遗产的支付意愿，为历史遗存的保护利用创造了条件。历史遗产的意义在于暗含着丰富的历史文化信息，易于改造成为独具特色和吸引力的生活空间，在历史文化氛围中进行现代的活动，成为一种新的文化潮流。

3. 增强城市特色

20 世纪后期，大城市“千城一面”使人们开始反思城市发展的理想和价值取向。可持续发展理念的提出，促使城市在追求效率的基础上向和谐社会和宜居方向发展。城市的竞争力靠什么提升？经济指标固然重要，文化的多元性和形象的独特性也同样重要。20 世纪 90 年代以来，各国城市发展战略都非常重视发展机会、发展环境和城市特色对人才的吸引，城市历史文化资源已成为吸引人才和资本的重要途径之一。在建筑领域，比较注重历史传统、地方性符号以及城市文脉的延续，更加主张多样化、人性化的设计观念，通过历史文化保护来塑造城市特色是事半功倍的方法，维护历史城市固有的空间品质和环境特征对于提高城市的特色和美感有着非常积极的意义。工业建筑构成的工业景观所形成的独特城市特色，使城市具有可识别的鲜明标志，对维持城市历史风貌和地方特色具有特殊的意义。近些年来，工业景观对城市空间的环境价值开始引起人们的普遍关注，从而加深了理解工业遗产的现实意义。目前，要改变重庆现状两江沿岸单调的、过密的城市形象，转变目前工业用地单一开发房地产的开发模式尤为重要，工业遗产保护与利用为城市形象的改善带来了希望。

综上所述，我们更明确了重庆工业遗产的价值不仅有承担历史记忆和社会情感的意义，而且是即将到来的后工业社会和可持续发展城市发展的要求。相对民用类的文化遗产而言，这类遗产离我们的生活更近，更能够再融入当今的社会生活中发挥遗产的价值，值得我们深入研究其保护和利用的科学规律。

4.3.3 重庆文化建设中的时代机遇

如果说现在各个城市之间的竞争首先是城市经济地位和基础设施的竞争，那么未来世界城市之争，必将是文化的竞争。重庆要成为国际化大都市，保持并发展自己的文化特色是战略使命。纵观当今世界公认的国际性大都市，如巴黎、伦敦，都有着高度发达而且极具特色的城市文化。直辖以来，重庆的经济已有了长足的发展，但是与经济的高速发展相伴随的却是城市文化特色的丧失，这不能不唤起人们的高度重视。

重庆提出要在2012年实现“历史文化名城特色充分彰显”等战略目标的文化强市。如何维护和繁荣城市文化特色呢？抽象的文化必须落在具体的文化载体和文化场所上。保持各具风采的历史建筑及环境成为塑造城市风貌特色非常重要的手段。城市是由不同年代、不同特色的建筑及场所“拼贴”而成的，构成城市丰富的形象。

现在，政府和有关部门已经开始意识到保护和合理利用近现代工业遗产的必要性，规划部门已作了工业遗产初步的调查，制定相应的保护要求。在主城区近现代工业遗产分布最密集的两江四岸地区开展的城市设计中，结合城市工业用地的调整，在片区规划方案中对有价值的工业遗产进行保留和利用，开始注意重要工业遗产的保护规划。政府已经决定在重钢遗址区建设“重庆工业文明博物馆”，作为重庆工业文明的集中展示区，建成我市工业遗产保护和利用的示范项目，在全国都会产生重大影响。随着工业遗产保护意识的提升，重庆近现代工业遗产保护与利用将迎来新的机遇。

4.4 构建工业遗产保护理论框架

构建保护理论框架包括明确指导思想、工作思路、工作机制和工作方法，便于有序、科学地开展工业遗产保护这一系统工程。这是在思想认识上及保护方法上首先要解决的问题。

4.4.1 坚持保护基本原则

只有在正确的指导思想下，才能准确地进行保护工作定位，指明工作主导方向，解决复杂和困难的工业遗产保护问题。目前，工业遗产保护工作全国都面临不少问题，主要根源是保护的指导思想很混乱，保护的出发点是什么？不少城市盲目把老工业区推倒重来，开发为住宅小区，以追求经济效益，历史教训太多，在遇到保护与开发的矛盾时，这种以经济利益为目标的指导思想必然犯本末倒置的错误。大量教训和失败亟待需要端正保护的指导思想，需要从国内外成功的实践经验中总结出基本的保护原则。因此，明确保护基本原则十分重要，在国际遗产保护宪章精神的指导下，结合地区工业发展的特征和实际，综合政策、法规及市场机制等因素，以工业遗产整体保护和城市发展为目标，在城市老工业区的整体改造中，明确保护的基本原则。

（1）依法保护原则。首先，遵循遗产国际保护宪章的基本精神，国际宪章要求保护工业遗产的真实性、完整性和代表性。在有代表性的工业遗产中，进行整体性保护，体现遗产保护的真实性和完整性要求。其次，依据国内有关遗产保护的法律法规制度，将遗产保护纳入法制体系。

（2）保护工业技术价值原则。工业遗产见证的是工业文明的技术成就，技术价值是工业遗产区别于其他文化遗产最显著的特征。

（3）整体性保护的原则。为实现城市全面可持续发展战略目标，整体性研究、整体保护利用，是提升城市功能、改善城市环境、保护工业城市的历史文化、增强城市特色的基本原则。

（4）规划统筹的原则。工业区的更新与工业遗产的保护息息相关，涉及的问题宽广复杂，需要运用城市规划、城市设计的技术方法统筹协调保护与发展的关系。

（5）保护性利用与更新的原则。利用是最好的保护方式，工业遗产的再生必须和保护性再利用紧密结合，保护性再利用有助于实现城市产业结构调整与优化，加快老工业区更新，改善城市环境。

4.4.2 明确保护核心理念

城市文化遗产保护理念虽然具有共性，但是不同类型遗产的保护理念具有自身的特殊性，必须制定适应这类遗产保护的对策和措施。工业遗产是城市发展中文化遗产的一部分，是工业文明特有的物质载体，与农业文明和手工业文明留下的城市遗产具有很大的差异性。因此，深入分析工业遗产的特征，明确保护的核心理念，才能开展确定工业遗产评价，制定保护目标和要求等保护工作。

（1）保护文化价值是基础。文化是人类有目的的创造，工业文明是人类文明进程中的重要阶段，工业遗产作为工业文明重要的物质载体与实物见证，是文化遗产的重要组成部分，对于完整地认识历史演进和文化传承，具有重要的意义。工业遗产是工业文化的承载体，具有普遍意义的文化价值，主要包含历史价值和社会价值等内涵，工业文化价值主要反映工业时代特有的工作方式和社会生活方式，工业对城市经济社会发展和人们的思想文化以及现代意识的形成都有重要的作用，工业发展中几代人发奋图强、可歌可泣的动人事迹以及团结协作的精神和文化内涵是文化价值的具体表现。工业遗产的文化价值存在于企业精神、企业文化、企业理念中，也存在于人们的记忆、情感和与工业生产相关的生活习惯中。

工业建筑特有的风貌特征是工业遗产文化价值的重要物质体现。工业发展具有极强的时代性和地域性，有独特的山地工业文化特征。尽管工业遗产受时代条件所限，建筑遗产比较简陋，但这正真实地反映了抗战时期和三线时期的时代特征和社会状况，见证了中国工业发展曾经的艰辛和苦难，让后人真切地感受到现在我国工业的强盛的来之不易。因此，工业遗产中蕴涵的文化价值是我们保护的基础。

（2）保护技术价值是核心。人类文明史按照技术的发展，经历了农业文明、工业文明和后工业文明阶段。工业遗产作为工业时代技术的承载物，是工业时代社会、经济进步的最佳证明，是工业文明最重要的物质见证，工业遗产中的技术保护实质上是对工业文明的保护，从而保护人类文明的完整性。工业遗产价值区别于其他类型遗产最显著的特征在于其所承载的技术价值，自工业革命以来，生产力得到了极大的发展，从蒸汽机到超级计算机的一系列科技革命产物，使工业时代的生产力主要表现为经济社会发展越来越多地依赖技术进步，技术决定着社会的未来。可见，技术价值是工业化的核心，这也是工业遗产有别于其他类型文化遗产的关键。工业生产是一种技术实践的形式，保存技术价值的同时，其历史价值也能够得到体现和保护。因为历史价值体现的是社会生产方式与生产关系发展变化的见证，生产方式和生产关系是由生产力即生产技术所决定的。所以，工业遗产保护的重点就应该是工业技术价值，从生产技术中能反映社会和生产关系，对工业遗产的价值评判、保护标准和保护方式等都应围绕这一核心展开。

同样，技术价值除了工艺生产技术外，还包括为生产工艺提供空间的建筑技术，由于工业化大生产的需要引发了建筑技术的革新，从而促成了现代建筑的诞生和兴盛。高跨度、大空间的建筑结构形式首先被工业生产应用，新型的建筑材料如混凝土、钢材和玻璃最初在工业建筑上大量使用，再逐渐推广到现代民用建筑上，成为现代建筑普遍的建筑语汇，因此，工业建筑技术推动整个城市建设水平的提高与发展，是有划时代意义的建筑技术革命，所以工业建筑技术的保护也是技术价值保护的重要内容。

因此，工业遗产保护的理念是以保护工业文化价值为基础，保护工业技术价值为核心的基本理念，保护的工作思路围绕这一基本理念。

4.4.3 制订保护目标要求

保护工业遗产应当达到怎样的目的和效果？回答是整体地保护工业城市的工业化特征，从工业历史格局、工业风貌，到典型的工业历史地段和工业建筑都是工业遗产保护的目标，而不只是局限在将一些旧厂房再利用，这正是当前我国对工业遗产保护的误区。保护城市工业化进程中的工业遗产，应当分层次设定不同的目标和要求。在我国历史文化保护体系中，包含历史文化名城、历史文化街区、文物保护单位及优秀历史建筑等层次，从工业遗产保护的目标和要求看，宏观层次是保护工业城市特征，中观层次是保护工业区的历史地段，微观层次是保护工业历史建筑。为国家和城市保护一批工业遗产资源特别丰富的“工业历史文化名城”、工业风貌特征鲜明的“工业历史风貌区”以及典型的工业遗产建筑单体。对每一个层次的保护对象都要有相应的保护标准和要求，并有针对性地制定保护规定。工业历史文化名城和历史保护地段按照《历史文化名城名镇名村保护条例》的有关规定保护，工业文物保护单位按照国家文物保护法的规定执行。分层次保护对理顺工业遗产保护与工业区更新的关系，将工业遗产保护纳入城市规划管理中，具有重要的意义。

工业遗产从三个层面纳入城市规划体系中，编制城市工业遗产保护与利用专项规划、工业区历史风貌区保护详细规划或城市设计、工业历史建筑的修缮性详细设计。重庆要以工业历史文化名城在全国众多历史文化名城中独树一帜为出发点，因此，要确立工业遗产在重庆历史文化遗产中较高的地位，要编制全市工业遗产保护利用专项规划来整体确定工业遗产对象、范围、等级和保护要求。接下来，通过具体工业历史风貌区和历史建筑这两个层面来深化工业历史文化名城的保护要求。工业历史风貌区是指遗产比较丰富、集中，并有一定规模或能比较真实地反映出某一历史时期的风貌特征的整体地块，反映生产设施设备的流程关系，比较完整地体现出工厂的整体内涵。类似历史文化街区，但又有较大区别，如在占地规模、空间形态、尺度、历史建筑类型、密度和保护的措施等方面，设定工业历史风貌区主要是为了保护工业的整体特色风貌，对建构筑物的整治、更新甚至改造比历史文化街区有更大的弹性，这也符合工业遗产保护的实际情况。采取划工业历史风貌区对保护工业城市的外部空间形态和形象特征有至关重要的作用。工业历史建筑是工业遗产类型中的建构筑类型，是指个体的建、构筑物及设施设备，着重研究建筑具体的保护利用方式，如功能更新和空间重组等，单体建筑的保护与利用要与所在地块的整体规划相结合，才能取得保护与利用的成效。例如，重钢片区是重庆重要的工业遗产，进行工业遗产保护研究，划出保护的工业历史风貌区和工业历史建筑，再统一进行老工业区更新和遗产保护城市设计，将保护对象和要求落实在控制性详细规划中，作为规划管理的依据，才能切实把工业遗产保护到位。

4.4.4　筹划保护方法程序

工业遗产保护是个长期渐进式的过程，需要对全过程进行整体计划，每个步骤既是构成整体保护工作不可缺少的环节，又具有前后工作秩序，形成完整的保护程序。根据国内外的实践经验，结合重庆文化遗产保护的工作实际，可以划分以下七个关键的环节和步骤。

（1）历史研究：确定工业遗产价值，“工业考古”式调查是对工业遗产开展认定、记录和研究工作的基础。首先，需要对城市发展史、城市工业发展史、行业发展史有全面的文献研究，建立纵横比较的参照体系和衡量标准；其次，需要从大量厂志中对工业企业的历史沿革进行深入研究，通过分析企业的发展历程，对每个企业的总体价值有一个准确定位，对企业不同历史阶段的遗存和信息进行全面掌握。

（2）详细现场调查：摸清工业遗产家底现状。现场的普查是发现有价值遗产的基础和保证，根据历史文献的线索进行现状调查十分重要，这样做才能掌握工业遗存的真实状况，建立工业历史建筑和设施设备的档案和清单，为在数量庞大的工业遗存中发现工业遗产奠定基础。

（3）准确评价：确定保护名录、范围与级别，在详细调查的基础上，对各个普查的工业遗存进行价值评价，进而确定遗产名录、保护等级，是开展有效保护和引导开发建设的前提。

（4）科学规划：统筹兼顾保护与开发的关系。需要从整个城市或地区的层面进行统一的规划，编制总体的专项保护规划、控制性保护规划和修缮性保护设计，将周边城市规划情况统一纳入思考，形成科学合理的规划方案，确保工业遗产保护与老工业区更新紧密衔接，协调一致，为工业遗产的整体保护找到现实可行的途径。

（5）创新利用：在保护规划的基础上，通过功能策划，对工业历史风貌区和单体历史建筑物提出合理的保护性再利用的方式，使工业遗产通过再利用实现再生。

（6）立法保障：确立工业遗产的法定地位。世界文化遗产保护史已证明"遗产保护的关键是法制"。保护理念和策略的实现需要通过法定的规章制度来保证和落实，赋予工业遗产应有的法律地位是实现保护的关键，制定具有法律地位的保护管理办法，才能规定保护工作程序、机制和部门职责，使工业遗产的保护落到实处。

（7）全面复兴：老工业区的保护与更新是非常复杂的过程，影响因素也很多，需要从城市乃至区域整体发展的角度出发，以地区经济、社会、文化、环境多方面的全面协调发展为目标，促进经济、社会、文化与环境协调发展，才能最终使老工业区真正成为新旧交融、和谐共生的城市新区，实现全方位的复兴。

4.5 重庆工业遗产整体性保护策略

4.5.1 整体性保护是遗产保护的主攻方向

《威尼斯宪章》是较早提出古迹保护完整性的国际宪章，其第六条："古迹遗址的保护意味着对一定范围环境的保护，以保护其完整性（integrity）"。之后，遗产完整性观念在相继出台的国际文件中进一步完善。《内罗毕建议》提出遗产的完整性已经涉及经济、社会等方面；《西安宣言》扩展了历史环境的界定，包括空间或视觉上关联的环境也是遗产完整性的部分。

1974年，整体性保护这一观念在意大利博洛尼亚[①]召开的欧洲会议上得到正式肯定。整体性保护观念反映出的意义非常深远，欧洲各国经过战后二十余年对旧城的大拆大建，到1975年的"欧洲建筑遗产年"，人们已经认识到，尽管一些建筑在群体中没有十分突出的价值，但其整体氛围具有艺术特质，能够将不同的时代和风格融合为一个和谐的整体，这类建筑群也应该得到保护。因为纪念性的建筑如果没有那些次要建筑的陪衬，是难以使人理解的。如果没有了周围的次要建筑，没有所谓的和城市相连的形态肌理，那些标志性历史建筑将失去意义而没有继续存在的理由。今天，整体性保护理念已成为全世界历史保护工作者的共同理想。学者张松指出整体性保护成为城市历史街区更新唯一有效的准则的基础上。整体性保护是一种活的保护，一种文化保护，不只是保存历史建筑物，更重要的是保护居住于其中的社会阶层。

我国在总结改革开放三十余年历史文化名城保护的教训的基础上，终于在2008年，国务院公布的《历史文化名城名镇名村保护条例》第二十一条提出"对历史文化名城、名镇、名村应当贯彻'整体保护'的原则"。整体保护主要包括：保护传统格局、历史风貌和空间尺度，不得改变与其相互依存的自然景观和环境。

整体性保护越来越成为遗产保护的目标和方向。国家文物局局长单霁翔撰文指出："文化遗产不但具有不可替代性，不可再生性，而且具有不可分割性。"[②] 文化遗产依赖

① 意大利博洛尼亚古城进行了40多年的历史城区整体性保护，已成为建筑学、历史保护、城市规划的专家学者瞩目的经典实例。

② 单霁翔．文化遗产保护与城市文化建设[M]．北京：中国建筑工业出版社，2008：330.

于背景环境而存在，有背景环境的烘托，文化遗产才能全面彰显其历史、艺术和科学价值，才能真正成为城市文明的载体。文化遗产保护应遵循真实性和完整性的原则。真实性原则，就是要求不得改变文化遗产的历史原状，要尽可能地保护历史文化遗产所拥有的全部历史信息；完整性原则，就是要求将文化遗产及其周边环境作为一个整体，保护不仅限于其本身，还要保护其背景环境。我国历史城区的特征是其在城市规划建设方面具有完整的设计理念，具有完整的文化内涵，具有完整的人文环境，凡此足以说明历史城区应当具有较强的整体性。针对当前历史城区保护面临的重重困难，应综合考虑历史性城市特殊的社会、经济、历史、自然条件，从整体上保护特色风貌和文化遗产。如果文化遗产的保护只停留在具体的、互不联系的物质形态上，那么文化遗产的整体性、系统性和综合性将被割断，一处处文化遗产将沦为“文化孤岛”，既孤立，又不协调。现在，需要对整体保护概念进行明确界定，从全局的角度研究文化遗产空间分布规律和空间整合关系，将孤立散存的点状和片状结构变成更具保护意义的网状系统，充分发挥文化遗产对提升历史城区整体价值的重要作用。每个历史城市均应明确历史城市整体保护的方针，制定整体保护规划，对过去的大拆大建式旧城改造政策作出方向性扭转，形成符合整体保护原则的保护目标、保护内容及其保护措施，成为各方面都应遵守的保护纲领，这样，历史城区才能真正得到整体保护。吴良镛教授指出：“经过了半个世纪的变化，局部也有所破坏，对旧城的保护与整治发展，依然要恪守‘整体保护’之原则，否则新的发展将无所依据，失去准绳”。

4.5.2 整体保护的必要性和可行性

《下塔吉尔宪章》指明：“保护工业遗产的宗旨是基于群体的普遍价值，而非个别遗址的独特性”。因为工业生产活动本身就是个严密、有序的技术过程，工业遗产的系统性、整体性和连续性特征必须采取整体保护的方式，不整体保护就不足以传递真实的工业生产信息。工业化大生产的特点是组织严密的工艺流程，工业生产技术的价值蕴涵在各工序的机器、设施设备中，而且构成一个完整的生产链，缺失某一环节都破坏工业技术的完整性和真实性。因此，代表某门类工业生产技术价值的工业遗产包括主要生产环节中具有典型性的机器、设施设备以及提供技术空间载体的建构筑物等。例如，钢铁工业生产的主要工序包括炼铁、炼钢、连铸、轧钢四个环节，在炼铁工序中有炼焦、烧结等辅助工序，炼钢工序中有制氧、精炼等辅助工序。技术载体包括炼铁的高炉、热风炉、炼焦炉、炼钢转炉、轧钢机等成套的钢铁生产设备设施。整体保护就是要求每个主要的生产环节都有代表性的建构筑物和设施设备保留，保证在一定程度上能较完整地体现出钢铁工业技术的整体内涵，才能突显钢铁工业遗产特征，才能让后人了解真实的“钢铁是怎样炼成的”的含义。如果只取其中的某个环节保护，就不可能是完整的、真实的钢铁工业的历史信息。相对于历史文化街区而言，工业生产的整体性和次序性更强，历史老街取其一段，仍然是老街，只是短一些而已，而在工业生产链中取其一个环节，就完全是“管中窥豹只见一斑”，遗产信息完全就不同了。

整体保护就是要以多个相互联系的工业遗产作为保护对象。工业区内的生产单位之间，往往会产生纷繁复杂的联系，这种联系可能是建设之初人为规划的，也可能是在生产过程中逐渐自发生成的。当工业区内的生产单位随着时间的变迁逐渐向工业遗产转化时，这种联系性就可能成为有价值的保护对象，而要保护这种联系，就不仅仅是保护单个工业遗产的分别保护方式，而是需要将这些具有联系的工业遗产统一规划，采用整体性保护方式。自然辩证法指出："整体是指事物的内在各要素相互联系构成的有机统一体，整体具有部分根本没有的功能，整体的功能大于各部分之和，部分离开整体，就失去原来的意义，关键的部分的性能会对整体的性能状态起决定作用。"在整体保护下，保护产业链和各工业遗产个体间的联系，进行再利用的可行性和效果也远超过个体模式。

在世界文化遗产中44项工业遗产的保护无一不是整体保护的范例，如前文所述，在德国、英国、美国等西方发达国家，工业遗产和工业城市的整体保护、整体更新的成功案例不胜枚举，为我们做出了榜样。近些年，国内的首钢、北京焦化厂、南京金陵制造局旧址都采取了整体保护的策略和整体规划，并付诸实施。让我们有理由相信，工业遗产的整体保护是大方向和大趋势，具有可实施性。但是，整体保护并不等同于全体保护，是对工业生产技术全面的掌握、分析后，基于对有价值工业技术流程的保护，去除与工业生产无关的或者关系并不紧密的部分，保留下最有特色的工业格局和风貌，这是我国工业遗产整体性保护的含义。

4.5.3　工业遗产整体性保护的特点

（1）以保护技术格局为核心。不同的工业门类其生产技术不同，工业形态也不相同，工业布局特点也不一样。建筑物和机器设备都是按照工业流程布置，空间和外观为满足生产技术要求。因此，工业遗产保护首先要深入研究该门类工业的技术特征，需要得到工厂专业技术人员的技术帮助，才能辨清哪些是生产技术主要的环节、设施设备和建筑物，理清生产部门之间的关联性，一般而言，工业流程中的每个环节都有不同的功能和技术特点，每个环节都是不可替代的、不可分割的。因此，保持生产技术格局的完整性是整体保护的基本要求，如缺少某一环节，其完整性和真实性将损失巨大，甚至是不可弥补的。这与历史古城和历史文化街区较为均质化的格局有很大的不同，历史街区中少一条街巷一般不会对整体有太大的影响。

（2）以整体生产功能转换为前提。工业遗产，顾名思义，已经失去了原来的生产功能，不再有工人，机器不再轰鸣。为了激发工业遗产的活力，必须引入新的城市功能和人的活动，一般不会再是以机器化大生产为主的工业生产，而是服务业、旅游业、新技术产业、文化博览、商业等功能。人们通过整体生产格局仍在的机器设备、厂房和讲解来想象当时的工作场景。这与历史古城和历史文化街区整体保护原有居民生活状态有根本的区别，不像古城还可以切身体会原来的历史氛围。

（3）以簇群状为基本形态。山地工业城市受到地形的制约，工业生产布局呈组团状，工业区的范围较大，各生产环节不集中，分散在不同区域，通过专用铁路或公路联系，生产区的格局多呈线形或网状，工业生产区外的办公区、工人的生活区的遗产呈现簇群分布、分散的空间形态，这种簇群状的形态是工业遗产的基本形态。

（4）自然环境是工业遗产不可分割的整体内容。重庆工业生产离不开大江大河，工厂大多数临水依山而建，把山体利用作生产车间，在江岸滩涂和开凿的山体中安排生产部门，几乎每个大厂都有生产码头，都有防空山洞车间，滨江地带和厂区的山头、崖壁都是整体保护的要素，整个山水环境都成为整体保护的要素。与历史古城或历史街区，山水城环境交融具有异曲同工之处。

4.5.4 规划先行是整体保护的技术保证

《华盛顿宪章》指出："保护规划的目的应旨在确保历史城镇和城区作为一个整体的和谐关系"。城市规划是综合性、全局性、战略性的发展蓝图，涉及城市发展的各个领域，城市规划首先要明确文化遗产不是城市发展的包袱，而是城市发展的财富、资本和动力，树立"保护也是发展"的观念，将文化遗产的整体保护融入城市规划中。整体保护规划要摆脱以形体规划为核心的现代主义规划思想，重视城市的历史与现状，杜绝因强调功能分区与用途纯化，而遵循统一设计、分步建设的原则，避免一次性大规模推倒重建的方式。首先，整体保护规划应针对现状资料，深入分析历史沿革、形态演变、社会经济背景，挖掘其历史价值、艺术价值、科学价值，充分了解历史文化特征。其次，整体保护规划应在准确评估历史文化资源及其价值的基础上，深入分析目前的保护状况，科学确定符合实际的保护范围和保护方法，合理调整功能，改善地区交通，完善市政设施。工业遗产保护必须与工业区整体更新和发展统筹规划，无数的实践也表明，城市规划在协调保护与发展矛盾上是有效的方法，经过科学的总体规划、局部的城市设计，工业遗产整体保护与利用将会取得良好效果。其三，整体保护规划应确立多层次的保护体系，分别提出相应的规划控制要求，整体保护要编制专项保护规划，首先改变原有的对旧工业区的更新改造模式，以不破坏历史格局和空间特征为前提，容许建筑进行适应现代生活需求的更新和环境改善，以整治、改善等方式来处理历史建筑和工业历史风貌区，尽可能维护工业技术与文化特征。工业历史风貌区保护包括构成工业风貌的次要建筑和周围自然环境，风貌性建筑和周边环境一旦遭到削弱，工业历史风貌的许多特征就会丧失。因此，为了保护工业历史风貌区和与工业格局息息相关的次要建筑，必须将保护要求落实到城市规划管理中去。

4.6 本章小结

工业遗产保护这个新兴的课题尚没有统一的理论成果体系，各个国家和地区都在结合实际情况走自己的道路。在总结国内外的整体保护的成功经验基础上，针对重庆工业遗产面临的严重问题，提出了整体性保护的保护策略，论证了整体性保护必要性和可行性的理论依据，制定了以工业技术为核心、三个保护层次以及七个保护步骤的工业遗产保护理论框架。

5 工业遗产价值评价与保护制度

在现代化高速发展的情况下，几乎所有类型的历史建筑遗存都面临或拆除、或保留、或利用的问题。尤其对于工业遗产，由于不重视、没认识其价值，弄不清到底哪些该保护，又该怎么保护利用，比其他类型的历史建筑更容易沦为城市建设的牺牲品。我们不可能把全部的工业遗存作为工业遗产进行保护，如果“该拆的不拆”，降低工业遗产的标准，便是将工业遗产的概念泛化。同时，更不能无视有价值的工业遗产，将所有工业遗存全部推倒，片面追求工业用地再开发的经济利益，“拆了不该拆的”。因此，如何在数量众多的工业遗存中发现有价值的工业遗产，如何衡量和判断工业遗产的价值，建立工业遗产的评价办法，对工业遗产进行分级保护，成为工业遗产保护的重中之重。

5.1 工业遗产价值特征

5.1.1 价值综合评判

《下塔吉尔宪章》中定义工业遗产为具有历史的、技术的、社会的、建筑的或科学价值的工业文化遗存。《无锡建议》中对工业遗产的定义是具有历史学、社会学、建筑学和科技、审美价值的工业文化遗存。联合国教科文组织（UNESCO）清单所列工业遗产主要依据的是评定文化遗产的6条标准[①]，其中包括“建筑或技术的发展，某种类型建筑、技术体系或者景观的杰出代表，展示了人类历史推进的重要阶段”。国际古迹遗址理事会组织专题研究提出关于工业遗产认定的专项标准：“①展示人类智慧的创造性工程；②产生于技术革新，同时又反作用于科技进步；③展示了社会经济发展的历程；④最具代表性的典型案例，遗产评价主要包括：稀缺性、技术性、社会性、典型性这些方面”。可见，基本都是从历史、科技、审美和社会学等多角度综合判断工业遗产的价值。

在《下塔吉尔宪章》和《无锡建议》中对工业遗产的价值评判明确为历史的、技术的、社会的和审美方面的价值。国内有学者认为工业遗产的价值还可从这些角度来评判，如文化价值、科学价值、产业价值、经济价值等。有的学者认为工业遗产具有物的使用价值和信息的见证价值，见证价值包含历史价值、技术价值和艺术价值，但其核心价值在于技术的价值。还有的学者把建筑遗产价值分为本征价值和功利价值两部分，本征价值包含历史、社会、科学、美学等意义，功利价值主要是指遗产具有的经济、教育等功能，遗产的价值核心在于其本征价值。这些观点从不同侧面论述了工业遗产的价值内涵。但是，从历史、社会、技术、审美以及经济方面只评价了工业遗产的代表性，根据国际有关宪章对城市文化遗产的评价标准，历史文化遗产的真实性和完整性同样是关系遗产价值大小的关键指标，因此，本文认为工业遗产的综合评价应该从遗产价值的

---

① ①代表人类创造天赋的杰作；②展示某时间段或某文化区域内人文价值的交流，例如建筑或技术的发展、纪念性艺术创作、市镇规划和景观设计；③是某种尚存或者已经消失的文化传统唯一或至少典型的见证；④某种类型建筑、技术体系或者景观的杰出代表，展示了人类历史推进的重要阶段；⑤体现文化和人类活动与自然互动过程的传统定居点、土地及海域利用方式，尤其当这种互动因为不可逆变化的影响变得脆弱；⑥直接与某些具有重大意义的事件、传统、观念、信仰或者艺术及文艺作品相关。

代表性（含历史、技术、社会、审美、经济价值）、真实性和完整性三方面进行。

1. 见证工业革命的历史价值

工业遗产是工业文明的见证，见证了一个城市工业化的进程。主要表现为与近现代重要历史事件或重要历史人物有关。虽然工业遗产的年代不过百余年的历史，但是在近代，中国社会发生革命性的转型，许多重大的历史事件和历史人物都与中国的工业化密切相关。保护工业遗产，保护工业发展历史进程中那值得纪念的“大脚印”，使我们记住“工人阶级”的伟大和劳动的光荣，记住那个为实现强国梦想几代人持之以恒、不懈努力的时代，记住中国的工业化过程中那些屈辱，更有“可歌可泣”的事件和人物等。保留下来的工业遗产就是城市发展的“老照片”、“回忆录”，使我们缅怀过去，教育后人，更好地面向未来。历史价值从年代久远度和与重大历史事件、名人相关联度上判断，相对而言与重大历史事件和名人相关的指标更为重要。

2. 见证科学进步的技术价值

工业遗产是工业技术及其发展的见证。工业设备、技术流程、工业产品以及工业操作技能都记载了当时的科技进步和创新，从中我们可以了解工业时代科技发展的脉络。具体表现为生产工艺、工艺流程、名优产品以及创新专利等，实物载体包括建构筑物、设施设备、生产线、技术档案等。按工艺要求组成有序的生产设施、设备是工业遗产的技术载体。在建筑工程技术、选址、建筑设计、施工建设、机械设备安装工程应用的新材料、新技术、新结构、新工艺使工业遗产在工程方面具有科学技术价值，例如钢结构、薄壳结构、无梁楼盖等新型结构形式在工业建筑的应用，洁净车间、抗震技术、特殊材料等在工业建筑中的使用等，都是工业遗产技术价值的体现。技术价值主要从代表某行业的开创和生产技术或建筑技术的先进性方面评判。

3. 见证文明进步的社会价值

工业遗产记载了芸芸众生的生活，是认同感的基础，反映人们在生产活动中发挥的作用以及政治和社会对生产的影响，社会价值存在于企业精神、企业文化、企业理念中，不仅能帮助未来时代的人更好地理解这一时期人们的生活和工作方式，而且对长期工作于此的众多劳动者、技术人员、老工业区的居民来说更有特殊的情感价值，具有不可忽视的社会影响。在计划经济时代，一家两代，甚至三代同在一家工厂工作的非常普遍，家庭的幸福与企业的发展密切相关，他们视厂为家，对企业的情感是真切、深厚和强烈的。当时，国营企业是人们梦寐以求的工作地方，工厂就是一个小社会，企业办社会是中国企业的一大特色。工厂里不仅有生产的车间，还有幼儿园、食堂、浴室、礼堂和花园，有的企业还在风景区建设了“工人疗养院”，工人把生活的一切都交给了企业，企业代替政府管理工人。工业企业大院式是当时的社会状况。当一些工厂破产倒闭时，工人们情感上难以接受，这也是发生职工集体上访的动因之一。在产业衰败或者是衰退地区经济转型的过程中，保留工业遗产也具有稳定职工心理、保护职工情感的作用。

工业化推动该地区的城镇化，提高了社会文明程度，推动了城市发展。工业化对整个社会经济生活的促进，对城市建设、生活水平、人员就业等方面的贡献，是当代城市发展重要的推动力，一些工业城市就是依托某个行业而形成的，例如攀枝花市、大庆市、个旧市等，对当地人民具有特殊的社会情感价值。这是民用建筑遗产所不具备的影响力。社会价值从工业化对城镇化的作用力和企业的精神文化方面进行评判，相对而言，对城镇化进程有重要推动作用的指标更加重要。

4. 见证现代审美的美学价值

工业遗产的特色充分体现了机械时代简洁、明快、高效的大生产的特征，工业遗产符合工业生产的工艺美、逻辑性和形式构成感等现代建筑审美观念，从建筑学的角度看，工业建筑中的标准化、功能效率优先体现了现代建筑的本质理念，即坚固、实用兼顾美观，其“形式追随功能”现代建筑表现的法则，至今仍在影响现代建筑设计的审美观念。超常规尺度和体量的工业设备、设施给人以强烈的工业震撼力和艺术感染力，具有特殊的工艺美感，是城市独特的景观。这种工业机械的美感是民用建筑遗产所没有的。

5. 不可低估的经济价值

工业遗产蕴涵着巨大的财富。工业建设是国家重点投资的项目，尤其在计划经济时代，每一个工业项目的上马，都是国家、地方政府重大的决策和巨额的财政支出。工厂的设施设备、厂房都凝聚了大量国家、社会的财富，离如：20 世纪六七十年代国家在极其困难的经济条件下，耗资 7.6 亿元人民币建设核 816 工程，这笔巨资在当时可谓是天文数字。工厂现在停产了，工厂的设施、设备都是国家用大量外汇换来的，如果将其视为废铜烂铁、一文不值的话，这是极大的浪费。在当前倡导低碳、节能、循环经济的时代，再利用有价值的工业设施、厂房，赋予其新的使用功能，再产生不可低估的经济价值，能够产生新的经济价值也是工业遗产得以保护的因素之一。工业建设高昂的经济投入使我们更应该珍惜和善待这些现在已经闲置的工业遗存，让它们重新再利用，继续发挥经济效益。

工业遗产再利用经济潜力巨大。从城市区位和土地价值来看，老工业区现在大多处于城市中心地区，有较好的区位条件，是发展高附加值的现代文化创意产业以及高新技术行业的理想之地，这也是如今欧洲发展最快的经济领域之一。国内一些城市的成功实践也证明，结合现代服务业、创意产业等第三产业的发展，将有力地促进城市产业结构的调整和优化，工业遗产的保护性再利用可产生较大的经济价值。而且，保护性再利用具有节能环保的意义，生产设备和厂房体量巨大，结构复杂，其拆除反而要付出比改造利用更大的成本，保留利用可减少大量的建筑垃圾及其对城市环境的污染，同时减轻建设过程中对城市交通、能源（用水和耗电等）的消耗，节约大量的投资，符合可持续发展的要求。经济价值从工业建筑遗产的再利用和工业建设时的投入方面进行评判，可再利用性的指标相对更为主要。

6. 真实性和完整性价值

《威尼斯宪章》强调了遗产的真实性和完整性。真实性用来判断文化遗产意义的信息是否真实，显然，假古董是不能当做文化遗产进行保护的；遗产的完整度意味着遗产价值的大小，法国学者 Quatremere 指出“分离就是破坏”。文化遗产的完整性是非常重要的方面。但是，对完整性还得辩证地看待，有代表性的文化遗产由于客观原因（如战火、地震等）或是人为因素遭到破坏，完整性方面大打折扣了，例如北京古城就是典型的案例，相对 20 世纪 50 年代“梁陈方案”提出的整体保护的北京古城，现在的北京古城已经是残缺不整，但我们能认为北京古城不是文化遗产吗？而恰恰有人说，反正北京古城也不完整了，就不要再提完整性保护了，这种貌似“正确的”保护论实际上是根本不懂得国际宪章整体保护的基本精神。相反，这种不完整性、濒危性使我们更有责任保护好现存的北京古城。

综上所述，工业遗产凝聚的是工业时代经济、社会、技术诸多方面的信息，构成完整的工业遗产价值，不仅强调其在历史、技术、社会或审美方面的代表性价值，而且，还要注重遗产的真实性、完整性和濒危性。因此，工业遗产的价值要从这些方面综合全面地评价。

5.1.2 认定工业遗产的本质特征

本文运用层次分析方法①进行工业遗产价值问卷调查。从调查统计结果分析，在工业遗产的代表性中，工业遗产的历史价值相对更重要的比例最高，其次是社会价值和技术价值，但这三者的比例相差并不大。工业遗产的经济价值和审美价值重要的比例最低，且与前三项差距加大（图 5-1），说明工业遗产价值主要为历史价值、社会价值和技术价值。在历史价值中，工业遗产见证近现代社会重大发展历程的历史价值更为重要。在技术价值中，以标志某项行业的开创为更为重要，在社会价值中，对地区社会、经济和城镇化的推动更为重要。这些特点与民用建筑偏重遗产历史远悠和建筑艺术具有很大的不同。

技术价值是本质特征。技术价值是工业化的核心，这也是工业遗产有别于其他类型文化遗产的关键。因为工业时代的生产力主要表现为经济社会发展越来越多地依赖技术进步，技术决定着社会的未来。工业遗产保护的重点就应该是工业技术价值的真实体现，对工业遗产的价值评判、保护标准和保护方式等都应围绕这一核心展开。例如：钢铁厂的工业遗产应该包含炼铁炼钢轧钢等技术特点，生产枪炮的工厂应将制造枪炮的技术流程保留作为工业遗产，与生产技术越密切，价值就越高，诸如此类，这是工业遗产的核心价值。技术价值主要是工艺生产技术，当然还包括为生产工艺提供空间的建筑技术，高跨度、大空间的建筑结构形式首先被工业生产应用，所以工业建筑技术的保护也是技术价值保护的重要内容。

---

① 层次分析法 (Analytic Hierarchy Process，AHP) 是美国运筹学家 T. L. Saaty 教授在 20 世纪 70 年代初提出的一种多目标决策分析方法，其基本原理是根据问题的性质和所要达到的总目标，将其分解为不同的组成因素，依据因素间的相互影响以及隶属关系，按不同层次聚集组合，形成一个多层次的分析结构模型。其本质是试图使人们的思维条理化和层次化，它充分利用人的经验和判断，对决策方案优劣进行排序，具有实用性、系统性、简洁性等优点。运用层次分析法可以将复杂系统问题中的各因素划分成相互关联的有序层次，通过专家较客观的判断给出每一层次各因素相对重要性的定量表示，确定每一层次全部因素相对重要性的权值，通过对排序结果进行分析研究，提出解决方案。它特别适用于那些难于完全定量分析的问题。

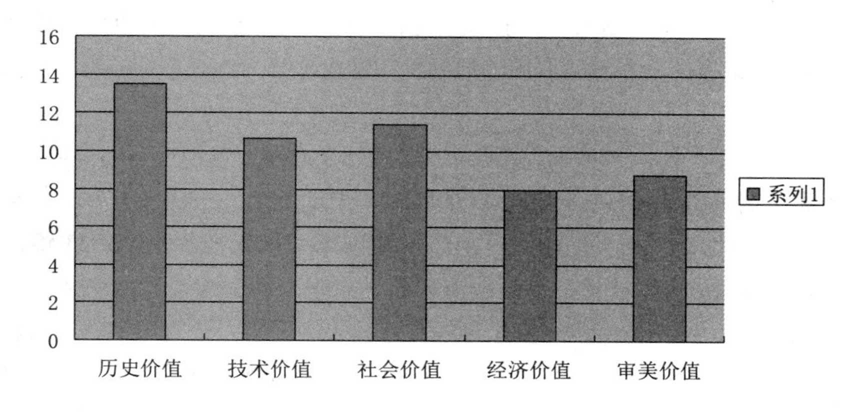

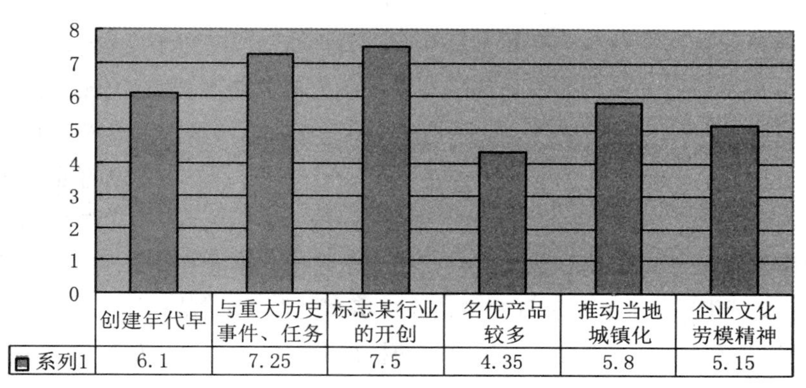

图 5–1 工业遗产评价子项重要度比较
（资料来源：作者自绘）

工业文化价值是综合特征。工业遗产是工业文化的承载体，工业文化价值的内涵包含历史、审美、社会等方面的综合含义，我们常常分别工业遗产历史、审美、社会各方面的价值，这些价值都与文化相关，因此，综合表现为文化价值。工业遗产作为工业文明重要的物质载体与实物见证，工业文化价值主要反映工业时代特有的工作方式和社会生活方式，工业遗产中蕴涵的文化价值是我们保护的基础。

综上所述，工业遗产作为文化遗产的一种类型，其价值特征是以技术价值为本质，工业遗产的价值评价是以技术价值为核心，以文化价值为基础，兼顾经济价值的综合评价。

5.2 重庆工业遗产的独特价值

5.2.1 重庆工业遗产价值综述

重庆工业遗产见证了重庆、乃至西南地区工业化的进程，它是城市的记忆，是重庆历史文化名城诸多文化符号的重要组成部分。重庆是西南地区近代工业的发祥地，在整个漫长的古代，农业社会的重庆一直都较为落后。直到进入近代工业社会，重庆才快速崛起，并因此奠定重庆在西南、乃至全国中心城市的重要地位。毫无疑问，工业化在重庆3000多年的发展史中占有举足轻重的地位。因此，工业遗产是重庆历史文化名城文化遗产不可或缺，并具有城市本质特征的重要组成部分，具有重要的历史价值，应当受到应有的尊重和保护。

重庆工业技术一直保持西南领先地位，在同行业或国内曾创造了诸多第一。例如：1935年建成的重庆特殊钢厂，炼出西南地区第一炉优质钢，是我国重要的特殊钢和精密合金生产基地之一，1952年，该厂生产了我国第一批无缝钢管；1933年，重庆创建了西南地区最大的煤矿企业——天府煤矿股份有限公司，建设了西南地区第一条铁路——北川铁路；1950年10月，重庆钢铁公司轧出中国第一条重磅钢轨，为新中国的第一条铁路成渝铁路的通车作出了贡献等；重庆是全国常规武器的制造基地，是全国重化工业的主要基地之一。所有这一切都表明重庆工业技术的领先和进步。

重庆现代建筑的发展肇始于工业建筑，现代工业文明产生的混凝土、钢材、玻璃等新材料最先开始在工业建筑上使用，如重庆铜元局是我国较早（1906年）使用钢筋混凝土结构的工厂。随着工业厂房建筑的大空间、大跨度的结构体系不断推陈出新，建筑的耐火、抗震等性能不断增强，建筑越来越坚固、耐用。三线建设的重庆816工程建造了亚洲最大的人工洞体，最坚固的钢筋混凝土结构、规模最大的地下核工厂，结构坚固，足以抵抗最高烈度的地震和核爆。工业厂房也不全是粗大笨重的形象，也有高精细的建筑，如川仪六厂集成电路楼是国内最先进的洁净厂房，达到美国对洁净厂房空气质量的标准。

重庆的工业对城市化进程和重庆人民的精神面貌影响是巨大的，雄厚的工业基础，使重庆在国内拥有较高的城市地位，历史上国内两次工业大规模内迁重庆，使重庆没有因地理的闭塞而落后，成为西南近现代社会经济较早开放发达的地区。工业化进程极大地推动了城市化进程，如果没有重钢、重汽、西铝，就没有今天的大渡口区、双桥区和西彭镇，如果没有三线建设在川黔一带崇山峻岭中布局工业，哪有现在万盛区、南川区和綦江县的发展。

重庆工业建筑遗产主要是20世纪50～70年代的建筑，这些建筑以坡屋顶、红砖、灰瓦、大跨度的钢筑混凝土结构等为特色，符合工业生产的工艺美、逻辑性和构成感。而且，超大规模的工业厂房、设备给人以强烈的工业艺术感染力，是工业遗产艺术性的另一大特色，这些工业遗产是城市标志性景观，具有特殊的工艺美。虽然工业建筑遗产并没有太高的艺术性，但是工业设施景观具有独特的工艺美学特征，成为工业遗产美学的主要特色，而不仅在于厂房建筑装饰美学特征，这与民用建筑遗产重建筑美学不同。当然，工业建筑遗产也不乏艺术性作品，例如长安精密厂的办公楼、川仪四厂的办公楼等，从建筑美学的角度看，不比其他民用建筑逊色，体现了当时重庆工业建筑较高的建筑艺术水平。

综上所述，重庆近代工业发展的历史早，是中国西部地区近代最早兴起的工业城市。抗日战争时期，又成为国统区最大的综合性工业基地。新中国成立后，经历国民经济的“三年恢复”、两次调整、“三线建设”和6个五年计划的实施，成为轻工业并举、产业门类齐全的中国战略大后方的综合工业基地。在中国工业发展史上，重庆工业的历程最为完整，经历了洋务运动、抗战时期、新中国成立初期和三线建设等连续的历史阶段从未间断，而沿海一些发达的工业城市欠缺了抗战时期和三线建设的历史发展阶段。因此，从我国工业技术发展史看，重庆工业的发展史是中国工业发展史的完整写照，代表中国近现代工业发展的全过程。

5.2.2 抗战工业遗产的珍稀性

抗战时期全国工业看重庆，重庆战时的工业遗产是国内最具代表性的。沿海发达地区的工厂纷纷内迁，重庆是中国的“工业之家”，是中国唯一的综合性工业生产基地。重庆的工业在战火的洗礼中工业水平显著提高，是中国工业水平最高的城市，为最终战胜强敌提供了强大的工业实力。八年抗战是中国近现代史、民族史最为光荣的一页。如今正在大力弘扬抗战文化，保护、恢复抗战遗址，抗战工业遗产是抗战遗产中最为重要的组成内容，留下了丰富的抗战文化遗产，不能只认为政要官邸、外国使领馆、民主党派和革命遗址才是抗战遗址，这是严重的认识误区，战争既有政治上的较量，更是战场上真枪实弹的拼杀，现代战争是工业实力、科技水平和勇气的较量。八年抗战时期，重庆的工厂加足马力连夜生产军需物资、弹药，工人们冒着日军空袭轰炸的危险，仍然没有放下手中的工具，工人阶级与全国人民一样同仇敌忾，救民族于存亡之际，忘我地生产，有力地支持抗战的胜利，难道抗战工业遗产不值得我们纪念吗？重庆拥有的抗战工业遗产在国内类型最丰富、价值最高。据初步调查，至今保存较好的有十余处大型工厂，而且，保存着许多抗战时期的老厂房、老设备、山洞车间、档案及图纸等，这在国内其他城市是十分珍稀的，这些遗产见证了抗战的历史，是重庆独一无二的文化资源，值得我们很好地珍惜、保护和发扬。

5.2.3 三线建设工业遗产的特殊性

在1966年开始的全国范围的“三线建设”中，根据中央“好人好马上三线”的要求，包括上海和当时号称“共和国工业的长子”的东北工业[①]在内的全国工业的精华内迁重庆。三线建设使重庆成为全国最大的常规兵器生产基地、最大的军工城市，工业固定资产值跃居全国第五位。在重庆地区进行的“三线建设”项目中，国家在重庆共投资118个重点项目和60家重点骨干企业。除了国防工业项目外，还有88个配套的民用工业项目。当时，重庆工业技术水平处于全国领先位置，承担了国家国防战略后方的历史职责，如涪陵816工程是中国第二个核原料基地，川东造船厂是核潜艇基地，西南铝加工厂是战略导弹和卫星的铝材基地，巴山仪表厂是航天测控基地等。三线建设的精神也是宝贵的遗产财富。当年那种无私奉献、热火朝天的干劲为的是实现百年中国富强梦，“献了青春，

---

① 沈阳的近代工业发端于1898年的俄国殖民时期，发展于1906年的日伪满洲国，1921年军阀张作霖成立奉天军械厂，后扩建为东三省兵工厂，是新中国成立后黎明航空发动机公司的前身。1931年我国第一辆汽车在沈阳的辽宁迫击炮厂组装制造。东北解放后，成为支援全国解放战争和抗美援朝的大后方，是新中国最主要的工业基地。沈阳工业的优势在于装备制造业，数百个新中国第一诞生在沈阳，如：中国第一架喷气式飞机（1956年）、中国最大的机床基地、第一台万吨挤压机、超高压变电器、航空涡轮发动机、导弹液体发动机等。1957年沈阳的工业总产值占全国第二，钢铁产量占了全国半壁江山。

献终身，献了终身，献子孙”，三线建设工业遗产中蕴涵的情感是一两代人难以割舍的。例如，许多参加了816工程的老建设者退休后，舍弃在主城区舒适的居住条件，又回到偏僻的乌江边的小镇生活，因为这里是他们的精神归宿。“全世界的大烟囱都是相似的，但各民族、各个国家、各城市建筑大烟囱的历史、心态，其中的故事却各有不同”，能在其中看出中国人的奋斗、看出中国人的文化和智慧，尤其是标志着历史过程转变的工业遗产值得我们保护。三线建设在重庆留下了许多国内罕见的工业遗产，例如亚洲最大的人工地下核原料工厂、亚洲吨位最大的立式水压机、高精密仪表车间、西铝压延车间长近1公里的厂房、方圆十里的长寿化工基地等。重庆三线建设工业遗产在国内很有特殊的时代性、典型性、地域性特征，在全国的三线建设工业遗产中具有独特的价值。

5.2.4 山地工业遗产的典型性

中国是个多山的国家，山地占国土面积的三分之二以上，如何在广大的山区中发展工业更有挑战性和现实意义。与平原工业城市相比较，山地城市的工业生产条件更艰苦、更困难。但是，重庆克服了地理条件的局限，积累了丰富的山地工业建设的经验，工业企业依山傍水建设，在“进山、进洞、隐蔽”的建设方针下，厂区地上地下多维布局，充分利用沟谷槽地进行生产布局，布局形态显得松散和隐蔽，与山地环境融为一体，不能见其全貌。例如，核军工816山洞厂房在中国工业建筑史上创造了多个第一，在工程的复杂性、坚固性上都是决无仅有的。从工业发展水平看，重庆在抗战时期和三线建设时期打下了坚实的国防工业基础，成为国家的工业战略基地和国防工业的中心，形成以军事、能源、冶金等重工业为主的工业优势，从历史地位、工业门类、技术水平、规模大小比较，处于山地环境的重庆工业发展水平并不比平原城市低，甚至超过许多平原城市，尽管在平原地区更有利于工业发展。我国较发达的工业城市几乎都在平原地区，例如上海、沈阳、武汉等。上海、沈阳的工业化水平最高，代表全国工业中心和东北地区工业中心地位。华中地区武汉市的近代工业肇始于近代开创的汉阳钢铁厂，但抗战期间中断了发展。新中国成立后，“一五”期间，国家重点投资建设了武汉钢铁厂、重型机床厂、青山热电厂、武昌造船厂等工业，主要是冶金、机械、纺织业的工业基地。同处西南地区的成都市的工业兴起于新中国成立初期和“一五”、“二五”及“三线”建设期间，只有航空、电子工业较有代表性。因此，研究工业在山地环境布局的技术，重庆具有全国性的示范作用。重庆各历史时期留下的工业遗产蕴涵了山地工业建设的技术价值，具有研究山地工业建设独有的科学意义。

5.3 价值评价方法

5.3.1 评价方法可行性的探索

文化遗产保护决策过程基本上可以分为调查、评价、决策三个步骤。其中，评价是对文化遗产价值认识的过程，是文化遗产保护的基础。价值认识和评价包括对其价值的评估、现在保存状态的评估和现有管理条件的评估等。文化遗产评价的主要目标在于准确认识遗产所包含的历史文化信息。通过相关历史学研究及比较研究，准确认识遗产价值，包括遗产本身的历史文化信息的丰富和稀有度，在国家和地区层面的价值地位，同时通过定量或定性的方法来具体甄别价值的重要性级别。以《威尼斯宪章》、联合国教科文组织《公约》及其《实施指南》等为核心的国际文献本身形成了一系列以人类文化遗产为对象的评价和分类标准。从国内的有关研究看，文化遗产的评估主要以基于历史和其他方面研究的定性描述为主。定量评价研究在建筑遗产，特别是大遗址、古民居、历史街区、历史地段、城市特色景观等评价领域中有所发展，其目的主要是为了有关决策的科学化。目前，学术界对工业遗产的价值评价还没有统一的方法和标准，不少学者根据自己的理解和实践在总结建立工业遗产的评价方法，还主要是定性描述。

在"北京工业遗产评价办法初探"一文中提出了分层评价的方法，首先对各行业的工业企业进行整体评价，选出有遗产价值的企业；其次对工业企业所属的建筑、设施和设备进行综合遗产价值评价;最后进行综合比较，根据最后总分提出工业遗产的名录。具体评价指标有两种，一是对工业企业或建构筑物的历史价值、科学技术价值、社会文化价值、艺术审美价值和经济利用价值进行评分，五项价值平均对待，每项价值 20 分，每项价值分为 2 个分项，每个分项价值 10 分；二是对工业遗产现状及保护、再利用相关的价值，主要包括区域位置、建筑质量、利用价值、技术可能性，四项价值平均对待，每项价值 25 分，每项价值分为 2 个分项，前一分项价值高于后一分项价值，前一个分项价值 15 分，后一个分项价值 10 分。第二次评价主要对建构筑物等物质实体评价进行追加评价。追加评价的结果不影响第一次评价对工业遗产价值作出的判断，只作为保护与再利用方案的选择和决策参考使用。

"京杭大运河江南段工业遗产廊道构建"一文中根据沿运工业遗产构成的整体性和层次特征，从工业区域－城镇－工业聚集区－工业企业－建构筑物五个不同层次对沿运工业遗产的价值进行评价，每个层次根据相应的价值标准制定评价体系。从底层逐层往上评价，每个层次是层层递进的关系，低层的评价结果构成上一层次评价的基础信息源。将建构筑物单体价值分为遗产点本征价值与其所在工业企业单位的价值两部分，并进行定量评价，在此基础上进行叠加分级。工业企业单位评价运用定量与定性相结合的方法，分为工业企业单位本征价值与现有保存状态两方面。历史工业聚集区与沿运城镇则主要运用定性评价方法。文章还根据各个指标因子在工业建构筑物价值构成中的贡献进行赋值，其各项价值之间的权重则运用德尔菲法，根据专家打分确定。

在"上海近代工业建筑保护和再利用"一文中首先是建立价值评估指标体系，将价值按空间层次划分为城市、厂区、建筑三个层面。又将工业建筑价值划分为历史、艺术、科学、环境、经济以及社会价值六项基本内容。在不同的空间层面上不同的价值指标进一步细分，建立指标体系，明确各指标间的轻重关系，即确定各项评价指标间的权重，指标权重关系的确定借鉴了系统工程学方法，如美国兰德公司的德尔菲法和 1980 年由美国人萨德首创的层次分析法，然后根据评估指标以及各项评价指标间的权重关系，来进行定量操作。

以上评价方法，归纳起来有一些共同特点：

（1）分层次评价。研究都采取了对不同空间层次的工业遗产分别评价，基本上都包含城市、厂区和建筑这三个层级，根据不同的研究对象范围大小，层级划分级数不同，对不同层级的评价制定不同的评价指标体系。

（2）定量和定性相结合。上述研究都指出工业遗产的评价离不开定性和定量的评价方法的结合，不是定量评价方法就会更准确，因为，价值评判都是主观认识的反映，定量方法是提供相对客观的参考。

（3）建立指标体系。分别对工业遗产的历史、艺术、科学技术、社会等方面的价值作进一步细化评价，有的增加了经济和环保方面的评价，对每项评价指标都赋予一定分值，对于分值大小和权重高低，每个评价方法都采取了不同的方式，有的平均对待，简单明了，有的运用了系统工程学的数学模型，操作十分复杂，合理性也有待检验。在指标体系中，主要是针对工业遗产代表性，忽略了对遗产真实性、完整性和濒危性的评价指标，这也是关系遗产价值的重要因素。

5.3.2 建立合理有效评价方法的原则

本文总结现有的评价方法，认为评价遗产应从整体性入手，既要从遗存的真实性、代表性和完整性进行评价，又要兼顾遗存的珍稀性、特殊性，评价指标既要尽量全面，又要避免过细，要简单明了，而且评价本身就是主观判断，宜定性和定量结合进行评价。

（1）代表性原则。选择有代表性的评价指标作为评判工业遗产价值的主要依据，评判标准应具有代表性，客观反映遗产价值。

（2）真实性和完整性原则。真实性是对文化遗产的基本要求，完整性表现为生产空间完整和工艺技术完整，是展现工业技术价值的必要条件，这两个原则都应作为评价的指标。

（3）珍稀性原则。即使有的工业遗存评分不高，但如具有历史意义的珍稀性或唯一性，就必须列为遗产保护，这是遗产保护的重要机制。

（4）简明合理原则。评价指标因子过多、过细，会使指标之间相互重复和交叉，在实践运用中过于繁琐，使用不便；但也不能过少、过简，遗漏必要的评价信息。

（5）定性为主、定量为辅的原则。评价都具有主观性和模糊性，若强求用精确的数字去表示本身是模糊性质的事物，这不仅不客观，而且也是不科学的。特别是涉及人的思想、情感、意识等方面时，采用定量的方法很困难。有些评价要素的标准可以量化，才可采用定量分析。因此，工业遗产价值评价宜定性与定量相结合，定性为主，定量为辅。这也正是工业遗产本身的复杂性所决定的，切不可片面认为只有定量评价才是科学的，在实际评价工作中应防止这种倾向。

5.3.3 评价方法指标体系的确立

1. 整体三层次评价方法

建立从整体到局部的递进调查评价方法，从“工业城市—典型企业—建筑遗产”三个层次评选工业遗产。首先整体评价城市的工业发展价值及特征，从城市工业发展史中，对城市的工业历史地位和工业发展特征进行评价，而不是从某个具体工业遗存的评价入手。工业城市的行业门类众多，每个城市工业化的特点不同，工业遗产必须能代表城市工业的历史地位和特色。整体价值评价法从宏观到微观评价，将工业遗产确定在具体的建筑实体上。遴选出的工业遗产要能较好地代表城市工业发展的地位和特点，延续工业城市的历史脉络。

其次调查和评选能代表城市工业水平的重点行业和企业。资源型工业城市显然采矿业、矿产加工业是城市工业的特点，应该着重在这类行业中调查评选工业遗产；依托交通运输业发展的工业城市的码头区、港区、船厂是城市工业的代表，是有遗产分布的重点区域；冶金型工业城市的与冶炼行业相关的工厂是调查和评选的重点对象。典型行业有众多工厂，要评选有代表性的工厂，对申报工厂的历史价值、社会价值、技术价值进行评估比较，选择典型的工厂。

第三是建筑遗产评价。在典型的工厂中，占地数平方公里，不会将整个厂区都划为保护对象，而是对建构筑物、设施设备等遗存进行历史的、技术的、审美的价值等指标进行评价，尤其是从工业技术和建筑技术角度，选择有代表性的工业历史建筑或建筑群作为工业建筑遗产。例如：在钢铁生产企业中，炼焦、炼铁、炼钢、轧钢主要工艺环节的主要设施设备是钢铁工业的典型特征，因此，主要工艺的关键设施设备和建筑物应作为工业遗产的保护对象。在这三个步骤里，前两个步骤主要是从文献资料中发现线索，为评价工业遗产作铺垫，工业遗产是具体的实体，而不是某个厂名。如一些历史上很有价值的工厂，但是现在已经拆毁，找不到具有保护价值的工业遗产实体，也只能作罢。所以，遗产评价主要还在第三步骤，对具体发现的工业遗存进行综合价值的评判。

整体三层次评价方法的操作步骤是先从城市工业发展史料文献中掌握城市主要的工业化特点，对这些企业主要从技术、社会和历史价值进行评价，梳理出历史上具有代表性的企业，然后主要对这些企业下放调查和申报书，对上报的遗存进行现场核查，对现存的工业遗存的代表性、真实性和完整性进行评价，评出具体的工业遗产。对于一部分具有里程碑意义的企业，由于城市化和企业自身的经营问题，现在已经不存在工业遗产实物，可把这些企业地点列入工业遗址名录，采取遗址地立牌标示的方式保存历史的信息，使整个城市的工业历史信息更加完整。这种整体评价有利于真实、全面地体现城市工业化的特征，快速摸清城市工业遗产，保护工业城市整体的历史价值。

2. 评价指标体系构成

工业遗产价值体系从代表性、真实性、完整性三个方面评价，再细化三个层次。代表性细化为历史价值、技术价值、社会价值、经济价值和审美价值五个分项，真实性细化为生产技术和建筑历史的真实度两个分项，完整性细化为生产技术和建筑格局、结构完整度两个分项。代表性的五个价值分项对不同的评价对象，评价的内容不尽相同。对于生产设施设备的技术价值侧重于生产技术价值，对于建筑技术价值主要是指建筑工程的技术，而非工业生产的技术。经济价值主要体现在建筑再利用的经济性方面。

历史价值主要从年代是否悠久和与重大历史事件和伟大历史人物相关度两个子项去评判。时间久远的工业遗产具有稀缺性，赋予工业遗产珍贵的历史价值，是认识地方早期工业文明的历史纪念物，是记录一个时代经济、社会、工程技术发展水平等方面的实物载体，时间越久远历史价值相对较高；重大历史事件是指近现代史中对社会发展有重大影响力的事件，伟大历史人物包括党和国家的领导人、著名建筑师、工程师、劳模、科学家等。

技术价值从行业的开创性、生产工艺的先进性以及名优产品两个方面评价。在世界、全国或西南地区（城市）范围内标志某一工业门类中开创，或者某项技术、设施设备的应用在同行业中具有开创性，在历史上的名优产品是技术先进性的表现。特殊生产过程的工艺、技术具有较高的遗产价值，如其濒临消亡，就具有稀缺性价值。

建筑的技术价值主要表现在建筑和构造物设计、施工建设、机械设备的安装工程方面，应用了新材料、新技术、新结构、新工艺，使工业遗产在工程方面具有科学技术价值。如钢结构、薄壳结构、无梁楼盖等新型结构形式在工业建筑的应用，洁净车间、抗震技术、特殊材料和做法在工业建筑中的应用等。

社会价值主要从推动当地经济社会发展和城市化以及企业文化、精神两个方面进行评价。工业化是乡村发展成城镇的直接动力，越大的工厂对周边地区的带动和辐射能力越强，对当地经济社会发展推动越大，其社会价值相应也越大。企业文化是遗产中的非物质文化遗产，包括企业经营管理、科技创新、劳动保护等方面，也包含振奋我们的民族精神和传承产业工人的优秀品德，蕴涵着务实创新、包容并蓄、励精图治、注重诚信等工业生产精神。

审美价值主要是对建筑遗产从建筑空间、造型、风格、装饰的艺术性和工业设施景观特征两个子项评价。工业建筑体现某一历史时期建筑艺术发展的风格、特征，其形式、体量、色彩、材料等方面表现出来的艺术表现力、感染力，具有工程美学和工艺景观独特的审美价值，审美感染力越突出的其价值越高。

经济价值主要从工业建设投资大小和所在区位发展文化、旅游业等现代服务业的潜在价值以及建筑再利用的经济潜力等方面评判。位于城市中心地区的工厂的区位价值高，再利用为现代服务业等第三产业的潜在经济价值最大。

真实性主要从工厂的历史格局、环境、遗存真实可靠度以及建筑、设施结构、构件的真实程度来判断，历史和技术信息越真实的价值越高；完整性从生产流程、格局、建筑保存完整程度和从建筑、设备的完整程度评价，兼顾规模大小，越完整和规模越大的价值越高。

遗产的珍稀性是特别的评价指标，因为不具有普遍性，不作为评价体系的固定指标。如果是早期工业发展的遗存，具有唯一代表性，即使其他指标方面比较逊色，也必须作为遗产进行保护。

建立遗产价值综合评价指标体系。从工业遗产的代表性、真实性和完整性三个方面，对工业遗产的历史价值、技术价值、社会价值、审美价值、经济价值、真实性和完整性等评价内容通过多方案比较、论证，建立评价指标层次框图。根据层次框图设计出各层级的问卷表格，对比较对象的相对重要程度进行了调查，问卷的对象包括历史文化方面的专家、设计人员、研究人员和管理人员。发放问卷 40 份，回收 40 份。归纳成工业遗产评价体系（图 5-2）。这个体系作为工作中工业遗产评价的参考依据，建议评审组从这些方面综合定性评判工业遗存的价值大小。

在实践中，需要进一步用数值来确定各指标间的重要程度，以便能给每项参评的工业遗存打个参考分值，定量反映遗产价值的大小，使价值评价更加直观明了。本文运用层次分析法，根据建立的指标体系，进行问卷调查，对调查数据进行统计计算后，得出了每个层次各指标的权重值。为了方便理解和操作，统一按百分制，将权重值换算为百分值，得出各层次指标的分值。例如：代表性、真实性和完整性统计计算出权重值分别为 7.75、8.25、6.25，反映出工业遗产的真实性和代表性的重要度大于完整性，换算为百分值为 35%、37%、28%。其余的指标分值依此计算得出，从而建立了具有参考分值的评价指标参考表，如表 5-1 所示。从表中可以分析出工业遗产几个明显的特征。

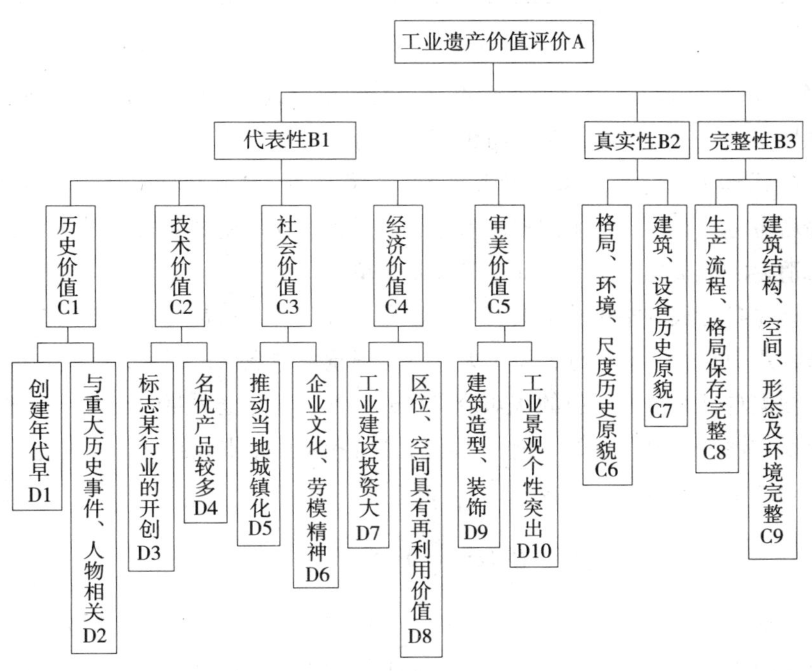

图 5-2　工业遗产价值评价指标体系框图
（资料来源：作者自绘）

一是工业遗产的真实性和完整性权重高，反映人们对工业生产流程完整的重视，对工业格局以及整体生产环境保护的重视。因此，整体保护工业建筑及环境非常重要。

二是工业遗产空间再利用的经济价值权重高，反映工业遗产不是静止的保护，而是应该“输血式”地再利用，利用其结构坚固、空间高大的特点，发展旅游、文化等产业。

工业遗产评价指标体系参考表　　表 5-1

代表性（35 分）	历史价值（9 分）	创建年代（4 分）
		与重要历史时期、历史人物相关（5 分）
	技术价值（7 分）	标志某行业的开创和领先（5 分）
		产品代表当时领先水平（2 分）
	社会价值（8 分）	推动当地经济社会发展和城市化（5 分）
		企业文化、职工认同感（3 分）
	经济价值（5 分）	工业建设投资巨大（2 分）
		具有发展文化、旅游业等现代服务业的潜在价值（3 分）
	审美价值（6 分）	工业设施景观个性突出（4 分）
		建筑造型装饰特色（2 分）
真实性（37 分）	真实性	生产格局、环境、尺度体现工业历史原貌且真实可靠（19 分）
		建筑格局、环境、构件体现历史原貌且真实可靠（18 分）
完整性（28 分）	完整性	生产流程、格局、建筑、环境保存完整（13 分）
		建筑结构、空间、环境保存完整，近现代遗存丰富（15 分）

资料来源：作者自制

三是工业个性景观突出，相对权重高，反映工业设施和建筑的工业景观独特价值，工业标志性景观对工业城市的景观特色塑造十分重要。

在实际操作中，专家评审组参考上表，对每个遗存进行评分，取专家评分的平均分作为最后得分。在评出各个遗存的参考分值后，由评审委员会根据所有得分排序，再综合考虑遗存的珍稀性，确定工业遗产登录名单。

评价体系参考表的指标分值具有主观性和不确定性，只是为定量评价工业遗存价值提供参考，避免每个专家评分相差过大。评价毕竟是主观认识行为，在实践操作中，每个评委会根据自己对遗产价值的认知给出得分，不一定完全按照给出的分值评判。评价表提示评委在评判中要注意的方面，要综合评价和突出重点相结合，才是评价的核心内容，使评价结果尽可能全面和客观。

5.3.4　重庆工业遗产价值评价方法与实践

根据整体三层次评价方法，按照评价体系指标参考表。首先评价重庆工业发展史的特点。重庆历史上两次出于国防战略的需要进行大规模工业建设，造就了全国独一无二的抗战工业和三线建设工业，具体表现为以军事工业为代表的装备制造业和以冶金、加工、化工、造船等为代表的重工业。国防工业和重工业是重庆工业的代表。重庆也是全国著名的综合性工业基地，工业门类齐全是重庆的特点，所以，行业的选择面应尽量广泛，既要有能源、船舶、仪表、金属加工、核工业等重工业和国防工业，又要有纺织和食品业等轻工业，在这些主要行业中评价代表性企业。对企业申报和调查出的工业历史遗存，参照评价体系指标表，经重庆有关部门组成专家组进行了试评，探索了初步的做法和经验。根据专家打分的平均分，为该工业遗存的最后得分，根据所有工业遗存的最后得分排序，专家组合议确定重庆工业遗产建议名单，如表 5-2 所示。经政府相关主管部门审查、社会公示、政府批准等程序，向社会公布。

重庆工业遗产建议名录 表 5-2

工业门类	企业名称	历史名称	区域	创建年代	价值概述	工业遗产
冶金	重钢	汉冶萍钢铁联合企业、兵工署第29兵工厂、西南工业部101厂	大渡口	1890年	近代最大钢铁联合企业；洋务运动、抗战工业我国第一根重磅钢轨	8000HP 双缸卧式蒸汽机（英国制造）、炼铁高炉（含热风炉、烧结设施）、炼焦炉、煤气储气罐、20世纪50年代炼钢厂房、大型轧钢厂房、中板厂厂房、1938年锻造厂房、小洋楼、红楼、钢花影剧院、渝钢村工人住宅、跃进村储水塔等
	特钢	重庆电气炼钢厂、兵工署第24兵工厂	沙坪坝	1919年	西南第一家钢铁厂；生产我国第一根无缝钢管	办公楼、专家楼、建厂纪念碑、生产设施等厂房20处
	重庆冶炼厂	重庆冶炼厂	綦江	1940年	我国用现代工艺方法生产的第一批电解铜；我国第一套全湿法萃取黄金工艺流程	20世纪工业遗址1处，生产车间5个
	重庆钢铁公司第四钢铁厂	重庆钢铁公司第四钢铁厂	綦江	1937年	抗战工业	遗址一处
	杜家冶炼遗址	杜家冶炼遗址	渝北	1938年	抗战工业	冷风高炉一座
核工业	建峰化工厂	816工厂	涪陵	1967年	三线建设工业；亚洲最大的地下核工厂	洞体工程、通气囱、过江桥、取水厂、烈士陵园
加工制造	西南铝加工厂	西南铝加工厂	九龙坡	1965年	三线建设工业；我国导弹、卫星关键零部件制造基地	锻造车间、压延车间厂房，3万吨立式锻模水压机，1.25万吨卧式水压机，2800毫米冷热轧机
采矿	天府煤矿	天府矿业股份有限公司	北碚	1933年	抗战时期最大的煤矿；四川第一条铁路	电器维修车间、烟囱、厂长办公楼、职员住宅、1号煤井、碉堡遗址、北川铁路遗址（路基、梭槽）、白庙子街区
	南桐煤矿	南桐煤矿	南川	1938年	抗战工业	生产设施设备、矿井
	松藻煤矿	松藻煤矿	綦江	1961年	西南第一座高度自动化的现代化大型矿井	生产设施设备、矿井
化工	长寿化工厂	兵工署第26兵工厂	长寿	1939年	抗战工业；中国最早的氯酸钾炸药制造厂	生产设施设备

续表

工业门类	企业名称	历史名称	区域	创建年代	价值概述	工业遗产
化工	四川维尼纶厂	四川维尼纶厂	长寿	1970年	三线建设工业； 我国自动化最高的化纤联合企业	生产设施设备
	天原化工厂	天原化工厂	江北	1928年	中国著名日用化工企业家吴蕴初创办	吴蕴初旧居及办公楼
机械制造	长江电工厂	重庆铜元局	南岸	1905年	重庆近代最早的机械工厂，抗战时中国最重要的子弹厂	—
	建设厂	汉阳兵工厂、兵工署第1兵工厂	九龙坡	1890年	洋务运动、抗战工业； 抗战时中国最大的步枪工厂； 峨眉牌步枪助我国获奥运金牌	山洞车间
	嘉陵厂	江南制造局龙华分局枪子厂、兵工署第25兵工厂	沙坪坝	1875年	洋务运动、抗战工业、中国最大的枪弹生产厂	电气熔铜炉山洞及遇难烈士纪念碑，晚清至民国时期机器20台
	长安厂	金陵制造局、兵工署第21兵工厂	江北	1862年	洋务运动、抗战工业； 中国最大和最早的枪炮制造厂	江北区大石坝精密厂办公楼、生产车间，五里店2栋厂房占地面积均为1151.4平方米，军械仓库2座（大渡口区跳蹬镇）
	江陵厂	中国炮兵技术研究处、兵工署第10兵工厂	江北	1935年	抗战时中国创办的第一个完整的炮厂	现存10栋建筑，分别为校官楼、职员楼、职员住宅、山洞车间等
	望江厂	兵工署第50兵工厂、广东第二兵器制造厂	江北	1931年	抗战时国内规模最大的炮及炮弹生产厂	生产山洞约5000平方米、十栋生产厂房
	铁马厂	豫丰纺织机械厂、重庆空压厂	九龙坡	1941年	抗战工业； 三线建设工业	坦克艺术仓库、车厢车间、锻造车间厂房及生产设备
	四川重型汽车制造厂	四川重型汽车制造厂	双桥	1965年	三线建设时国内唯一的重型汽车生产基地	生产设施设备、厂房
	重庆机床厂	中国汽车制造股份公司华西分厂	巴南	1936年	抗战时国内最大的汽车制造厂，西南最早的汽车制造厂，第一台仿苏滚齿机	工具厂金工车间、红砖厂房
	水轮机厂	恒顺机器厂	巴南	1908年	抗战时发明的二冲程煤气机取代了进口产品	金工车间、办公楼
	晋林机械厂	国民政府第二飞机制造厂	南川	1939年	中国第一架中型运输机	海孔洞、厂房
	綦江齿轮厂	民国国防部运输署第二军用汽车配件制造厂	綦江	1939年	抗战工业； 创下中国汽车工业史的五个“第一”	生产设施设备、厂房
	重庆化工机械厂	兵工署第30兵工厂	江北	1940年	抗战工业	办公楼建筑面积1080平方米
	重庆电机厂	国民政府无线电机制造厂	九龙坡	1927年	抗战工业	机修车间老厂房

续表

工业门类	企业名称	历史名称	区域	创建年代	价值概述	工业遗产
机械制造	重庆起重机厂	重庆起重机厂	九龙坡	1957年	西南地区生产起重运输机械的唯一专业定点厂，全国桥式起重行业骨干厂	50年代厂房约10余栋
	美军飞机修理厂旧址	飞虎队飞机修理厂	九龙坡	1940年	抗战工业	防空洞一处，水井两口
	国营红泉仪表厂	国营红泉仪表厂	南川	1966年	三线建设的专业高炮厂	家属宿舍楼1幢
	国营红山铸造厂	国营红山铸造厂	南川	1966年	三线建设的专业高炮厂	A01006车间
	国营107厂遗址	国营107厂遗址	綦江	1966年	三线建设的专业高炮厂	办公楼及生产车间房屋7栋，洞穴车间4个，试炮场1个
自动化仪表	天星仪表厂	东方红机械厂	南川	1966年	三线建设工业	工矿商店
	四川仪表总厂	四联集团	北碚	1965年	西南仪表工业基地	四厂办公楼、六厂精密集成电路楼
	巴山仪表厂	巴山仪表厂	沙坪坝	1959年	中国航空航天自动仪表、遥测基地	生产设施设备、厂房
船舶	重庆船厂	民生机器厂	江北	1927年	重庆近代最大的修造船企业	船厂隧道
	重庆东风船舶工业公司	民生机器厂	江北	1918年	开埠时期的重要遗址	老亚细亚洋行厂房、办公楼、高级住宅
	川东造船厂	川东造船厂	涪陵	1967年	三线工业； 中国潜艇基地	船坞、设备
	连江公司	清平机械厂	万州	1965年	船舶工业唯一的中小模数齿轮专业化配制企业	厂房、生产山洞2000平方米
	长平机械厂	长平机械厂	万州	1965年	船用导航仪表重点企业之一	生产山洞2253平方米
研究机构	中央工业实验所旧址（重庆中药研究所内）	中央工业实验所	南岸	1940年	重庆抗战史、工业发展史提供了重要的实物	实验所6栋建筑
棉纺	重棉三厂	汉口裕华纺织有限公司渝厂	南岸	1919年	国内纺织业中有名的大厂	厂门、防空洞
	重庆丝纺厂	四川丝业股份有限公司第一丝厂	沙坪坝	1909年	近代早期的工业厂房	五车间单层厂房
	白沙新运纺织厂旧址	新运总会妇女指导委员会新运纺织厂	江津	1939年	宋美龄为解决来川抗属的生活问题筹建	厂房、办公室房屋2栋
	沙坝沟纸厂	沙坝沟纸厂	渝北	1938年	抗战工业； 工艺流程具有传统性和代表性	发酵池2个，打浆池1个，搅拌池1个，生产厂房1座
	豫丰和记纱厂合川支厂旧址	豫丰和记纱厂合川支厂	合川	1940年	抗战工业	房屋10座，厂部山门1座

续表

工业门类	企业名称	历史名称	区域	创建年代	价值概述	工业遗产
轻工业	重庆罐头厂	重庆罐头厂	巴南	1956年	苏联援建项目；全国百强食品企业	总厂招待所
	重庆啤酒厂	重庆啤酒厂	高新区	1958年	苏联援建项目之一	纽卡斯尔酒吧建筑
	牛肉干厂旧址	牛肉干厂	綦江	1937年	“中华老字号”	遗址崖洞
	重庆造纸厂	上海龙章机械造纸有限公司、中央造纸厂	江北	1904年	中国最早的三家机制纸厂之一；抗战最大的机械造纸厂	办公楼138.4平方米、礼堂
	重庆卷烟厂	南洋兄弟烟公司	南岸	1907年	抗战时最大的卷烟厂	大台阶及地下仓库
	合川晒网沱盐仓库	合川晒网沱盐仓库	合川	1936年	长江中段八大盐仓之一	仓库群
	合川火柴厂旧址	合川火柴厂旧址	合川	民国	西南地区较大的火柴生产企业	老厂房5栋
	民生公司电灯部旧址	民生公司电灯部	合川	1929年	卢作孚创办的早期工业	房屋2栋，大门1座
基础设施	重庆自来水厂	重庆自来水厂	渝中	1927年	最早的市政基础设施	纪念塔、水池
	重庆城区供电局	重庆电力股份有限公司	渝中	1934年	抗战时后方最大的发电厂	5栋专家楼，每幢建筑面积893平方米，总建筑面积4465平方米
	重庆发电厂	重庆发电厂	九龙坡	1954年	苏联援助建设项目	发电厂房、高烟囱（240米，亚洲第二高度）
	狮子滩发电厂	狮子滩发电厂	长寿	1954年	西南第一个大型水电站	坝体、发电机房
	襄渡发电厂	襄渡发电厂	万州	1928年	我国早期建筑的水电站	坝体、发电机房
	高洞电站	高洞电站	江津	1944年	我国早期自行设计施工、制造机电设备的水力发电厂	电站机房1座，大坝1座

资料来源：根据“三普”资料作者整理自绘。

经初步统计分析，提出的工业遗产名录共涉及11个工业门类，60处工业遗产，重工业的有47处，轻工业的有13处，机械制造业的工业遗产最多，有19处；主城区有36项，区县有24项；新中国成立前创办的工业遗产有40处，三线建设时期创办的工业遗产有13处，新中国成立前创办的工厂基本上在三线建设时期得到发展（图5-3）。从工业遗产分布特点分析，重工业、机器制造业的工业遗产保存较完整，数量众多，不少企业仍在生产。轻工业以及早期民营企业的遗产大多数在城市改造中消失（图5-4）。所评价出的工业遗产基本反映了重庆近现代工业发展的特征。

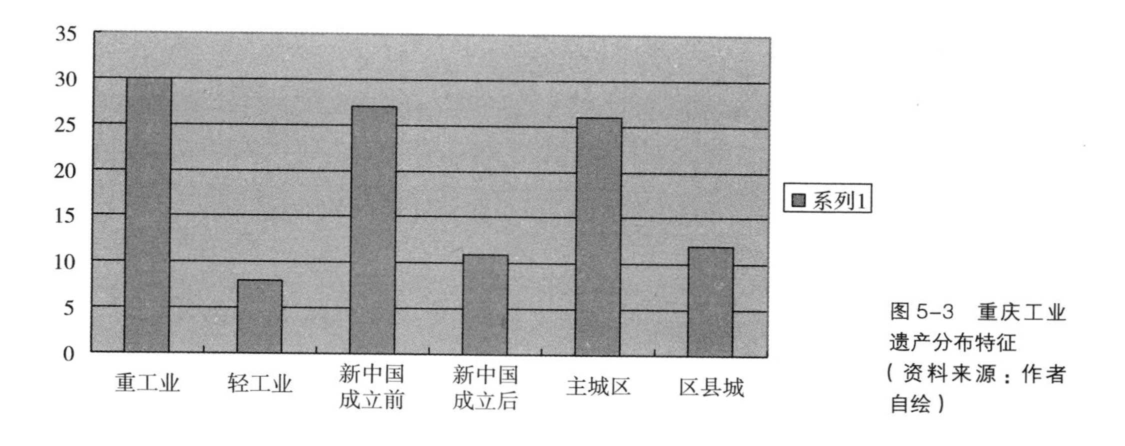

图 5-3 重庆工业遗产分布特征（资料来源：作者自绘）

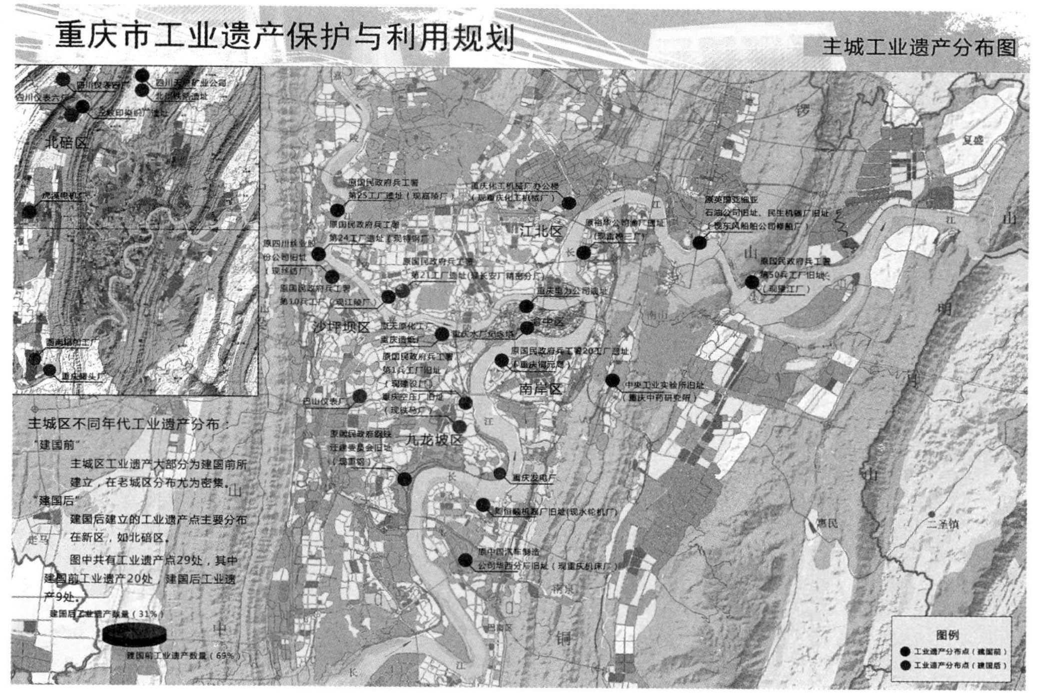

图 5-4 重庆主城工业遗产行业类型分布图
（资料来源：作者自绘）

5.4 工业遗产保护制度的完善

国际上对历史性建筑的保护分为指定（Designate）制度和登录（Register）制度。指定制度指对列入法定保护的文化遗产的保护制度，如文保单位的保护制度。登录制度是文化遗产预备保护制度。目前我国指定制度是主要保护制度，而欧美各国多采取指定制度和登录制度并存的双重保护制度。登录制度扩大了文化遗产保护的概念与范畴，将单一的指定保护提升到全面的、多类型的历史遗产广义性保护。由于登录制度能够更多地将城市文化遗产纳入保护视野，登录制度成为当前对历史文化遗产制定保护制度的重要补充手段。

5.4.1 建立登录制度

登录制度保护面更广，使大量未指定保护的、没有受法律保护的历史遗产纳入保护视野。登录制度在指定保护制度之前，建立了城市历史建筑的一个新保护层次，将单一的文物保护推向多元的历史遗产保护。建立登录制度目的是使历史文化遗产的保护更加广泛和全面。只有局限于文物建筑的指定制度，对其他类型文化遗产的调查、登录不够，使得指定制度一直是文物部门非常专业的活动。指定制度运用范围的局限性在一定程度上造成受法律保护的建筑类型数量少、类型不丰富，使大量的历史建筑得不到保护。从全国文保单位各种类型占的比例来看，近现代史迹及其他类型只占总数的14.8%①，大量优秀的近现代文化遗产没得到应有保护。随着国际文化遗产保护类型的扩展，我国对历史文化保护自觉意识的加强，城市开发建设对城市历史遗产破坏的日益加快，目前的指定制度与当前保护形势和要求存在严重的不适应。因此，必须尽快建立登录制度对指定制度进行补充，让更多类型的文化遗产进行法定保护前的登录在册，为最终纳入法定的指定保护创造条件。

登录制度是指定制度前的重要基础性工作。登录制度由政府职能部门牵头组织，通过普查、评价而登录的保护对象名单可作为进入指定制度保护对象的候选名单，由政府职能部门管理时掌握，实际操作中有一定灵活性。当具备条件时，经过指定程序成为文物保护单位。登录制度的优势是程序简化、登录速度快、覆盖面广、类型丰富和较为灵活地保护有一定价值的建筑，有助于文化遗产保护制度的完善，而且有助于提高公众的历史保护意识。登录的条件比指定保护的标准低，大量性一般历史价值的历史文化遗存都能成为登录的对象，为成片地保护历史街区建筑和大面积的工业遗产创造了可能。英国的登录制度有三种模式：一是历史建筑群体登录，二是单体历史建筑登录，三是对有争议的历史建筑提前登录。纳入登录名单的历史建筑，虽然不具备经指定程序保护的法定效力，但已经列为保护的对象。涉及该历史建筑的建设行为，须经专家论证等程序进行研究，不能擅自建设和破坏，保护要求有一定弹性。登录制度是对历史建筑遗产的一种柔性保护机制，在满足登录保护要求的前提下，对建筑进行合理的再利用，无论是维持原有用途，还是作为新的合理用途都是允许的。

5.4.2 重庆工业遗产登录对象的选择

登录制度是尽快把有一定价值的工业遗产通过调查摸底、评价登录为保护对象。目前,国际上尚无普遍统一的工业遗产登录条件。我国对工业遗产的保护和利用起步较晚，虽然学术界和文物工作者对工业遗产提出了建立登录制度的呼吁并开展了一些工作，但

① 王琪.英国登录建筑的选定与我国文物建筑指定制度的比较研究[J].新建筑，2004（5）.

登录标准尚未建立，各地区对工业遗产登录的标准差距加大。2002年上海在保护条例中规定“在我国产业发展史上具有代表性的作坊、商铺、厂房和仓库”纳入保护对象，是我国首个法规中较明确的界定。2005年9月上海颁发的《关于进一步加强本市历史文化风貌区和优秀历史建筑保护的通知》中提出“1959年以前建造的，代表不同历史时期的工业建筑、商铺、仓库、作坊和桥梁等建筑、构筑物，以及建成30年以上，符合保护条例规定的优秀建筑都必须妥善保护”的规定。我国还有的城市名城保护条例中规定“建成30年以上的有价值的历史遗存”必须保护，如黑龙江齐齐哈尔市。

在《重庆市实施〈中华人民共和国文物保护法〉办法》第十条中规定“抗日战争时期、重庆开埠时期及其他具有历史价值的近现代建筑物、构筑物及其遗存，对其名称、类别、位置、范围等事项予以登记和公布，设立保护标志。”该办法中虽然没有明确工业遗产概念，但是工业遗产属于近现代遗存的范畴，应予以登记和公布。重庆近现代工业发展在抗战时期和三线建设时期在全国的工业发展史上有辉煌的一页。工业遗产由于多次技术改造，新中国成立前的老厂房已经很稀少，新中国成立后30年以上有一定代表性的工业遗存也不多，登录工业遗产主要根据上文建立的评价体系进行评判，总的概括为两条要求，一是新中国成立前的工业遗产具有稀缺性和濒危性，应全面登录，二是新中国成立后的，根据评价指标体系选择有典型性的工业遗产登录。

5.4.3 登录制度及指定制度的运作建议

登录制度是指定制度的补充和基础性工作。先进行文化遗产普查、评价和登录在册，尽量多地将文化遗产纳入保护的范围，对其中价值较大的，再进一步评定为指定保护的对象，因此，操作程序上有先后之分。

1. 组织机构

根据《历史文化名城名镇名村保护条例》第五条：“地方各级人民政府负责本行政区域的历史文化名城、名镇、名村保护和监督的管理工作。”国家文物局的通知要求各地文物部门要加强工业遗产的普查、登记和保护工作。工业遗产的登录组织工作由市政府有关职能部门组织，如文物主管部门或城市规划部门牵头组织开展，其余相关部门配合共同完成。

2. 普查

根据历史文献资料，梳理出主要的近现代工厂的名单，制定调查表格下发给相关部门、工厂申报，根据申报材料的信息，牵头单位组织相关部门和专家现场踏勘和核查，对申报的对象情况作进一步调查，经过多次现场调查搞清遗产的情况。

3. 评选、登录

价值评估是登录制度的关键环节。首先根据制定的工业遗产价值评价指标体系，对申报的工业遗存逐一评分，认定其价值。如对有些工业遗产的评价难以明确或有意见分歧，须多次组织论证，提出登录的工业遗产名单。登录的工业遗产名单为下一步纳入指定制度保护提供预备名录，登录名单由规划或文物部门在管理中掌握。

4. 纳入指定保护

在工业遗产登录名单中，对其中符合申报各级文物保护单位的遗产由文物部门组织论证。根据名城保护条例的相关规定，规划部门组织评选列为工业历史风貌区和工业历史建筑名单，经专家再次评选，牵头主管部门向市人民政府上报批准为文保单位、历史建筑或工业历史街区的名单，经市政府审议通过后，纳入指定保护的对象，根据相关的法律法规进行强制性保护。即使没有纳入指定保护的遗产，仍作为登录的遗产进行管理控制，虽不是强制性保护，但不得擅自拆毁，同样要制定相应的保护措施，登录的遗产须纳入城市规划中进行管理和控制。

5. 挂牌保护

按照《城市紫线管理办法》的规定，对公布为指定保护的城市工业遗产应在现场设立保护标示牌，接受社会的监督和保护。

6. 编制保护规划，划出城市紫线

指定制度保护的工业遗产和登录制度保护的工业遗产都应在城市规划中落实保护要求，在编制工业遗产总体规划以及在控制性详细规划中明确工业遗产保护的范围和要求。根据《城市紫线管理办法》，在地形图上标注每处工业遗产的保护控制线，制定保护管理要求。指定保护的和登录保护的在保护要求上不同，前者是法定的、强制性的，后者是建议性的，都是城市规划管理的依据。

5.5 工业遗产保护的法制建设

5.5.1 强化保护法制建设

立法保护是根本保障。立法保护城市文化遗产已成为共识，其重要性和必要性不言而喻。在我国文化遗产指定制度下，《文物保护法》是文物保护单位的保护方法，但这已不能适应时代的要求，《文物保护法》颁布时，工业遗产保护尚未提出，而且文物保护的要求和历史文化街区、镇村和工业遗产的保护要求不尽相同，而且许多文化遗产需要活态的保护方式，而不需要像文物那样采取博物馆静态的保护方式，所以《文物保护法》不是对各种城市文化遗产类型都是适用的，需要对许多新的遗产类型制定相应的保护法规，这是与时俱进的需要。文物法没有对大量未指定级别的文物点赋予依法保护的地位，如今大量非文物的近现代建筑遗产类型未列为《文物保护法》的保护对象，正在急速地消失，处于无法可依的局面。因此，建立与文化遗产登录制度相匹配的立法制度迫切提到议事日程。欧美和日本的登录制度都有相应的法律依据，才使登录的建筑遗产得以有效保护。例如，日本 1996 年 10 月《文化财保护法》修订施行后，10 年登录保护的文化财就已超过已有 100 多年指定文化财累计的总数。因此，应用登录制度来弥补指定制度的不足，刚刚结束的全国第三次文物普查正是登录制度的有效实践，重庆地区通过登录制度目前登记在册了 2 万 5000 多处不可移动文物点，而通过指定制度公布为文物保护单位的只有 1600 余处，难道其余登记在册的就不保护了吗？不然，这些登录的文物点包括工业遗产同样应受到重视的历史文化遗产，只是保护的要求不及公布为文保单位的严格，方式更有灵活性。所以，我们要从保护立法制度建设上与国际接轨，赋予登录制度法律地位，明确普查评定登录的文化遗产须纳入保护性管理中。重庆正在研究颁布《重庆历史文化名城名镇名村保护管理办法》，在此政府规章中应当指明登录的历史文化遗存须作为保护的对象，健全与历史文化名城保护相适应的登录保护制度，为建设有历史文化特色的现代化城市奠定依法保护的基础。

上海已在城市近代建筑遗产保护制度建设方面卓有成效，上海市人民政府于2002年颁布实施了《上海市优秀历史文化风貌区和优秀历史建筑保护条例》，明确了保护工业历史建筑的法律地位，开创了国内立法保护工业建筑遗产的先河，条例将保护对象扩展至建成使用30年以上的优秀历史建筑，其中规定保护“在我国产业发展史上具有代表性的作坊、商铺、厂房和仓库”。把工业遗产的保护效力上升到地方法规。上海将非文物保护单位的具有重大历史意义的工业历史建筑纳入优秀历史建筑保护，如江南造船厂、杨树浦电厂、水厂等43处建筑，这在上海大开发建设中对工业建筑的保护起到关键作用。上海将工业建筑遗产纳入优秀历史建筑保护，强调对优秀工业历史建筑保护工作“合理利用，利用服从保护”的原则，提出不冻结式地保护，指出对于工业建筑这一建成年代较晚，建筑艺术性并不太高的特殊类型，不加以创造性利用就失去保护的现实意义。这样明确了保护工业建筑遗产的合法地位和工作思路，使大量工业建筑遗产在城市开发中得到保护和利用。

5.5.2 建立地方工业遗产保护法规体系

建立相辅相成的法规体系，既要有上位的法律，又要有细化和具体的规定、规范去实施，否则难以贯彻。当前，重庆工业遗产立法保护是空白，还没有制定任何有关工业遗产保护的规章制度。应依据《历史文化名城名镇名村保护条例》、《重庆市城乡规划条例》、《重庆市实施〈中华人民共和国文物保护法〉办法》自上而下地建立政府规章、部门规范性文件和技术规范三个层次的法制体系。

（1）政府规章。贯彻国务院《历史文化名城名镇名村保护条例》，建议出台重庆的政府规章《重庆历史文化名城名镇名村保护管理办法》，列为市立法计划。这是立法层次高、效力强的历史文化遗产保护政府规章。将工业遗产纳入《管理办法》的保护内容，明确文化遗产的登录制度的法定地位和办理程序，明确工业遗产作为城市文化遗产类型进行保护，用登录或指定制度保护工业遗产。将工业遗产保护的管理机构、管理机制、登录程序、保护要求、资金保障、民间参与等方面的制度和机制进行制度化，改变无法可依的现状，成为推动工业遗产保护和利用的法律依据。《管理办法》着重在以下几方面有所突破和创新。一是强调政府保护的职责。历史文化遗产保护与利用是公益性事业，是各级政府的职责所在，应在法规层面强调并作为地方政府职责考核的依据；建立协调统筹的部门间运作机制，明确工业遗产从普查、认定、登录、保护规划、管理到实施的全过程工作机制，确定相关职能部门的职责，在市政府层面成立综合协调部门，建立保护委员会机构来统一各部门的行政权力，形成推动保护的合力。二是制定鼓励保护与利用的经济政策。在当前政府的财力对历史文化遗产保护投入不足的情况下，需要制定吸引民间资金投入保护利用的政策，允许有条件的历史建筑的使用权或所有权转让或租赁给投资者，鼓励民间以公私合营的方式成片地保护性利用历史街区、工业遗产和历史建筑，在物权制度上保证投资者的收益和权力，对利用工业遗产发展文化等产业的给以税收、土地使用费等方面的减免优惠政策。三是加大惩戒力度。法规的效力体现在违者必究，如缺少对毁坏历史建筑遗产惩罚的法规，会造成随意破坏城市遗产的事件屡禁不止，惩罚条款不仅要规定高额的经济处罚，还要增加对行政领导责任的追究，给以行政处罚甚至追究其法律责任。四是指明不同等级的遗产应采取相应的保护措施，对于文物保护单位、历史建筑、历史文化街区，在文物法和名城条例中都有相应的保护要求，而对于工业遗产这一特殊类型不能简单套用现有对历史文化街区和历史建筑的规定，因为不同工业遗产的保护等级差异较大，所以保护与利用的要求不能一样，除少量工业遗产采取历史文化街区和文物建筑或历史建筑的方式保护利用，大量的工业遗产需要通过历史风貌区和工业风貌建筑等保护要求更低的方式进行改造性利用，更能适应工业遗产的特点和保护需要，因此，在《管理办法》中应对具有工业遗产保护特点的历史风貌区和工业风貌建筑概念赋予一定的法定地位，成为保护与利用工业遗产的创新方法。

（2）部门规范性文件。由于工业遗产保护涉及众多部门管理，在政府规章的要求下，相关各职能部门应相应开展保护与利用工业遗产的专题研究，制定本部门的保护与利用制度，拟定日常行政管理的规范性文件，形成协调管理的合力，共同保护和管理好工业遗产。例如，规划部门研究制定工业历史风貌区和工业建筑遗产保护利用的规划管理办法，文物部门研究制定工业类文物保护单位的保护管理办法等。

（3）技术规范。在项目实施方面，目前许多领域仍有许多空白，包括规划编制、结构安全、改造技术标准、环境治理等方面。如何编制工业遗产各层次保护规划，目前还没有统一的标准和规范，工业遗产保护利用规划编制的深度和内容怎么确定？在控制性详细规划中如何划定历史地段和历史建筑的保护控制线，控制要求主要有哪些内容？都是需要在研究和实践中明确的。在工业遗产保护的工程技术标准上，庞大的工业设施设备在停产后如何加固和维护？例如，高炉这些设备停产后，炉膛没有燃烧的工业原料，内部失去压力，炉壁将会塌陷，如何加固高炉外壳？确保展示安全都是亟待研究的技术问题。还有的工业建筑结构加固和保温节能处理也需要制定与一般建筑不同的技术规范，需要建设主管部门在已有的规定基础上针对工业遗产的特殊性专门制定标准和规范。

5.5.3 保护级别的划分与确定

历史文化遗产保护按范围大小可分为历史文化名城（名镇名村）、历史文化街区、文物保护单位，这三个层次属于法律指定保护的对象，这是历史文化遗产保护工作多年来的经验总结，是解决保护与城市发展的矛盾的有效途径。对待工业遗产这类特殊的遗产类型，在保护中既要采用现有的保护体系，又需进行必要的拓展。本文从总体到个体建立五个方面的保护体系。

一是对因矿（石油、工业等）建城、以工业为主要城市特色、工业资源特别丰富的城市，可以整体申报为工业文化的历史文化名城，例如：大庆市、攀枝花市、个旧市等。工业历史文化名城由若干片工业历史风貌区和众多个体的工业历史遗产所组成。

二是对城市中工业特别集中，工业风貌特征特别突出，工业遗存较为丰富、比较集中的，能较完整地展现出某行业工业生产特征和工业区风貌特色，历史价值、技术价值和社会价值特别重要的传统工业区历史地段评为“工业历史风貌区”。由于工业遗产区与以民居为主的历史文化街区在形态、功能、规模和利用上都有很多不同（如文6.3.2所述），历史文化街区概念不适用于工业区，需要进一步发展，不能套用历史街区的概念，如果严格按照条例中历史文化街区的规定来编制、保护和利用工业遗产区，将不适应工业遗产的特殊性。

工业历史风貌区既可以是几个工厂集中成片的区域，也可以是一个工厂中历史元素丰富成片的地段，对照历史文化街区面积1公顷的最小要求，由于工厂区占地较大，建议面积控制在2公顷以上，工业建筑和设施占地面积60%以上的区域划为历史风貌区。划工业遗产历史风貌区是整体保护有价值的工厂的格局、风貌、工业尺度和相关环境。从重庆工业遗产分布密度看，重钢炼铁厂、轧钢厂片区、816工程、特钢嘉陵滨江地段、江北东风造船厂修船厂片区、望江厂码头片区、九龙坡发电厂片区、天府煤矿机修厂区可划为工业历史风貌区，其中划分核心保护区域和建设控制区域，分别制定保护要求和建设导则。划定工业历史风貌区对整体保护工业城市特有的形态和格局具有重要作用。

因为工业遗产保护的特殊性和复杂性，对工业建筑遗存保护有更大的弹性空间，只有对待大量的工业遗存根据不同价值采取相应的保护方法才能更大范围地保护利用工业遗产资源。对个体或群体的历史遗产根据价值的高低评定保护等级，可分为文物保护单位、历史建筑、风貌建筑三个保护等级。

三是指定为文物保护单位。截至2006年，全国六批重点文物保护单位共计2348处，其中近现代工业遗产仅有11项，数量非常少。这反映我国的文化遗产保护关注历史（古代）的民用文化遗产多，关注近代和工业的少。在341处重庆市级（省级）文物保护单位中，抗战兵器工业遗址群（望江厂、建设厂抗战生产洞，816核工业工程、万盛飞机洞、特钢厂遗址、江陵厂遗址）、大溪沟发电厂专家招待所旧址、打枪坝水厂纪念塔、万州襄度电厂等几处列入文保单位，但还有大量有较高价值的工业遗产没有纳入市级文物保护范围，可以继续申报为市级或者国家级文物保护单位，如重钢工业遗产（炼焦、炼铁厂片区、轧钢厂片区）、西南铝加工厂三套大型机器设备及其附属建筑等。纳入文物保护单位的工业遗产按照《文物保护法》的相关规定进行保护管理。对于文物保护单位中价值很高的可申报世界文化遗产。在联合国教科文组织的《世界遗产公约》中所阐明的“世界遗产”概念是指“人类共同继承的文化及自然财产”。《世界遗产公约》以国际法的形式，确定了141个缔约国的851处自然和文化遗产为世界的遗产。《公约》建立了一个依据现代科学方法制定的永久有效的制度。在世界文化遗产的工业遗产类型中，仅有四川都江堰 1 项为广义工业遗产。在 25 项后备遗产名录中仅铜录山古铜矿遗址（湖北省黄石市大冶县）1 项为广义工业遗产。按照世界文化遗产申报的标准，重庆的核工业 816 工程在全面解密开放并取得保护成效后，可进一步申报世界文化遗产的项目。

四是公布为历史建筑进行原貌保护利用。在《历史文化名城名镇名村保护条例》中，历史建筑是指经城市、县人民政府确定公布的具有一定保护价值，能够反映历史风貌和地方特色，未公布为文物保护单位，也未登记为不可移动文物的建筑物、构筑物。北京优秀历史建筑保护名录中有 23 项属于工业遗产，占总数的 12.1%；上海市优秀历史建筑中产业类建筑有 39 项，占总数的 6.2%；天津市优秀历史建筑中工业遗产只有 9 项，占总数的 1.3%；重庆市优秀近现代建筑 98 栋中只有 3 处工业遗产，占总数的 3.1%，数量很少，与著名的工业城市的地位相差甚远。有一批工业遗产建议列入优秀历史建筑名录中加以保护。例如：西铝加工厂的铸造车间厂房、压延车间厂房、特钢厂抗战时期的办公楼、长安厂精密仪器厂办公楼、川仪四厂办公楼、重钢原总厂办公楼、抗战时期的轧钢车间、水轮机厂办公楼和金工车间、东风船舶厂修船厂的亚细亚洋行办公楼、厂房群、合川晒网沱盐仓等。

五是认定为风貌建筑进行改造性利用。历史风貌区中既包含工业历史建筑，又更多的是构成工业区风貌特色的一般建构筑物。工业风貌建筑是形成历史建筑环境风貌中不可缺少的一部分，体现工业历史风貌区的格局和肌理特征。它们的价值在于构成工业区的肌理和原貌，如果不加以改造利用，只留下孤立的几处工业文物建筑，那么就失去了工业风貌区的真实性和完整性。然而，风貌建筑却往往得不到应有的重视，尽管其价值还不及历史建筑高，工业风貌建筑是在历史建筑等级下的一个层次，但是有一定特色的工业建筑，它们是构成工业历史文化风貌特征的文化底图，有助于增强工业环境的意义。由于属可改造建筑，但是其改造方式有一定要求，其形式、外观必须与整体的工业区风貌特征相协调，不能采取大拆大建的方式予以拆毁，这类工业建筑遗存作为改造性建筑，以适应性改造为主，在保留主要外观特征和形态的基础上，新建和改建要求都有更大的弹性，可增加新的建筑空间，这是保护工业风貌特征十分有效和普遍的方式，例如：在上海世博园城市实践区中几栋厂房保留的框架穿插在新的建筑形体中，使人感受到工业风貌的存在。

5.6 本章小结

工业遗产的价值是以文化价值为基础，以技术价值为核心的，评价既要综合评价真实性、代表性和完整性三个方面，还要突出历史和技术价值的重点，兼顾其濒危性，本文建立了整体递进的三层次二十子项的评价体系，提出重庆工业遗产名录。登录工业遗产按历史风貌区和历史建筑、文物保护单位进行保护，对风貌建筑进行适应性改造。建立以政府规章《历史文化名城名镇保护管理办法》为核心、各部门规范性文件和技术规范为支撑的立法体系。

6 保护规划编制及实施

城市规划是对城市空间资源的整体调控和布局，是城市建设的法定依据，在整体协调统筹城市文化遗产的保护与城市发展建设的关系上具有不可替代的作用。编制工业遗产专项保护规划是实现整体保护目标的关键措施。编制工业遗产各层次的保护规划至关重要。

6.1 提升工业遗产在城市规划体系中的战略地位

6.1.1 强化工业遗产保护优先的规划地位

当前，可持续规划思想强调城市对人文、生态环境保护优先的原则，也就是说在考虑城市各项发展的时候，要优先考虑人文和生态环境的保护，历史文化遗产保护规划和生态环境保护规划是完善城市规划和提升规划质量重要的内容，当城市规划与保护规划不一致时，城市规划应作相应的调整和完善，城市规划也是不断动态完善的过程。科学的城市规划应先研究若干保护专题，如历史文化、生态、环保等专题，在保护优先的前提下，划定保护范围后，再进行城市建设用地的规划，即保护优先的规划理念。按照历史文化遗产保护优先的原则，先确定遗产保护，再是周边用地的开发建设。当工业遗产的保护与规划道路、开发建设用地布局出现矛盾时，城市道路和用地布局应作出让步和调整。工业遗产等历史文化资源保护与利用使城市场所更具备地域特色，使人获得归属感，提高城市环境的品质，通过城市文化和自然环境的改善所产生的外部正效应将极大地促进周边区域的发展。上海卢湾区的新天地项目开发是很好的佐证，该项目只通过约 3 公顷的历史风貌区带动了周边 50 余公顷范围土地和房产的大幅增值，成为利用文化遗产获取最大经济效益和文化品牌的成功实践。

强调文化遗产保护优先的原则，也要兼顾工业遗产保护与其他专项规划的补充配合。老工业区更新的规划包括许多专项规划，如产业规划、生态环境规划、交通规划、工业遗产保护规划、旅游规划等，工业遗产保护规划只是规划体系中的一个主要部分，要注重依靠其他专项规划对保护规划进行深化和补充，尤其是工业遗产的利用更需依托其他规划来完善，例如通过旅游专项规划和产业规划进一步研究工业遗产旅游业或开发创意文化产业的定位与规模，使工业遗产的保护和利用更有可行性。交通规划对老工业区重新发展至关重要，道路的通达性关系到老工业区改造的成败，因此，在原厂区规划中会按新城区建设的需要和规范增大城市道路系统路网密度，增加与城市相联系的道路。但是在规划道路走向时，要尽量避开工业遗产，避免人为因素的规划建设破坏。

6.1.2 在总体规划中保护专项规划的确立

城市总体规划是城市发展的纲领性规划，是规划体系的上位规划。总规中确定的城市性质、布局、规模以及各专项内容是下阶段详细规划贯彻落实的依据。如果总规没有明确的保护内容，在详细规划或专项规划编制中就不作规定性保护内容，在以详规为管理依据的规划行政许可阶段就不会执行。在当前城市大建设时期，将工业遗产保护要求纳入城乡总体规划刻不容缓。在国家文物局《关于加强工业遗产保护的通知》中也强调"将工业遗产保护纳入当地经济社会发展规划和城乡建设规划"以及"在编制文物保护规划时注重增加工业遗产保护内容并将其纳入城市总体规划"的要求。在重庆城乡总规的历史文化名城专项规划中，提出"突出山水文化、抗战文化、巴渝文化、革命文化，构建以文保单位、历史地段、整体山水城市环境为基础的多重保护体系"，在名城保护体系和内容中要明确工业遗产保护的地位和具体内容。如果在原工业用地编制的控制性详细规划中，未提出工业遗产保护要求，根据这样的控规进行开发建设就是破坏工业遗产。登录的工业遗产进入城市总体规划，才能将工业遗产保护纳入城市控制性详细规划，规划管理中要求保护工业遗产才有依据。

在城乡总体规划中明确工业遗产保护内容十分必要。首先要对全市的工业遗产进行调查、评价和登录，总体掌握工业遗产的价值和保存的情况，从城市宏观层面总体规划工业遗产的保护与利用。编制全市工业遗产保护利用专项规划作为城乡总体规划的组成内容，是整体性保护工业遗产的专项规划，作为下阶段控制性详细规划保护的依据，这才能协调城市发展与历史文化遗产保护的关系，保持工业城市总体的工业格局和工业风貌特征。对于还没有工业遗产保护内容的城市总体规划，更应该编制工业遗产专项保护利用规划，作为城市总体规划的完善内容，在单独报批后，成为下阶段编制有关老工业区详细规划的依据。

6.1.3 工业遗产保护在控规中的全面落实

控制性详细规划是落实工业遗产保护的规划。控规不仅是深化城市总体规划，更是总体规划理念、原则的进一步体现。根据《城乡规划法》第三十七条"建设单位应当向城市、县人民政府城乡规划主管部门提出建设用地规划许可申请，由城市、县人民政府城乡规划主管部门依据控制性详细规划核定建设用地的位置、面积、允许建设的范围，核发建设用地规划许可证"，控规具有行政许可依据的法律地位，是规划行政许可的管理依据。因此，工业遗产落实在控规中是有效保护的途径。

控规是统筹遗产保护与城市发展的有效平台。控规对片区的用地性质、布局、公共服务设施、基础设施、开发强度等进行全盘规划，具有很强的空间资源调控作用，可以通过确定遗产保护所在地块的规划性质、开发强度等指标，将片区规划的绿地、文化设施用地尽可能布置在工业遗产集中成片的区域，避免工业遗产所在地规划为住宅用地，在其他地块规划住宅用地，这样就事先回避开发与保护之间的矛盾，通过总体平衡片区开发建设量，满足新的建设需要。此外，遗产的保护性利用也需要纳入片区的整体规划中，才能发挥遗产的使用价值，才能促进片区的发展，引导该片区开发的功能定位和特色塑造。

建立控规更新维护机制。工业遗产是近些年才提上保护议程的，当城市老工业区的控规已经编制审批，并没有工业遗产保护的要求，这种情况非常普遍，就需要及时对控规进行修改。对登录或指定保护的工业遗产,都须进入控规中。增加城市文化遗产保护，提高规划的科学性，是对控规的完善和优化，规划部门应及时维护优化控规，即在控规相应的地块条件中增加工业遗产保护的内容。

建立管理应急机制。如果在建设项目申请规划许可时，控规的相应地块没有工业遗产保护的内容，由于修改控规有较严格的管理程序和较长的时间，为实施抢救性保护，工业遗产保护的要求必须作为规划行政许可选址用地阶段的法定内容，在办理建设项目用地规划条件公示函或选址意见书时，注明工业遗产保护的对象和具体要求，提出在规划行政许可“一书两证”各阶段都要对工业遗产保护进行审查，才能达到保护的目标。之后，再按照有关规定的程序完成控规的修改工作。

6.2 工业遗产保护专项规划

整体保护城市工业遗产，须编制全市层面的专项规划。明确指导思想，理清工业遗产分布格局,划出工业遗产历史风貌区和历史建筑范围,提出保护要求和利用的指导意见。工业遗产专项规划作为指导各工业历史风貌区和历史建筑编制详细保护规划的依据。

6.2.1 充分认识工业遗产保护专项规划的作用和意义

专项规划首先是根据全市范围内工业遗产调查登录的成果进行遗产的空间落地，明确具体的位置，摸清城市工业遗产的总体分布情况，使工业遗产分布状态一目了然，使工业遗产分布与其他城市文化、自然资源的关系明晰。编制了城市总体层面的专项规划，工业遗产保护与利用如何与相关城市功能区结合就比较清楚了，因为每处工业遗产周围的城市规划、自然资源、交通条件和开发态势都会影响工业遗产保护与利用的方式。在专项规划中才能准确理清工业遗产分布的情况，提出整体保护城市工业遗产的思路和规划。如果没有开展全市工业遗产调查和编制专项保护规划，没有将工业遗产在城市空间上标明，这样就不能掌握这个城市工业化的特征，对工业遗产保护只是局限在普通的老厂房空间的改造利用，容易犯“捡了芝麻丢了西瓜”的错误，城市一些重要的工业遗产却得不到有效的保护。这是我国工业遗产保护面临的普遍问题，亟需得到纠正。

在专项规划中，首先要对全市的工业遗产进行全面综合研究，提出工业遗产保护和利用的原则和指导思想，对工业遗存进行价值评述，针对登录的工业遗产等级，结合遗产周边的条件和实际情况，划出工业历史风貌区和工业历史建筑保护范围，并提出保护要求，对遗产的再利用提出指导和政策建议。专项规划具有全局性和前瞻性，对工业遗产提前制定保护要求和利用的引导，起到及时保护工业遗产的作用。国内不少城市由于缺少工业遗产专项规划，当面对老工厂用地重新改造时，该怎么保护工业遗产没有上位规划可以依据，在实际工作中保护往往陷于被动。尤其对于成片的工业历史风貌区，需要保护工业整体风貌特色，即工业景观，这种工业景观不单指历史悠久且建筑风格独特的工业建筑，而是指区别于民用建筑（住宅、商业建筑）的工业历史地段（包括码头、大型工业设施和构筑物等），是城市富有个性的景观空间，这种工业景观空间结构或者说是空间形态是其他城市区域所没有的，具有可识别性、场所感和认同感，这样的外部空间如同可以相互交流的“容器”，赋予其新的功能，那将成为激动人心的场所。工业历史风貌区的工业景观价值也是工业区再开发可利用的价值，是最富吸引力的工业元素。如果没有专项规划划出工业历史风貌区，当工业区面临开发改造时，历史风貌区内大量构成工业风貌一般性的厂房建筑难免有被拆除的命运，很难保护工业整体风貌。

6.2.2　保护规划的基本原则

1. 历史信息真实性与遗产风貌完整性原则

《下塔吉尔宪章》指出：“工业遗产的保护有赖于景观、功能与工艺流程完整性的维护，任何对工业遗产的开发活动都必须最大限度地保证这一点。如果机器设备或者部件被拆除，或者是构成遗址整体的辅助元素遭受破坏，那么工业遗产的价值和真实性将大打折扣”。保存历史遗存的原物，保护历史信息的真实载体，原址、原貌保护是首选措施，只有当社会经济发展有压倒性需要的时候，才考虑拆迁和异地保护。不鼓励重建或者恢复到过去的某种状态，除非其对整个遗址的完整性有利。

2. 遗产保护与城市发展相融合原则

近代工业的发展与衰落和城市发展变化过程息息相关，任何孤立的工业遗产的保护都是难以为继的，工业遗产孕育、发展于城市，其有机再生最终也将回归到城市的功能与空间的组织中，必须融入到城市发展之中，才会取得更为积极的结果。利用旧城更新、工业区的整体改造等城市发展机遇，使工业遗产的新功能很好地来融入城市整体功能中，形成城市内部结构的有机关联，达到优化城市功能的效果，才能带动和促进工业遗产的保护。

3. 分级、分类保护原则

根据遗产价值高低，采取分级别保护与多样化利用方式，是解决遗产保护与发展的有效办法。通过刚性和弹性相结合的保护措施，对工业遗产保护的优先级别和可以重新利用的空间进行合理的界定，不同级别的工业遗产，差异主要体现在保护的严格程度和再利用的兼容性方面的不同。

4. 保护与利用相结合的原则

对于工业遗产的保护不能是静止的、消极的保护方法，对旧建筑注入新的活力，赋予其新的功能，让其成为旧区新的兴奋点，从而带动其周围环境的复苏，保护性利用是一种积极的保护，能带来保护和利用的良性循环，促进保护的积极推进。实践已证明，对工业遗产的再利用能够在衰退地区的经济社会文化振兴中发挥重要作用，应鼓励对工业遗产进行合理再利用，以保证其持续得以保存。

6.2.3 保护规划的主要内容

参照历史文化名城保护规划规范的有关编制要求，保护规划篇章结构基本框架包含总则、价值评价、保护规划目标和策略、保护规划、利用规划、近期建设规划、规划实施保障七个章节。

总则部分主要就编制背景、指导思想、规划期限、规划范围、适用范围、规划依据、规划成果作规定性要求和说明。

价值评价部分阐述工业遗产的总体价值，对工业遗产片区和工业建筑遗产的历史价值、技术价值、社会价值、景观价值和经济价值作评价，阐明工业遗产分布格局和风貌特色的重要意义。

保护规划目标和策略主要是明确保护的指导思想、基本原则和保护策略。

保护规划章节首先要明确工业遗产的保护对象，提出通过普查、评价、登录保护的工业遗产名录，对保护对象制定工业历史风貌区或单体的工业历史建筑保护方式，对工业遗产历史风貌区划出保护范围和建设控制范围线，重要的还要划出风貌协调范围；对工业历史建筑逐个划出保护范围和建设控制范围线。制定保护范围和建设控制范围的规划控制要求。保护规划应对工业遗产格局、风貌特色、遗产廊道制定保护要求。

利用规划首先明确利用的基本原则和要求，结合遗产价值特征和周边资源条件，分别对工业历史风貌区和工业历史建筑提出保护性利用建议，引导再利用的模式，如工业文化旅游、创意文化产业园、商业设施、文化广场等。对有利于工业遗产保护的利用提出规划鼓励的政策建议。

近期建设规划从工业遗产保护的轻重缓急和现实条件出发，制定近期要实施的保护性项目计划，建议的实施内容要基本具有可实施性。

规划实施保障从完善工作机制、监督管理体制、资金保障、专业技术与管理队伍建设、科普宣传与教育等方面提出保障要求。

6.2.4 重庆专项规划建议

重庆市是省级的行政构架，主城外有三十个区县。主城区是近现代工业发源地和工业遗产核心区，区县主要在新中国成立后特别是三线建设时期布局了许多重要的工业，存在大量有价值的工业遗产。所以，重庆工业遗产专项规划不仅有主城区的工业遗产保护内容，而且包括市域范围重点的工业遗产，国内不少城市工业遗产专项规划只包括中心城区。

1. 整体保护工业遗产格局与环境

首先在专项规划中明确需要保护的工业遗产名单，明确这些工业遗产在城市空间的位置，这样才能让全市工业遗产分布的情况和格局特征清楚明了。通过整体规划，使分散、孤立的工业遗产建立联系，并与城市功能、其他历史文化资源、旅游资源和自然资源串联,构成新的文化旅游线路和新型产业。重庆近现代工业遗产在市域呈现“一城、两廊、三区”的空间格局特征，“一城”即主城工业遗产核心区，“两廊”即嘉陵江和长江两条工业遗产廊道，“三区”指涪陵、渝东长寿工业遗产集中区、渝南綦江、南川工业遗产集中区和渝西江津、双桥工业遗产集中区。在主城区中工业遗产分布的空间格局是“两带、五片、多点”，两带指嘉陵江和长江滨江带，五片包括九龙坡工业遗产集中片、沙坪坝双碑工业遗产集中片、北碚天府工业遗产集中片、大渡口重钢工业遗产集中片和江北唐家沱工业遗产集中片,多点指分布众多工业遗产（图 6–1）。工业历史风貌区、工业遗产廊道是物质与非物质工业文化资源丰富的区域，规划应着重保护和引导这些区域的建设，将工业遗产周边相关资源整合成新的产业优势，提出工业遗产整体保护与利用的规划思路是专项规划的主要内容。

着重保护滨江地带的工业历史风貌特征和山水格局。重庆工业遗产的分布格局是与山水环境融为一体，具有典型山地和时代特征。大型工厂依山傍水布局，在大江大山都有重要的工业遗产，滨江地带是城市发展敏感地区，对城市空间形态、景观形象有着很大的影响。工业历史风貌区作为滨水开敞空间，保持工业建筑天际轮廓线、山脊线、水际线，既保证文脉的传承下强化山城特色景观，又使这些工业要素成为滨水活力带的点缀，利用工业区改造强化城市山水格局。

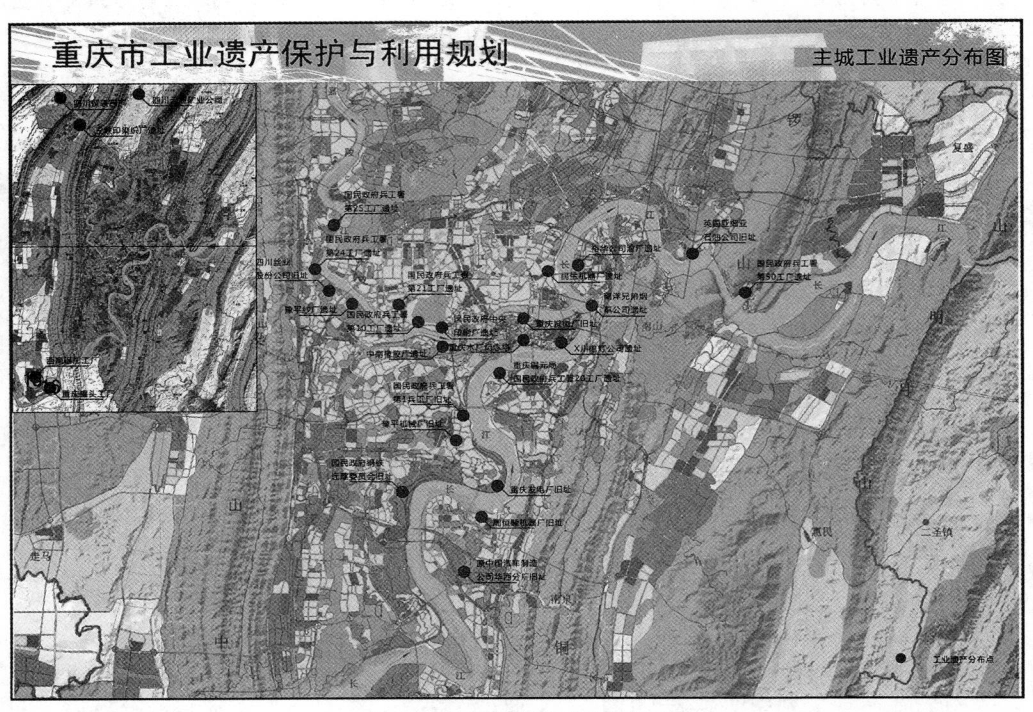

图 6–1　工业遗产主城区分布图
（资料来源：工业遗产总体规划）

2. 制定工业遗产保护导则

保护导则是工业遗产保护的具体内容，其保护导则和图则要落实在相应控制性详细规划的图则中，成为规划管理的依据。一是划出工业历史风貌区和工业历史建筑的保护范围，才能在规划管理中明确保护本体，要划定一定的建设控制范围，将与工业生产密切相关的建构筑物、设施设备和场地以及周边密切关联的自然环境划入。二是分别对保护对象提出保护要求和建设控制要求，对重要的工业历史建筑制定保护要求，对于区内构成风貌的一般的工业建构筑物要提出建设控制的措施（图 6–2）。三是利用规划指引。在专项规划中对每处工业历史风貌区和工业历史建筑提出有针对性的再利用的建议。工业遗产保护利用不具有排他性，一个遗产地根据自身及环境特点可能采用一种或多种利用模式。由于在专项规划阶段，工业遗产所处区域用地有许多不确定因素，还没有具体实施主体和模式，因此，利用方式只是指导性和参考性的，为今后实施时提供建议。

3. 提出规划实施计划

工业遗产保护不可能一蹴而就，是长期的逐步保护和再利用过程。根据保护对象的实际情况，分期制订实施计划十分必要，作为保护与利用的示范工程，带动工业遗产的保护。重庆在近期实施计划中提出建立重庆市工业博物馆，并已经列为“十二五”重点文化设施项目，保护性利用将重钢原大型轧钢车间厂房改造为工业博物馆，计划投资 4 个多亿元，建设面积约 4 万平方米的工业博物馆。在其他门类的工业遗产中规划一系

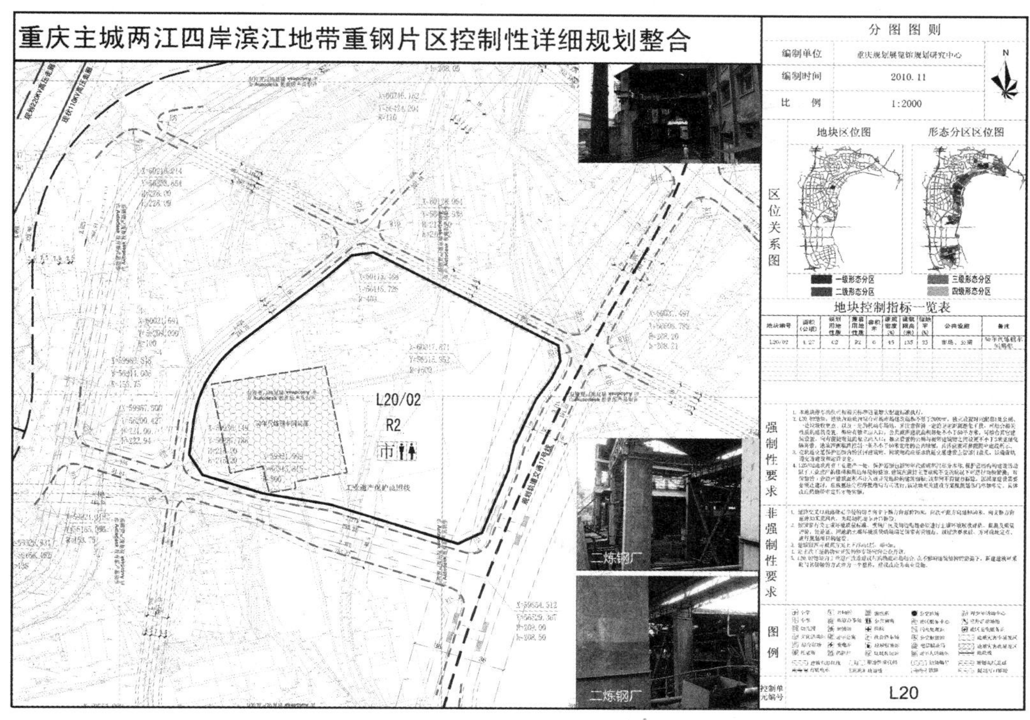

图 6–2 工业遗产保护图则和导则
（资料来源：重钢控规）

列体现重庆工业特征的专业性博物馆，例如三线建设分馆、常规兵器制造分馆、纺织业分馆、煤矿工业分馆等，这些专业馆具有科普教育和工业旅游的作用。

6.3 工业历史风貌区保护规划

在城市改造中，老工业区是主要的对象，这与历史街区在不具备改造时可以放置不同，一般情况下，主城区停产的工厂就会立即成为房地产开发的热点地区。工业遗产保护最大的困难就是如何处理工业遗产保护与老工业区重新开发改造的关系，既不能把老工厂一推了之，也不能全盘保留不搞新的建设。这就需要对确定的工业历史风貌区进行更详细的规划和设计来取得二者的平衡。把遗产保护与城市发展统筹协调，把工业遗产保护与利用融合到新的城市功能中。

6.3.1 历史风貌区保护规划要点

工业历史风貌区是指具有一定历史和文化价值的工业生产建构筑物及其设施环境，也包括与工业相关的生活、活动场所。因为生活环境的形态往往直接反映该工业的技术特点，例如，劳动密集型工厂的周围是大面积的居民区，冶金业常常依矿山而建。保护工业环境尽可能存留些和工业遗产相呼应的具有代表性意义的环境，例如劳动密集型的工业遗产要保护工厂与围绕其周边的居民区这种相邻关系，也就是保护工业环境，需要采取整体保护的方式。做好历史风貌区保护规划主要应把握以下要点。

1. 掌握工业技术特征

保护性详细规划是一项具有极强技术性的综合工作，不仅是工业遗产的保护内容，还要相应的工业生产流程的专门技术性人员，对工业遗产的技术价值特点掌握清楚。要对该工厂所特有的工业文化和有价值的生产工艺流程等技术特征进行细致的调查，作出分析，掌握主要工业技术生产流程的空间分布和空间形态特征，摸清工业区发展演变过程，从中发掘有价值的历史建构筑物，理清建构筑物特征变化状况等。进而在调查分析的基础上提出保护措施和再利用构想，才能判断工业遗产的技术价值所在。例如，面对发电厂庞大的工业设施设备和厂房，最主要的生产工艺，只有工厂的技术人员清楚，火力发电厂的主要生产环节就是“汽、炉、机”，即生产蒸汽的锅炉、蒸汽机和发电机部分，其他的属辅助生产部门。因此，锅炉设备、蒸汽机和发电机及厂房是火力发电厂的核心设施（图 6–3）。

2. 确定保护与更新的基本目标

根据上一层次规划的要求，结合城市或地区的功能定位，提出保护和再利用的原则和目标，工业区的复兴必须和城市及功能发展方向及功能分区紧密联系，工业历史风貌区的功能是多种功能的综合。

3. 工业遗产保护优先的整体规划

以工业遗产保护优先为出发点，发挥城市规划对空间资源的调控作用，在历史风貌区规划为公共服务设施和公共开敞空间，在工业历史风貌区的地块规划用地性质为有

锅炉设备

蒸汽机组和发电机组

图 6–3 发电厂的主要设备
（资料来源：作者自摄）

利于工业遗产保护的性质，例如文化设施、绿地、广场或商业用地性质等，尽量不作居住用地性质，在其周围区域规划住宅、商业用地，这样可以缓解保护与开发的矛盾。对片区地块的划分、布局、道路系统规划突出保护和再利用的合理性和可操作性，尤其是规划道路应绕开工业遗产，避免人为对工业遗产的破坏，尽量尊重原有的路网肌理。

4. 工业历史风貌区详细图则

由于工业区面积大，流程长，工业遗产分布散，历史风貌核心区的范围不一定是一个完整闭合的范围，可以划若干个核心区共同构成工业遗产核心保护范围，这是与民用建筑遗产不同的特点，将重要的建筑物、构筑物、体现特色的工业景观、重要的生产工艺和流程等，划定为核心保护区的范围，周边一定区域划作建设控制范围。例如，重钢的工业历史风貌核心区范围由工业生产全流程的主要环节组成，包括炼焦厂的炼焦炉、炼铁厂的高炉和热风炉、炼钢厂的转炉、精炼炉和连铸机车间、轧钢厂的轧钢车间等。

对工业历史风貌区内的每栋建构筑物进一步细分保护要求。不是所有的工业遗存都按历史建筑的要求保护，对于大量性一般的工业遗存根据其风貌特点再细分不同保护和改造要求，这些构成工业风貌的建构筑物既不能像工业历史建筑一样地保护和控制，也不能大拆大建，可根据不同的工业风貌价值，划分为更新建筑和改造建筑。在 1∶500 的实测地形图上用不同色块予以区分保护建筑、更新建筑、新建区域，表明不同的更新改建和新建要求，工业历史建筑的不同部分都是不同时期建造的，除了对建筑整体的信息表述外，还须分别对建筑屋面、外墙、门窗、内部空间、装饰的现状情况进行分析判断并提出保护要求。

在保护范围外划出建设控制范围是为了使工业遗产周边的建设与之相协调，建控范围根据对工业建筑遗产的影响和地形条件划定，临保护核心区主要景观面的建控范围适度大些，次要的景观方向的建控范围可小些。

工业历史道路格局是工业历史风貌区的骨架，对原道路细分为风貌道路和改造道路，对于风貌道路应保持原有的路网格局和道路走向、宽度，进行路面整治。对于新建和改建道路首先应尊重原工业区主要的格局和肌理，规划工业历史风貌区步行系统和公共空间，结合人行道、园区、公园、绿地内部道路和滨江休闲步道形成步行系统，将主要的工业遗产点串联起来，形成工业遗产参观、游览线路。此外，加强工业历史风貌区的外部道路可达性至关重要。由于原工业用地占地面积大，且为封闭式管理，是城市中独立的功能区，有着独立的交通体系与功能布局，但是与城市等级的交通体系脱节或联系微弱。因此，工业历史风貌区保护性再利用要重新规划适应新的城市定位和功能的道路系统，强化与周边城市区域的交通联系，奠定工业遗产保护性利用成功的必要条件。

工业大型设施和环境要素同样是构成历史风貌特征的重要内容，是典型的工业景观要素。对保留的设施、大树、林地、场地、堡坎、梯道等环境要素在现状地形图上用不同色块予以表明，在控制导则中对不同对象提出细节上进行保护和整治的要求。

5. 规划要求具有弹性和刚性

由于规划编制的难点在于地区发展的动态性、产业功能的多元性，地区未来走向具有一定的不确定性。因此,规划是具有阶段性和局限性的。对于工业历史风貌区而言，在对工业遗产保护的刚性要求下，也要有规划的弹性，将更符合地区发展的要求。一方面工业遗产特有的文化氛围是地区活力的源泉，工业遗产实体保护是重点，对待工业遗产我们采用一种谨慎的态度，尽量多地保留下来。此外，老工业区的搬迁、改造的各种矛盾复杂，规划需要协调的问题不是一蹴而就能解决的，老工业区改造的过程是循序渐进的过程，在工业遗产保护与开发建设这一对矛盾中，力求找到一个恰当的平衡点，保护要求既要有核心区保护的规定性，对建设控制的指导性，也要注意规定过多、过细也会影响下阶段进一步设计创造的余地，导致规划无法实施。因此，工业遗产保护规划的控制要求要注意留有一定的弹性，为在实践中探索出适合的保护方法留出空间。

6.3.2 保护发展统筹与协调

工业历史风貌区的保护与利用是老工厂的整体改造的一部分，需统筹兼顾保护与发展的关系，工业历史风貌区保护规划结合厂区城市控制性详细规划同步编制，有利于发挥城市规划的空间调控作用，协调工业遗产保护与城市发展的矛盾，体现工业区整体统筹兼顾的原则，实现老工业区再发展中对工业遗产的保护。

工业历史风貌区与历史文化街区很大的不同在于要与厂区整体的改造相结合，最终融为新城区有机的一部分,而不是像历史文化街区那样还保持原来的生活状态。因此，编制片区的详细规划同时编制工业历史风貌区保护规划是实现工业遗产保护与老工业区现代功能复兴的技术手段。工业区的活力复兴是保护规划编制的主要目标。对工业历史风貌区而言，要和城市规划对该片区的功能定位结合，成为城市新兴产业的承载空间；对单栋工业历史建筑，要与地块的新建筑整体布局，置换成相容的功能，成为新建设的组成部分。保护规划不只强调形态的创造性设计，而是重在具体协调遗产保护与工业区重新开发规划的关系。一方面，强调对工业遗产的科学鉴定，确定需要保护、保留、拆除的建构筑物，根据总体规划明确工业遗产的保护范围和控制地带以及相应的保护利用导则，科学地划定保护的底线。另一方面，兼顾片区开发的利益，既能守住工业遗产保护的底线，也要能推进新区建设，这需要通过片区整体的详细规划的调控来具体协调。

6.3.3　保护规划的城市设计方法

1. 发挥统筹协调作用

城市设计是研究工业历史风貌区保护利用与工业区改造关系的有效技术方法。工业区的改造问题十分复杂，需要一个更大的平台进行综合权衡和整体考虑。从国内外的实践经验看，城市设计是非常实用的平台。因此，需要从城市设计角度，加强引导和控制城市开发，控制城市的空间形态的发展，研究多种模式解决城市历史文化遗产保护的问题。

城市设计是以提高城市的生活环境品质为目标的，在城市发展总体框架指导下，综合组织城市各种功能，关注城市的历史文脉及有意义的场所精神的重塑。在城市设计的框架内，工业遗产保护只是老工业区更新和改造的一部分，保护须与城市新的发展建设相结合，工业遗产的保护和再利用要从城市的层面上考虑其功能改造提升和环境整治的问题，再造富有活力的功能空间，城市设计在地段乃至城市尺度上考虑相关影响要素，处理好“保护与发展”、“保护与建设”等方面的关系，在此基础上才能制定合理、恰当的对策措施。

纵观国外旧工业区的改造成功的案例，无一不进行片区的城市设计，而且是国际范围内进行竞赛，吸收全球的智慧。德国的鲁尔区、伦敦的老码头区都是在几轮国际城市设计的基础上，逐步理清改造的思路。英国工业城市伯明翰的布兰德林工业历史地段从二战后一直到20世纪70年代都是工业废弃地，面积十余公顷。20世纪80年代，政府启动该地区的更新改造，90年代开展了城市设计，从大处着眼将目标锁定为整个城市中心的振兴，而不是单一地段的局部效益，城市设计制定了景观和交通优先、保持历史建筑吸引力等规划导则，规划导则不仅统一了该地区的风格，而且开发公司在总体设计的框架下通过小规模的设计竞赛寻找到合适的建设方案。经过十余年持之以恒的小规模更新，使当年的工业废弃地转变成高效混合使用的活力社区（图6-4）。

2. 整合各种城市要素

整合是现代城市设计的重要方法，是实现城市设计要素的系统优化。在历史地段进行城市开发，城市设计首先要立足于城市历史文化的保护，对历史地段的历史要素和城市其他的要素重新整合，以达到保护和发扬城市特色的目的。“整合”是旧系统中各要素在新的多重外力作用下，形成新系统的过程，对历史地段中各种历

图6-4　布兰德林地区滨河码头区更新
（资料来源：后工业时代产业建筑更新）

史要素的重新整合，是在政治、经济和社会影响力的综合作用下，使历史的要素和城市新的要素“整合”成符合时代发展要求的新的整体。其中，整合的前提是历史要素的合理存在和延续，整合的方法是整体性原则、关联性原则、动态原则和优化原则的综合运用，整合效果是使得城市历史文化遗产在新的城市结构中获得新的生命力，使得城市的特色得以发扬光大。

城市老工业区之所以要改造，不仅是因为物质结构老化，更重要的是调整城市功能结构以适应城市发展的综合需要，要使得历史地段的原有物质结构得以留存，就必须对其功能进行整合，寻找和切入符合原有历史地段的新的城市功能，才能创造出历史地段新的生命活力。

3. 从工业文化和景观特征进行设计定位

城市设计从把握工业区内在特征及其结构系统个性开始，只有从这个基点出发才能找到适合这个地区再发展的模式，有的是以纪念某个历史伟人和历史事件及其遗址为开发和保护的目标，有的则是从利用工业区富有个性的大跨度的工业景观和资源出发，此种情况国外都有成功的案例。因此，这样才能避免众多工业区的开发再利用新功能定位雷同的现象,造成单一产业的过度发展。工业遗产再利用为创意产业也不具有普适性，有文化智力条件的区域才有条件发展，而且适合的创意产业类型对于不同地区也要细分定位准确，避免重复和不切实际，甚至在同一片工业风貌区中的不同地块，保护与再开发的方式也不同，有的适合改造更新，有的以保护性整治为主，没有固定和统一的模式。这都需要运用城市设计的方法，结合该区域所在的城市环境和条件综合比较分析。

4. 提升工业历史风貌区的可达性

鉴于老工业区原有功能的单一性和特殊性，往往与城市其他区域缺乏联系，封闭性和独立性强，成为城市空间交流的堵点。如果工业区交通的可达性差，会制约工业历史风貌区的保护和片区的开发改造，这些问题需要在城市设计中从整体城区交通的现状和规划出发，提出完善的车行和步行的交通方案，增强工业历史风貌区与外界和内部之间的交通联系，提升可达性。

6.4 规划实施举措

目前，重庆工业遗产的保护实施制度和机制还是很不完善，如何建立整体联动的工作机制，如何调动各方面的力量做好保护工作，落实规划各项要求，关键在于政府发挥主导作用。

6.4.1 政府职能到位是关键

推动工业历史地段经济和社会的发展是当地政府责无旁贷的职责。因为工业遗产保护再利用属公益性事业，没有政府的总体掌控、主动引导、制定发展计划，并先期投入治理环境污染和提供政策支持就不能吸引社会资金参与，进一步带动老工业区逐步繁荣和工业遗产的保护。1980 年年初，英国政府为鼓励推动老工业区振兴，调整了用地《使用分类规则》的有关政策，鼓励工业用地转变用途为商业、文化设施用地，这类工程不需要办理规划许可等手续，税费上予以优惠。英国诺丁汉蕾丝市场的改造成功之处在于政府主导作用的发挥，一是市政府作为政策制定者和部分财产权人（组建官方背景的经营公司直接参与）在整个保护进程中起主导作用，特别是实施了旅游基础设施以及两个博物馆的项目；二是广泛吸纳各种团体（信托、基金、大学、私企）的参与，保证了更新改造持续的经济支持；三是政府制定政策引导，要求开发商拿出一定部分的社会住房的比例，保证蕾丝市场改造后成为全民享受，而非少数富人阶层独占；四是成立官方背景的投融资公司平台，以建设大型公共博览建筑和国际化学校为触媒点，直接参与地区建设；五是坚持长期不懈地推动复兴。市场的投资具有投机性，只有政府长期的坚持才能使工业历史地段更新利用保持可持续发展的动力。诺丁汉市政府用了二十余年的光阴、财力，使蕾丝市场改造成为世界闻名的文化市场和旅游休闲中心。

我国地方政府拥有更强的行政执行力，更能集中力量办好工业遗产保护的大事。但实际上，我国地方政府的作为很少，除了保护意识不到位外，在政府组织机构方面也存在问题，需要改善。

1. 政府统一组织实施示范

工业遗产分布集中在国有的大型企业、中央企业，没有市政府的高度重视和协调是很难推动工业遗产保护实施的。根据发达国家工业遗产保护的成功经验，政府牵头示范的作用对保护工业遗产效果显著。如果仅通过市场模式由开发商主导老工业区的开发，由于追求经济利益最大化是开发商的目标，将会牺牲工业遗产保护等公共利益来达到经济利益最大化，这样的教训举不胜举。因此，政府应根据不同区域和项目成立强有力的统一领导机构，主要领导亲自主抓这些工作，协调相关部门和下级政府做好工业遗产保护实施工作。

2. 设立政府投融资平台或国资公司

政府组织实施示范项目需要有操作实体，为遗产保护利用提供组织保障和经费支撑，具体负责实施保护再利用项目。目前，在各地政府普遍有隶属于政府的国有投融资和建设的公司，代表政府实施土地储备、运作资产、银行融资、投资公共项目等职责。国有公司主要是借助政府背景，享有许多融资的渠道和政策，国有公司并不以经济效益为主要目标，其主要是完成政府交办的事项，如修建大型文体设施、文化设施等，不像民营公司对投资运作后的经营效果那么关注，也不会像民营公司投资公共事业项目必向政府提出相应的土地补偿条件等。只要政府决定办的项目，国有公司就会按照政府的要求和运作模式去实施。因此，像历史文化保护的项目依托政府的国有公司实施是十分有效的方法。国内近些年有不少成功的历史文化项目的改造，政府都是依托国有投资公司运作完成的。例如：上海为整体保护利用苏州河沿岸范围的工业厂房、仓库专门成立了“河岸公司”，成都市文资公司投资改造了宽窄巷子，重庆湖广会馆实业公司投资修复了湖广会馆古建筑群，都取得了良好的成效。

3. 建立专项保护资金

设立专用资金可以为工业遗产保护提供一定程度上的资助，有利于按市场经济原则建立保护和再利用的长效机制。通过多渠道筹集专项资金。一是政府财政收入理所应当投入在公共事业上，国际上成功的工业遗产保护无不是政府作为遗产保护的投资主体。例如，德国鲁尔工业区关税联盟 2 号矿井遗址的保护得益于政府对于工业遗产保护的决心。20 世纪 80 年代，在工厂停产后，州政府成立了“工业遗产和历史文化保护基金会”，以 20 亿欧元买下所有的建筑和设施进行保护性整治，通过数十年地不断实施保护项目，使该项目成为世界文化遗产保护的成功案例。我国《历史文化名城名镇名村保护条例》明文规定“历史文化名城、名镇、名村所在地的县级以上地方人民政府，根据本地实际情况安排保护资金，列入本级财政预算”。因此，要将工业遗产保护纳入各级政府的财政预算，确保基本保护资金的落实。由政府设立面向工业遗产保护专项使用的资金，资金来源可以是土地使用权转让金，也可以是接受行政划拨的专项资金、维修资金、社会捐款、其他资金等。主要用于经认定保护项目的规划编制、方案设计、维护贷款、贷款贴息以及宣传推广等。二是从专业学术团体、机构、慈善组织、银行、甚至个人获得各种基金贷款、信托的资助或资金捐赠等。还可以学习欧洲和美国一些城市的成功经验，发行以保护工业遗产为目标的专门性奖券、城市遗产保护彩票等方法，筹集大量社会闲散资金，也让市民更加了解工业遗产的重要性。

4. 税收支持

西方国家的一些经济激励政策大大地鼓励了民间资本投入到保护当中。其中，税收是一个主要的经济激励手段。国外政府运用市场经济杠杆吸引社会资金参与保护和利用，通常采用税费优惠。在应征的高额税款中给予相应减免或抵扣，激励的效果十分明显。例如，美国联邦政府对居民维修登录建筑的花费可按一定比例从本年度应缴纳所得税中扣除，建筑物历史 30~40 年的为 15%，建筑物历史在 40 年以上的为 20%。我国地方政府应该安排税务部门，仔细研究出一套适合遗产保护的税收激励政策，以鼓励民间资本投入到保护的行动中去。比如所得税、营业税、印花税的减免，以及企业的抵扣税都是可行的方式。

5. 政策扶持

保护项目实施涉及众多有关行政许可，如果没有行政许可部门在政策执行上的变通和扶持，工业遗产保护项目实施是很困难的。工业遗产再利用存在一个不能忽视的问题，便是土地使用性质的转变。我国土地有关规定指出，工业厂房改作他用必须通过规划、房地、消防等多个部门审批，作经营性用地的，须先通过招拍挂的方式取得使用权。但在实践中，许多工厂将土地和厂房出租给艺术家、文化企业，利用工业厂房发展现代服务业、创意产业等，并进行一些改建和扩建。如果严格执行土地、规划、消防等方面的政策，这些是不允许的。但是，许多城市的政府不仅默许了这些利用工业厂房的艺术村和文化园区，没有按规定收取高额土地使用费，而且还给予税收等优惠政策，体现了政府在工业遗产保护利用方面的鼓励和支持，才有北京 798 艺术区、上海 8 号桥、重庆坦克艺术中心等工业再利用的成功案例。

在规划政策方面，利用土地容积率转移的规划政策是实现工业遗产有效保护的方法之一。由于工业区用地面积大，有足够的建设用地统筹，可在区域整体平衡规划建设规模，而且工业用地产权关系较单一，容积率转移在同一产权单位内部进行容易操作。在规划管理方面，城市工业遗产地段往往由于历史演变形式的独特而出现一定的特殊的肌理，若按照现行的城市建设管理规定来衡量，要么这些地区的建筑密度、建筑高度、绿地率及建筑间距均难以符合规范要求，要么完全按新规划标准破坏原工业遗产地段的肌理特征，为了保持原有工业历史风貌区的特征，应允许其建筑间距、机动车停车位设置、建筑密度、建筑高度和绿地率等突破一般城市地区的规划指标要求，创造有别于城市其他地区的鲜明特色。政府整体规划，整体出让土地，引进有实力、有保护意识的开发企业参与工业遗产再利用与片区的综合发展，鼓励开发单位保留与利用历史建筑遗产，可对保留的历史建筑不计入开发土地新建建设规模，政府在经济政策上予以优惠。

6.4.2 民间参与的政策引导

政府在重要的工业遗产保护与利用项目上主导实施，但是多数的工业遗产建筑的保护性再利用需要鼓励民间社会单位来完成。对大量性的工业建筑的改造性利用，如何更贴近市场需求，以民间力量为主体进行实施则更加有效。在国外，民间力量对遗产保护起了相当大的作用。上海的民间资本也已经在遗产保护实践中开始发挥相当重要的作用，在资金利用、实施理念和操作手段上都有新的举措。例如：上海 8 号桥时尚中心、田子坊、花园坊、1933 老场坊更新利用等都是民营公司承租老厂房改造成新型产业集聚区。民间资金更关注非文物的城市建筑遗产，因为其没有过多严格的限制条件，容易改造利用推向市场获得收益，因此，工业建筑遗产是民间资本比较热衷的投资对象。

吸引民间资金参与保护和利用工业遗产，政府必须制定鼓励民间参与的经济政策。市场化运作的基本特点是以产权关系为核心，促进产权关系的合理调整，使工业历史建筑房屋资源得到更为合理的配置。但是目前的历史建筑的产权制度存在阻碍，历史建筑产权国有化，实际掌握在国家部门、事业和国企手中，大量历史建筑被闲置、荒废或者廉价出租，所有权单位很少投入维修和保护，承租者不愿意也无能力对历史建筑进行维修保护，长期以往，造成大量历史建筑年久失修，损毁严重。因此，遗产保护的问题需要尽快研究能激发保护行为的产权交易政策，在严格保护与利用要求的前提下，真正落实“谁投资、谁受益”政策，逐步打破政府部门利益制约遗产建筑保护的壁垒，实现有条件的房屋产权私有化，让符合保护再利用工业遗产要求的民间使用者得到合法的产权或使用权保障，让具有一定经济能力且能够主动承担工业遗产保护和维护义务的个人或企业得到合法收益，才能营造鼓励再利用的良好社会氛围。一些遗产保护的非政府组织通过个人的社会影响和活动能力筹措资金是历史建筑保护工作可以利用的资源，为公益事业捐赠无疑是一种良好的社会风尚，值得大力提倡，国家应给予鼓励，参考外国的做法，给予捐赠人税收上的减免优惠，例如捐赠可以扣抵所得税等政策。

发挥民间专业社团的作用。民间组织日益发挥着弥补政府在城市文化遗产保护方面缺位的作用。非政府性的组织在社会公共利益事务管理中扮演越来越重要的角色，有的甚至充当“遗产公共利益代理人”的角色。例如，阮仪三城市遗产保护基金会一直在做大量的城市历史古镇、古村落的调查，帮助指导有关乡镇的历史文化保护和利用，很大程度地挽救了一批历史村镇免遭建设性破坏。在上海，许多个人或公司一直活跃在城市历史文化遗产的发掘、认定和保护方面。然而，重庆历史文化遗产民间社团组织是历史文化名城专业委员会，主要发挥专家指导、论证、咨询的作用，缺乏常态化的调查、研究和规划工作，没有稳定的资金支持和固定的工作团队，很难单独发挥城市遗产保护作用。因此，需要改进机构，联合高校、规划设计院等单位，具有日常独立工作的能力，定期组织专业队伍发掘城市历史文化资源，在推动历史文化项目实施建设方面发挥更多的作用。

6.4.3 加大社会宣传和参与力度

文化遗产保护是公益性事业，教育、发动群众参与保护和利用，营造社会关注遗产、保护遗产、利用遗产的良好风气，尤其工业时代离我们不远，不少人都有切身的感受，容易唤起人们积极参与保护的热情。

“志愿者行动”是一种很好的宣传和实践，对培育、教育广大民众了解遗产、爱护遗产具有很好的作用。招募志愿者来参与城市历史文化遗产保护的公益事业。去年，一篇网络小说“寻找失踪的上清寺”引发了市民对城市遗产的关注，重庆电视台的记者和志愿者组成探寻队找寻城市的老城门、老码头、老建筑、老城墙等遗迹，起到了很好的城市历史文化的宣传教育作用。只有城市历史文化遗产被更多的人认识，才会形成强大的公众保护力量。工业遗产距离我们不远，许多人对此还有深厚的情结。正如国家文物局局长单霁翔曾指出的“公众的关注才是做好工业遗产保护工作最可靠的保证”。一些国家和地区的成功经验显示，要想获得所期望的公众支持，就要使人们分享对工业遗产认定记录和研究方面的知识和兴趣，所有已经认定的工业遗产名录，要及时向社会公布，还要经常举办论坛、讲座等学术活动，使公众更多地了解工业遗产的丰富内涵。经常性地举办论坛、讲座、展览等形式也是宣传的有效方式，对工业遗产的意义和价值进行积极的介绍，使公众更多地了解工业遗产的丰富内涵，引发民众的共鸣，甚至引起国内外对重庆工业遗产的重视。

工业企业离退休人员在工业遗产的认定和保护方面是不可或缺的力量，他们对企业和职业的忠诚与眷念将使工业遗产的形象更加鲜活。他们的现场解说可以帮助更多的人参与工业遗产和保护行动，形成保护工业遗产的良好社会氛围。

新闻媒体的宣传教育作用是十分有效的。重庆晨报就曾连续刊登了“城记——重庆工业寻源”系列专栏，采访了老工人讲述企业的过去，让更多的人了解了重庆工业曾经的辉煌和沧桑，使公众对较为神秘的军工企业的历史价值多了些认识和尊重，使市民更好地了解工业遗产的价值，增强爱护、关心、保护工业遗产的意识，影响政府的决策。

2008年，重庆摄影家协会以重庆工业为题材的大幅系列摄影作品在“平遥国际摄影节”上起了轰动，激发了众多摄影爱好者和国内游客对重庆工业魅力的向往，极大地提升了重庆工业在国人心目中的地位。

6.5 案例分析：重钢工业历史风貌区保护性规划构思

重庆钢铁集团（简称重钢）是重庆工业遗产的典型代表，是在重庆工业遗产专项保护利用规划中确定的工业历史风貌区。新时期，在国家战略引领下，重庆正在快速推进产业转型和升级，大量以重工业为主的工厂纷纷从主城区外迁出去，其中位于主城中心城区的重庆钢铁公司[①]整体环保搬迁是全市的重点工程。老厂区于2011年9月全面停产，重新进行开发建设，具有120多年历史的重钢遗留下的大量工业遗存何去何从，引起社会各界的极大关注。规划部门启动了重钢老厂区的城市设计，专题研究工业遗产保护，从整体上协调工业遗产保护与开发建设的关系，对钢铁工业基地的更新改造和工业遗产保护规划作了开创性的探索。

6.5.1 百年重钢历史见证

1. 中国近代钢铁工业的摇篮

重钢的前身是清光绪十六年（1890年）创办的汉阳铁厂，汉阳铁厂是清末湖广总督、中国近代著名的洋务运动领袖张之洞以自制钢轨修筑中国第一条铁路芦汉铁路（卢沟桥至汉口）为由创办的，是我国创办最早的钢铁企业。向英国购买高炉、平炉和轧机等先进设备。甲午战争后，因清政府停止对其拨款，1896年由中国近代洋务运动著名实业家盛宣怀筹集商股接办，并开采江西萍乡煤矿。1908年，汉阳铁厂、大治铁矿与萍乡煤矿合组成立“汉治萍煤铁厂矿公司”，年产钢近7万吨，占清政府全年钢产量的90%以上，堪称“中国钢铁工业的摇篮”，也是当时亚洲最早、最大的钢铁联合企业。

2. 抗战时期大后方主要钢铁军工支柱

1938年抗战爆发，蒋介石下令：“汉阳钢铁厂应择要迁移，并限三月底迁移完毕”。由国民党政府军政部兵工署和经济资源委员会合办钢铁迁建委员会（简称钢迁会），将汉阳铁厂和上海炼钢厂内迁重庆的大渡口建厂。1942年钢迁会的南桐煤矿、綦江铁矿等附属单位建成，钢铁产量约占大后方钢铁总量的90%，是大后方最大的钢铁联合企业，为中国抗战提供充裕的兵器制造钢材。1949年3月，钢迁会改称兵工署第29兵工厂。

3. 新中国重点钢铁工业基地

新中国成立后，重钢曾先后更名为西南军政委员会101厂、西南钢铁公司、重庆钢铁公司，在“一五”、“二五”、“三线建设”时期都是国家重点建设企业。1950年5月重钢成功轧制新中国第一批85磅重轨，为1952年建成成渝铁路作出重大贡献。1965

① 重钢位于重庆主城大渡口区的长江西岸，厂区占地5.74平方公里，距重庆市中心解放碑仅12公里。工业区西北侧是大渡口城区，东北侧与四川美术学院相邻。厂区地形为典型的山地地形，背靠山崖，面临长江。

年三线建设时期，为增强我国战略后方钢铁基地，为大型船舶建造配套大型钢板的生产能力，中央将鞍山钢铁厂的中板厂整体内迁重庆成为重钢中板厂，国家领导人邓小平、薄一波亲自选定厂址。重钢成为新中国重要的钢铁工业基地，有“北有鞍钢，南有重钢”之誉。

6.5.2 国内外钢铁工业遗产保护实践比较研究

1. 德国鲁尔蒂森钢铁厂保护利用

德国鲁尔工业区的北杜伊斯堡旧钢铁厂景观公园位于杜伊斯堡（Duisburg），原为著名的蒂森（Thyssen）钢铁公司所在地，是一个集采煤、炼焦、钢铁于一身的大型钢铁工业基地，该厂建于1873年，在1890年前后就已是当时德意志帝国最重要的炼铁厂之一，20世纪70年代开始逐渐衰落，1986年停产。德国蒂森钢铁厂属于著名的蒂森集团，钢厂停产后，并没有将位于郊区的工业用地用于房地产开发，德国对工业用地转变用作居住用途的环保要求很严格，要花高昂的环境治理费用。所以，集团将土地低价交给州政府，政府决定改造为景观工园，整体厂区作主题公园保存下来，布局结构和各节点要素得到全面保护。整体厂区向公众全面展示了钢铁工业生产的组织、流程、技术特征、景观尺度和综合形象，展示了工厂的发展历史进程，成为钢铁工业技术与文化的具有科普教育意义的巨型博物馆。这种保护利用方式最真实、完整地保护了工业遗产，符合国际宪章的精神，被列入了《世界文化遗产名录》，是德国（1994年）第二个被联合国教科文组织列入《世界文化遗产名录》的工业遗产。

公园由德国著名的景观设计师拉兹设计。工业遗址公园设计注意保留工业景观特征，对原先的建筑和生产设施善加利用。方案特点是全面保护原工业遗址的整体布局骨架结构（功能分区结构、空间组织结构、交通运输结构等）以及其中的空间节点、构成元素等，而不仅仅是有选择地部分保留。强调废弃工业场地及设施是人类工业文明发展进程的见证，保留并作为景观公园中的主要构成要素，提出了长期而谨慎的分步建设方案。原状保留下完整流程的炼钢设备，占地约2平方公里，公园内用散步道将各片联起来。拉兹充分利用原有的工业运输铁路、公路和路堤等组成公园的内外联系路线，并且使其与各自独立的老工业设施如炼钢高炉、矿石及矿渣库房、煤气罐、旧厂房等相互连接，基本上保持了原有的大尺度空间景观特征，当进入某具体景点时，通过小尺度的景观重塑，使旧厂区的整体空间尺度和景观特征在景观公园构成框架中得以保留和延续。过去的煤气储气仓改造成水上救援训练基地、混凝土舱壁改造成攀缘运动场、高大的炼钢炉整治成供攀登鸟瞰整个景区的观景塔，这些保护性改造都最小地改变原状，保持了遗产的真实性。公园里种植了大面积的白桦树和柳树，每年约30万参观者，许多活动在这里举行。不同阶层、兴趣的人都可以在这里找到属于自己的场所，设计将新旧巧妙结合，既是旧工业的遗址展示场，又是生动的现实生活场景。

2. 首钢工业遗产保护与利用

首钢的前身是北京石景山钢铁公司，建于1919年，是中国最早的重工业企业之一。到1949年，它累计生产了28.6万吨铁。虽然比不上鞍钢，但也是中国最大型的钢铁企业之一，在钢铁工业发展史上占有举足轻重的地位。新中国成立后，首钢发展与新中国工业文明有很紧密的关系。首钢历史上创造了钢产量第一，拥有我国第一座氧气顶吹转炉、第一座自动化高炉、第一台单机架冷轧板材等多个中国“第一”。如今它仍然是中国钢铁工业的重要基地。2004 年启动环保搬迁，由于厂区大部分建、构筑物目前使用状况良好，且不能随厂迁往新址，因此无论从历史文化、经济价值、还是资源再利用等角度看，该区域都不能进行简单的夷平重建。

首钢工业区对历史地段进行保护与再利用。① 北京城市总体规划和首钢工业区的定位，均提出保留首钢工业的文化脉络。首先主题公园和滨水绿地的定位为保留首钢工业区的建、构筑物提供了最佳条件。作为公共开放空间，为工业遗迹（如高炉、料仓、厂房等）的保留提供了可能。工业遗产的保护并不仅仅是保护单个建筑的概念，还应该包括对历史地段的保护，包含建筑及建筑周边环境两个方面，它们共同形成工业遗产的整体风貌。因此，首钢工业区的保护与再利用是整体历史地段的保护，这样真正起到尊重历史、延续文化的作用。在首钢的改造中，采取了整体性保留与结构性保留相结合的方式，在长安街北部石景山、晾水池、炼铁厂等区域工业遗存最为集中，整体格局保存较为完整，历史脉络清晰，钢铁工业风貌特征也非常明显，因此，对以上区域进行整体保护，保护原有历史格局和工业风貌特征，确保格局及重要保留建筑物和构筑物的标志性。对于长安街以南地区，是 20 世纪 50 年代后期首钢扩建以后的发展区域，历史遗存较少，进行结构性的保护，保留由铁路线串接的生产流程中的重要建筑物和构筑物及设施设备，保留工业区的肌理，这样既保护了首钢发展脉络的连续性，也保护了生产流程的完整性。规划制订了重点产业发展引导和产业导向目录，鼓励发展现代服务业，结合石景山区打造“首都休闲娱乐中心区”，实现地区经济、环境、社会、文化协调均衡发展。同时，规划也为中央行政办公留出了一个区域。

规划中明确提出要重视现状资源的保护利用，适当安排“过渡功能”，并适当控制开发速度，避免土地大规模出让造成低效利用或闲置，通过土地供给的有效控制把握建设速度和分期实施步骤，为城市未来发展留有余地。此外，鉴于首钢工业区改造周期较长、难以预见的因素较多，北京市规划部门将采取动态规划编制办法，根据城市和地区发展需要，不断调整和完善规划。

首钢采取的一定范围（保护范围约 2 平方公里）整体工业历史地段保护的方式值得我们借鉴，工业遗产的保护与其他城市文化遗产一样，对集中成片的具有典型历史风貌特色的区域，划出历史地段整体保护，而不仅是单个建构筑物，对这些百年老厂的保护两者缺一不可。强调保留工业区格局的重要性，既保护了首钢发展脉络的连续性，又保护了生产流程的完整性。

3. 上海宝钢三厂工业遗产保护与利用

位于世博会园区的浦东 B 片区内的上海世博宝钢大舞台，是世博园区内众多旧厂

---

① 刘伯英，李匡 . 首钢工业区工业遗产资源保护与再利用研究 [J]. 建筑，2006.

房改造项目中的一项。改造轧钢车间的主厂房和连铸车间，主厂房 2000 年建造，钢结构梁柱排架结构，面积 8660 平方米，主厂房建筑高度 23 米，连铸车间 1987 年建造，混凝土排架结构，面积 2540 平方米。改造后该工程总建筑面积 12490 平方米，地上二层，连铸车间建筑高度 30 米。设计充分尊重工业建筑的历史原貌，不改变原有钢结构材质的肌理和色彩，新增构件以轻质、可重复利用为原则，并通过色彩、构造等手段与保留结构明显区分开来，体现可识别性原则，以反映历史的更新过程。对旧构件大多只进行基本清洁，保持斑驳的原貌色彩，对新构件则要求明亮光洁，可以清晰辨认。

为了保持世博滨江绿地景观的完整性，设计将观演、展示、休闲等主要功能空间设置在二层平台；底层采用架空形式，设置演出准备区、设备区等辅助用房。将室外绿化、水系延伸至底层空间，使景观充分渗透至建筑内部，除舞台、道具间及辅助配套用房封闭以外，观演空间全部敞开。为保障大演出区 3500 名观众有开阔的视野，原厂房内的四根钢结构柱被拆除，在局部增加托架梁，使空间跨距从 20 多米增加到 40 米以上，并保证了建筑安全。大舞台还保留了原厂房的 1500 平方米钢平台，改造成观众活动区的一部分。而为了使观众既看到工业遗存的历史痕迹，又能同时体会到新建筑的魅力，还利用废钢炉制成各种雕塑。原有的钢炉、冷却管、巨型螺栓等构件被制作成大小不一的雕塑，分布在大舞台内外，成为一道景观。

4. 武汉钢铁厂博物馆保护方式

武钢与重钢是一脉相承的，都源于 1890 年的汉阳铁厂。武钢是新中国成立后，在汉阳铁厂的遗址上重新建立的钢铁厂，逐步发展成我国重要的钢铁工业基地。武钢集团的汉阳厂区“退二进三”搬迁，纪念张之洞和保护汉阳铁厂工业遗产的呼声在武汉日益高涨。政府已决定建设“武汉近代工业博物馆”，展示近代以来为武汉工业发展作出贡献的人物。届时将取代现有的占地仅 1 亩的张之洞博物馆[①]，将是独具特色的工业博物馆。

6.5.3 确立保护钢铁工业技术价值特征的规划思路

相对其他类型的文化遗产，工业遗产的技术价值是最为突出的。工业化大生产的核心价值是生产技术的先进性，外在表现为组织严密的工艺流程，工业生产技术的价值蕴涵在各工序的机器、设施设备中，构成完整的生产链，缺失某一环节都将破坏工业技术的完整性和真实性。

1. 保护钢铁工业的历史价值

钢铁工业曾被称为“一切工业之母”，国家工业化水平的高低曾以钢产量为衡量指标。重钢是我国钢铁工业的摇篮，其生产技术代表国家的生产水平，多项技术为当时国内首创的技术成果，是中国冶金工业史上的重要进展。如今，重钢的钢铁产品广泛供应我国铁路、国防军事、大型船舶等重要工程，发挥了祖国建设“南有重钢”的作用。

---

① “张之洞与汉阳铁厂博物馆”坐落在风景秀丽的汉阳月湖堤畔，占地约 700 平方米二层仿欧式建筑（原厂招待所改建）。是武钢汉阳钢厂为适应山水园林城建设，弘扬历史优秀文化创办的。该馆是目前国内关于张之洞与“汉阳造”的唯一专题馆。2005 年被武汉市委、市政府命名为市级“爱国主义教育基地”。

2. 保护完整的技术格局和景观特色

钢铁工业生产工序大致包括炼铁、炼钢、连铸、轧钢四个主要工序，还有炼焦、烧结、制氧、精炼、动力以及各种轧制等辅助工序，工序间的流程关系严密，缺一不可，构成将铁矿石烧结、冶炼、轧制成各种规格的钢铁产品的完整生产链。此外，长长的炼焦炉、高耸的炼铁高炉、错综复杂的巨型管道等构成独特的钢铁工业形象。

重钢是目前国内保存工艺最完整，规模最大的钢铁联合企业之一。重钢厂区完整保留着从北向南按工序依次排列的炼焦厂、炼铁厂、烧结厂、炼钢厂、制氧厂、连铸车间以及各种产品类型的轧钢厂，这些厂通过铁路专线串联，呈现完整的生产全过程。重钢生产技术的载体包括炼铁的高炉、热风炉、炼焦炉、炼钢转炉、轧钢机等钢铁生产设备设施和生产厂房。如果只保留一栋轧钢厂厂房作为重钢工业遗产的代表，这只是工艺流程中轧钢工艺的一部分，既代表不了钢铁工业生产全过程，反映不了钢铁工业的技术特征，也不具备钢铁工业的景观标志性特征，如果这样，将破坏重钢工业遗产的真实性和完整性。因此，重钢的各主要工序环节都应将有价值的实物有所保留，才能体现钢铁工业技术的特点，展示独一无二的钢铁工业景观。因此，规划以“钢铁是怎样炼成的”工艺流程为主线，强调保护钢铁工业的技术特性和工业景观。

6.5.4　规划保护策略

基本理清了钢铁工业的遗产价值特征，规划一方面着力保护遗产的技术特点，另一方面兼顾城市发展建设的需求，制定相应的规划保护策略。目前，重钢工业遗产保护面临的主要问题：一是政府决策层对重钢遗产价值认识不清。尽管重钢遗产的价值重要性得到认可，但是应该保留哪些有价值的工业遗产并不清楚，由于大量工业遗存既没有悠久的历史，又没有美观的外形，对钢铁工业遗产的技术价值认知不正确。认为留一栋轧钢车间厂房作纪念就行了，炼铁、炼钢等工艺流程的遗存（如高炉等）就不用保留，推掉后土地好搞房地产开发。二是保护与开发的矛盾突出。实施重钢整体搬迁并改造升级需要400余亿元的资金，其中要通过原厂址土地出让金中筹措200余亿元，关系到重钢搬迁的成败。重钢老厂区约有土地8000亩，按城市居住区规划，除去道路、绿地、学校等用地，可出让的土地约4000余亩，每亩土地平均预期地价要在500万元以上，以目前该区位的土地价格看，还有一定的差距。因此，重钢老厂区的国有土地储备公司需要尽量增大可出让土地的面积，这与大面积保留工业遗存有较大的矛盾。在这样的背景下的工业遗产保护，既不能采取类似德国鲁尔工业区蒂森钢铁厂完全保留的方式，也不能让工业遗产沦为开发的牺牲品。如何协调保护与发展的矛盾，成为规划的重点和难点。

1. 整体城市设计

在城市更新背景下，工业遗产保护与再利用涉及城市功能提升、产业结构调整、新区开发建设等一系列问题，如果片面强调遗产的保护，不结合城市发展统筹布局，将是行不通的。因此，整体规划工业遗产所在区域，发挥城市规划调控空间资源的优势，开展了重钢老厂区的国际城市设计方案招标。参与投标的设计方案对工业遗产保护只有概

图 6–5 城市设计征集的工业遗产保护方案（资料来源：重钢城市设计）

念，缺少正确的保护思路和方法，几个方案对钢铁工业遗产的价值所在并不清楚，基本上是留几个烟囱、随意选了几幢厂房作为创意工作室就算是工业遗产保护方案（图 6–5），这些方案都没有系统地研究清楚重钢工业遗产的状况。这也表明，在规划设计领域对工业遗产保护的思路还是十分混乱。

2. 完整工艺格局特色保护

在对城市设计方案进行控制性详细规划落地和深化阶段，规划部门通过深入研究，认为重钢的工业遗存不可能也不必要全部保留，而是要保护钢铁工业生产的主要格局、工业的尺度和风貌特征，在不同类型的工业遗存中选择有代表性的保留，不仅工业生产环节应有代表性的遗存，规划在炼焦、炼铁、炼钢工艺环节中强调保留炼焦炉、炼铁高炉、炼钢厂房及转炉的重要意义，每个生产环节规划保留了主要的设施、设备和厂房。而且，生产辅助、生活服务设施中也要有典型的实体保留，好比一个个工业文化“样品”，这些“样品”和“鱼骨状”的完整的格局共同展现工业遗产的价值特征。这既保护了重钢工业遗产技术特征的真实性和完整性，又对片区的开发建设影响不大，还可以利用工业文化资源提升片区的文化价值和经济价值，促进新区的建设。

3. 核心区保护和单体保护相结合

在整体格局保护策略下，视工业遗存的重要性和规模，具体分为核心片区保护和单体保护两种形式。核心保护片区是指遗产比较丰富、集中，并有一定规模或能比较真实地反映出工业历史风貌特征、反映生产设施设备的流程关系、能比较完整地体现出工业技术特点的历史区域。例如，炼铁厂的高炉设备群，占地面积约 3 公顷，最能代表炼铁工业特征；轧钢厂片区，占地面积约 15 公顷，以空间高大的大面积厂房建筑为特色，这两个核心片区是钢铁工业的代表。

此外，山体自然环境和滨江岸线是工业生产密不可分的部分，规划保护两条工业遗产带，一是将重钢背靠的山脊带完整保护，规划为山崖景观公园，保留烈士纪念碑、梯道、植被；二是规划滨江公园带，重钢的货场、铁路、取水泵房、缆车、码头等设施及工业场地得到保留，利用为工业景观设施。

单体的工业遗产是具有历史、技术、文化价值的建、构筑物及设施设备，保护遗产类型的多样性，使更多的工业历史文化信息得以真实地传承。

4. 保护建筑类型的多样性

保护文化类型的多样性十分重要。重钢的工业遗存类型丰富，大致分为工业生产、辅助生产、生活服务三类，每种类型选择有代表性的实体进行保护。

（1）生产类型

首先是保护主要生产流程格局的完整，展示钢铁工业的技术特征。炼焦、炼铁、烧结、炼钢、连铸、轧钢等主要生产环节都有所保留。其次，在每个生产工序中选取有价值的典型实体。例如，炼焦厂的主要生产设施是长达430余米的炼焦炉，全部保留不现实，选取东部一段保留；炼铁厂有三组成套的生产高炉设备，保留其中一组炼铁高炉反映炼铁工艺；炼钢厂现状有两处大厂房，一处是20世纪90年代末新建的厂房，占地有十几万平方米，对重钢土地重新利用影响太大，另一处是20世纪50年代建的厂房，占地只有几万平方米，而且是新中国成立初期毛泽东等国家领袖曾经视察过的地方，因此保留这处厂房；轧钢工序分板材、棒材、线材等十多个分厂，大型轧钢厂厂房最有代表性，而且它的局部是抗战时期的建筑，20世纪50年代在这个车间生产出新中国第一批重磅钢轨，该厂房空间坚固、高大，适合保留并改造成工业博物馆；中板厂车间是三线建设时期建的，有重要的历史意义，但又近三百米长，只作为局部保留的对象。通过对钢铁生产工艺各环节典型遗存的分析，确定各工序中具体的保护对象，从而保护钢铁工业技术格局特征的完整性。

（2）生产辅助类型

重钢工业生产配套的辅助设施和建筑类型繁多，有办公楼、招待所、电话交换楼、动力站、铁路专线、码头等。在办公楼中，原总厂的办公楼（红楼）和原制线厂的办公楼（小洋楼）最有建筑特色，分别代表20世纪50年代的建筑风格，应予保留；在厂区内数条铁路专线中，滨江铁路线在用地边缘，不影响腹地的开发建设，保留利用的可行性较大；在三个码头中，新港码头的港区条件最好，可保留利用；两个巨型煤气储罐，其中位于山顶的体量最大，不影响厂区的规划建设，可保护利用；此外，位于滨江山头的配电站、山崖处的电话交换楼、位于绿地中的招待所不影响新的建设，又有类型典型性，作保留利用。

（3）生活服务类型

重钢作为大型国有企业，生活区的配套标准相对较高，设施较齐全，体现大型国有企业特有的文化和历史地位。具有代表性的有渝钢村工人住宅、钢花电影院、重钢医院、学校等。20世纪50年代兴建的渝钢村工人成套住宅，体现了新中国社会主义工人阶级较高的社会地位。目前，这些住宅已成为城市危旧房改造的对象，但必须保留一些住宅楼作为居住类型的代表，展现当时工人生活的场景（图6-6）。

图 6-6　典型工业遗产类型

6.5.5 规划保护方案

1. 工业遗产保护方案

通过整体城市设计，重钢老工业区规划确定传承百年重钢文化和再造滨水生态岸线的目标，提出工业遗产价值再生、生态保护优先和滨水岸线再造的设计理念，明确了“两带、两片、十二个点”的工业遗产保护对象（图 6–7），两带指山崖绿化带和滨江景观带，体现对山地工业环境的保护；两片指轧钢厂历史风貌核心片区和炼铁厂历史风貌核心片区，集中展示钢铁工业最具技术特征的风貌；十二个点指在主要生产流程上保留的单体工业建筑，犹如链珠，共同体现钢铁工业生产的格局，这十二个点包括：炼焦厂的炼焦炉（局部）、储气罐、炼铁厂的炼铁一组高炉群、20 世纪 50 年代炼钢厂厂房局部、1938 年老轧钢车间厂房、8000 匹的马力机、蒸汽机车、1938 年锻造车间厂房、1966 年的中板厂厂房局部、老办公楼、小洋楼、招待所建筑群、钢花影剧院、渝钢村工人住宅一栋，规划了工业文化博览区、文化创意产业区、滨江休闲商务区和居住区四大功能片区，确定适度的开发用地规模，合理布局开发用地和规划道路系统，塑造了具有钢铁工业景观特色的城市形象，并落实在控制性详细规划中作为规划管理的依据。如果工业遗产的保护要求不落实在控规的图则中，保护将形同虚设。在控制性详细规划图则中对工业遗产划定城市紫线。重钢工业遗产保护包含核心片区和单体建构筑两个保护层面，划出历史风貌区和历史建筑工业遗产紫线，按照城市紫线的相关要求，保护紫线划定统筹考虑历史价值、生产工艺、遗存规模和用地规划等因素，在分图图则中根据具体条件，明确保护本体，划出保护范围线和建设控制范围线，并提出相应的保护管理要求，分为强制性要求和指导性要求，对于明确要保护的工业遗产对象保护且不得损毁是强制性的，对有些厂房过于庞大，如中板厂厂房、炼钢厂厂房，允许根据建设需要保留和利用局部，即保护的具体方式可有弹性，这样就增加了工业遗产保护和利用的可操作性，这也是现阶段保护要求必须为下阶段实施时留有余地。规划控制要求中对保护建筑

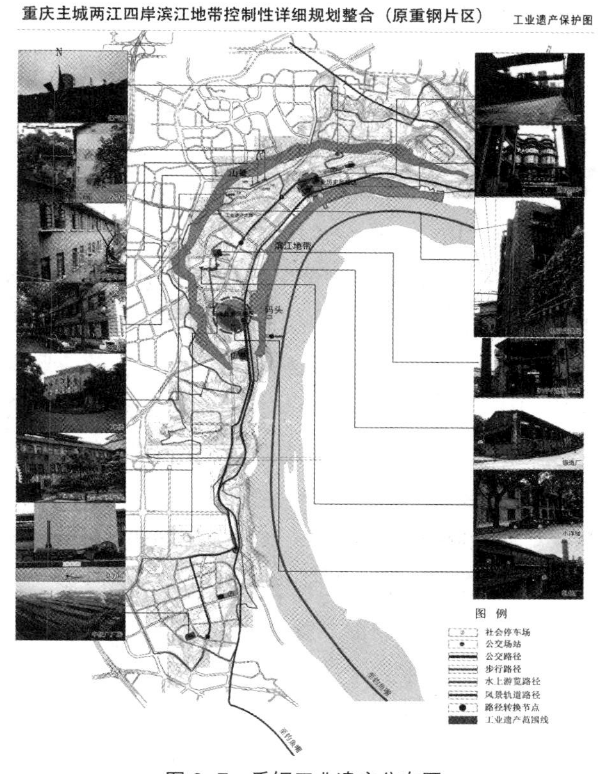

图 6–7 重钢工业遗产分布图
（资料来源：重钢控规）

提出在保持建筑主体结构不变的前提下进行整治更新，允许增加必要的附属建筑，内部重新利用为适合的新功能，如商业、社区用房、商务办公楼等。新的建筑可以与保留的建筑适当地拼接成为一体，对保护的建筑给以鼓励，其面积不计入新建建设规模。

2. 协调用地布局

科学用地布局能尽量减少保护与发展的矛盾，发挥城市规划调控空间资源的优势，合理规划工业遗产所在区域的用地性质，例如：在炼铁厂规划方案形成中发挥了规划对用地的调配作用。在城市设计阶段，炼铁厂区域和轧钢车间区域都设计为文化创意产业区，但是土地储备机构认为文化创意产业区过多，只能保留轧钢车间片区，要求炼铁厂调整住宅用地性质，不保留炼铁高炉和炼焦炉等最具有钢铁工业特征的生产设施。规划为了保留这些设施，调整了附近一个中小学校用地到该地块，由于考虑工业设施对学校的安全问题，又将这些生产设施规划在绿地用地中，不在学校用地内，在绿地前布置广场用地，将附近几个分散的小广场集中在此，形成较大的工业文化广场，也不增加总的广场用地。在广场一侧向外调整了原道路，保证炼铁的一个高炉群设施能完整保留下来，在另一侧，原规划的居住用地置换成中小学用地，这样学校和公园、广场相邻，相得益彰，就形成炼铁厂工业历史风貌核心区保护方案（图 6-8）。由于总体上没有减少土地储备机构需要的居住用地面积，只是将整个区域内的绿地、广场用地向炼铁厂区域集中布局，并没有更多地增加公共设施用地规模，所以方案得到土地储备机构的认可。在其他用地规划中，同样将重钢工业遗产所在的用地规划为文化设施用地、公共绿地或商业用地，避免与居住用地混合，在公共服务设施用地上，新的建设与遗产保护容易协调，取得共赢。例如，原规划方案将重钢老厂办公楼所在地块规划为居住用地，势必难以保留办公楼及其环境，因此，与附近规划的医疗用地调整置换，这样办公楼及环境就容易在医院建设时再利用为医疗用房和医院的环境。所以，在许多老工业区编制规划时，应发挥城市规划的空间调控作用，主动避开规划用地与遗产保护的矛盾。

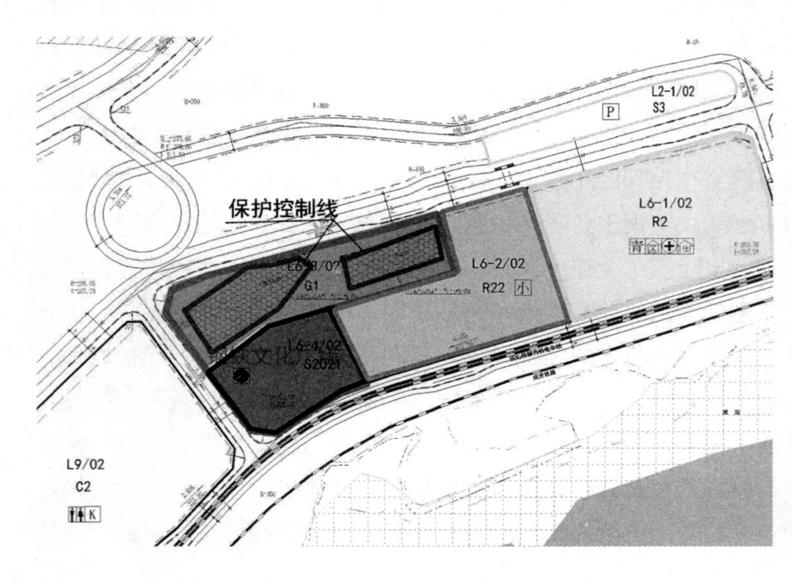

图 6-8　钢铁文化广场规划
（资料来源：重钢控规）

3. 合理规划道路系统

一是城市道路规划要以工业遗产保护为优先，避让工业遗产，并注意与工业遗产地块的竖向标高相协调，这些都需要在1：500的地形图上作精细化设计。例如，为了保护20世纪50年代的炼钢厂厂房和1938年的锻造车间厂房，将原先穿越这两处厂房的城市道路走向进行适当调整，从两者之间穿越，避免规划的道路对工业遗产的破坏。二是规划“二纵八横”主干道路网，增加与周边城市主干道路的联系。受山地地形局限，该片区东西向与城市交通的联系很弱，原来只有两条联系道路，规划增加到五条与城市主干路网的联系道路，其中两条是隧道形式，并且预留城市轨道交通进入该片区的线路通道，根据老厂区内部现状道路结构，梳理和强化南北向平行的两条主干道路，一条位于滨江地带，另一条位于腹地，双向六车道，并且在道路一侧规划控制10米宽绿化带，配置工业文化雕塑、小品，打造工业景观大道。滨江地带改造利用原重钢铁路，开通有轨电车，增强外围进入该片区的交通可达性。三是规划工业遗产之路。重钢的工业遗产、遗存、遗迹量大面广，分布较散，为了给游人和参观者建立连续、完整的钢铁工业文化印象，按照钢铁工业生产流程，规划了一条串联主要生产工序工业遗产的步行廊道，形成重钢“遗产之路”，该路线结合人行道、广场、绿地和商业、文化用地，从北面的煤气罐一直蜿蜒至工业博物馆和三厂厂房，长约13公里，其线形和控制要求也在控规相应地块的图则中予以标明。

4. 总体平衡开发强度

由于工业区用地面积大，有足够的建设用地统筹，而且工业用地产权关系较单一，容积率转移在同一产权单位内部进行容易操作，可在整个区域平衡规划建设规模，在工业遗产保护的地块适当降低开发强度，在其他区域适当增大开发强度，总体保持土地储备单位的开发量，否则，规划方案不易获得支持。因此，整个重钢片区占地8000余亩，规划方案的规划平均毛容积率为2，总建设量约1000万平方米，其中，工业历史风貌核心区占地仅300余亩，占总用地的2.7%，建筑面积约10余万平方米，而且这些建筑改造利用为文化创意产业、办公商务、博物展览、商业设施等空间，在规划管理中，允许保护的工业历史建筑的建筑面积不计入片区新开发的建设量，在不影响保护效果的前提下，新建建筑可与之拼接等，由于总体建设规模和经营性土地规模没有减少，土地储备公司赞同对工业遗产的保护规划方案。所以，充分发挥规划对空间资源的调控作用和辅以规划鼓励政策是协调工业遗产保护利用与城市开发矛盾的有效手段。

5. 引导保护性利用

在保护工业遗产特征基础上的再利用，将使工业遗产焕发新的生机。在控规的导则中，提出工业遗产再利用的指导性意见，例如：利用重钢工业遗产开辟“钢铁是怎样炼成的”旅游线路。保留下的炼焦、炼铁、炼钢、轧钢厂房及典型的设施展示钢铁生产过程的场景，尽管没有钢花飞溅的实际生产，但是仍能从这些厂房和部分设施设备中感知炼焦、炼铁、烧结的主要工艺流程。重钢炼铁厂历史地段保留的炼铁高炉等工业生产设施是进行工业文化宣传、科普教育的生动教材，也可打造成综合功能的工业文化主题公园及广场。轧钢厂历史地段是重庆市工业博物馆所在地，将集中展示全市工业发展的文明成果，以工业博物馆为中心，形成文化博览区和创意文化城，吸引全市的文化创意产业人才和公司到此聚集，打造成全市最大规模的创意文化产业基地。在各开发用地中的历史建构筑物的再利用要结合所在用地的性质重新调整使用功能，在保护与利用导则下，内部可按新功能的要求重新布局设计。例如，炼钢厂厂房、锻造厂厂房结构坚固，建筑面积和空间大，可以改建为社区商业中心；红楼、小洋楼、招待所等小空间建筑可改建为社区办公服务用房;位于山顶处的巨型煤气罐、配电站，借鉴国外经验，改造成观景台、餐厅、茶室等休闲场所；铁路专线改造成区内公共交通的有轨电车或观光小火车等。

6.5.6 保护规划的实施

国有资产管理公司储备了重钢的老厂区土地，为重钢的搬迁和技改提供约 200 亿元规模的资金。如何提高重钢土地的价值，从而获取更多土地出让金。改善该地区的自然生态环境和提升文化品质是实现土地升值的主要途径。根据工业遗产保护利用规划，将炼铁厂、焦化厂历史地段建设工业文化遗址公园和文化广场，将轧钢车间厂房改造成国内最大的工业主题博物馆和爱国主义教育基地以及文化创意城。当这些大型文化设施、公园、广场建成后，重钢新城将从钢铁工业遗产保护性利用中获得巨大的社会效益和经济效益。因此，首先应着手启动工业遗址公园、文化广场、工业博物馆以及文化城的建设，同时，改造完善该片区的道路交通系统，必将会取得保护利用与土地开发共赢的结局。

在经营性开发地块中的工业遗产，在地块规划条件公示函中，明确提出了保护与利用的要求，依靠社会单位保护性利用单体的工业遗产。开发建设单位在地块整体规划时，将工业遗产和新的建筑进行统一规划设计。正因为在土地出让前，规划制定了工业遗产保护要求，就成为开发建设必须遵守的条件，实现工业遗产的保护。现在，在激烈的房地产市场竞争下，项目的差异化特色成为开发项目成败的关键，打文化牌成为许多楼盘的卖点，会取得不错的营销效果。

6.6 本章小结

保护规划是实现工业遗产现代功能复兴的技术手段。在工业遗产保护法规还不健全的情况下，编制保护规划是保护工业遗产有效的方法。保护规划分总体规划和详细规划两个层面，总体规划侧重对整体工业城市工业格局、风貌特征的保护。详细规划对工业历史风貌区结合片区整体开发改造的实际情况，采用城市设计的方法统筹保护与发展，利用老工业区用地范围广的优点，发挥城市规划调控空间资源和开发强度的作用，缓解遗产保护与开发建设的矛盾。在规划实施机制方面，首先强调地方政府履行保护的职责是关键，政府成立专门的运作公司组织实施工业遗产示范性项目，统一对工业文化遗产进行收购、整理、规划、保护性修复、转让、经营、监管等，盘活城市工业文化资产。制定经济政策吸引民间资金、机构参与城市文化遗产的保护利用，允许有条件的工业历史建筑产权或使用权私有化，提高民间投资的积极性。

7 工业遗产利用与更新

与民用历史建筑相比，工业建筑所具备的空间适应性和兼容性使其成为历史建筑再利用的典范，工业建筑遗产通过再利用获得新生。

7.1 保护与利用的互促关系

工业遗产保护和利用不是一对不可调和的矛盾，而是保护中密不可分的互促关系，保护是利用的基础，利用是保护的有效形式。把保护、恢复和重新利用历史建筑同城市建设的过程结合起来，使它们具有文化意义、生态意义和经济意义。在国外，旧建筑的改造与再利用已成为主要的建设内容，在美国约占 70%，欧洲更有 80% 的规模。无论是历史建筑的保护性修缮，还是内部改建、加建或在其周围新建，目标都是通过功能优化或更替来使其继续保持历史特征的同时在城市中发挥新的活力。

7.1.1 利用是保护的有效途径

“良好的使用是一半的保护”，这是德国历史遗产保护的经验。实践已经证明城市文化遗产冻结式的保护方式是行不通的，尤其老工业区的土地是城市再开发建设稀有的土地资源，工业建筑自身建筑艺术性不突出，不如文物古迹受到重视，大面积保留很难得到普遍的认同。因此，工业遗产必须通过再利用发挥使用价值才能得到更多的保存。大多数的工业遗产都是通过合理再利用的方式保存下来的。

工业遗产利用要结合城市该地区的功能定位方向及区位特点，通过工业遗产的再利用成为促进城市经济增长方式转变的手段之一。许多城市老工业区经济复苏的实践表明，老厂房、仓库经过维修改造成为地方文化复兴地区，历史建筑的再利用成为复兴的触媒点和催化剂，不仅使那些衰败的地区恢复了活力，保存下大量工业遗存，而且还成为前卫文化艺术的发源地。例如：北京 798 厂艺术区成为北京文化艺术界响亮的一张名片，蜚声国内外。然而，随着北京城市向外迅速扩展，798 厂区原来显得比较偏僻，如今，已是炙手可热的房地产开发用地，原厂方最初目的只是利用闲置的资产，现在也打算重新推掉搞开发。顿时，引发了各界专家和市民的强烈反对和呼吁，经过长时间的争论，北京市政府出于 798 厂区已利用为全国有一定影响力的文化艺术区的考虑，搁置了开发的方案，使得这片工业区整体完整地保护下来。可见，正是工业遗产得到了充分的利用，为自身赢得生存的空间。

7.1.2 保护前提下的再利用

保护工业遗产主题性特征和技术信息是再利用的前提。既要防止“博物馆”这种单一僵化的保护方式，又要防止“面目全非”地利用破坏真实性。关键是保护性再利用原则的把握，在严格保护外观及主题特征的前提下，审慎、适度地对其进行适当的调整和完善，保持历史的真实性和展示历史的可读性，保留建筑的空间特征、技术特征及其所携带的历史信息是成功的再利用方式。虽然改造的方式多种多样，但归根结底是要保护和展示建筑的文化价值，而不是抛弃原有特征。那种整旧如新，使人无法分清哪些是旧的、哪些是新加的、哪些是历史的、哪些是现代的的做法，实际上是利用的误区。从遗产保护学角度研究工业遗产的再利用，不同于一般旧厂房空间改造再使用，首先在明确价值的前提下，进行再利用的更新，但是要区分保护和更新的范围，需要区分对象的“价值承载”与“一般对象”之间的界限。也就是说，工业遗产的保护性再利用首先要注意再利用过程中，原有的部分、修复的部分、新建的部分各自明确，不应混为一体。《下塔吉尔宪章》指出“除了具有特殊历史价值的遗产，将工业遗产改造成具有新的使用价值，使其安全保存，这种做法是可以接受的。新的使用应该尊重重要的物质存在，维持建筑最初的运行方式，尽可能地与先前的或者主要的使用方式协调一致”。工业建筑遗产的再利用必须保存建筑的历史特征，不改变建筑物主要结构和空间以及内部重要的构件，包括在某些技术细节上也不破坏遗产的真实性和完整性。否则，将使工业建筑遗产在利用过程中失去历史文化保护的意义。根据保护对象的价值及对应的保护要素，确保这些要素的特征得到有效的保护，只有对与工业遗产价值的体现无关的其他内容，则可以考虑改造再利用。这是“保护基础上的再利用”的真实合理的诠释。然而，目前，我国城市在工业遗产如何再利用的认识上有很大的误区，很多利用的出发点是对老厂房空间的再利用更便宜的商业目的，甚至对一些重大工业遗产的利用也没有认识到保护遗产真实性和完整性的原则，将原本生产流程清晰、严谨的工业格局改得面目全非，把主要的机器设备去掉，只留下局部建筑躯壳改作他用。例如：江南造船厂的工业遗产保护利用是失败的。江南造船厂的工业遗产价值在我国工业发展史的地位可谓是首屈一指。[①]可以说，江南造船厂不仅是中国百年工业的缩影，也是整部中国近现代史的重要见证者，从诞生之始起，承载了一个民族濒临绝境时的富国强兵之梦。然而，如此重大的工业遗产，在世博园中只留下两个没有设备的船坞、两栋办公楼和一个改造得崭新的厂房，而且这些历史建筑之间也毫无关联，甚至连一个塔式起重机也没保留（图 7–1），使人根本无法想象到这里原是如此重要的造船基地。究其原因，是“轻保护、重利用”的认识

① 前身是由晚清洋务运动领袖李鸿章创办于 1865 年的江南机器制造总局，是中国第一个大型近代企业，中国人从这里踏上追赶西方之路，创造了许多“中国的第一”：1868 年 8 月，造出了中国第一艘新式轮船，1878 年制造出中国第一架钢制火炮，1891 年生产出中国第一炉钢水、第一磅无烟火药等。到 19 世纪 90 年代，已经发展成为中国乃至亚洲技术最先进、设备最齐全的机器工厂，被誉为“中国第一厂”。新中国成立后，迎来新的发展时期，再次创造了许多中国第一：第一台万吨水压机、第一艘远洋货轮、第一艘中国海军环球航行的军舰等。

图 7-1 江南造船厂改造前后对比
（资料来源：作者自摄）

性错误，没有坚持保护第一的原则，没有坚持真实性、完整性的原则。利用没有以保护工业遗产价值为基础。如此重要的工业遗产，应该采取整体保护性利用方式，划出工业遗产核心保护区，整体展示造船工业制造技术的特点，建成中国造船工业博物馆和科普、爱国主义教育基地，这将成为世博园区最瞩目、最吸引人的参观、游览项目，成为上海最为闪亮的文化品牌，可申报为世界文化遗产项目。

7.1.3 再利用原则

1. 服从保护第一的原则

在改造利用中不仅应注意保持建筑主要外观、外形不变，而且外墙上的细节都要有选择地保留，历史建筑的墙身处处都留下工业生产和岁月的痕迹，带有历史的信息，使历史信息不要消失殆尽。许多老厂房的改造将建筑外墙全部更换重做，整体建筑焕然一新，如同新建的现代建筑。尽管建筑的高度、体量没有大的变化，但从遗产信息保护的观点看是不当的再利用。如果采用类似北京 798 的老厂房外观原貌保留的方式，会显得工业遗产建筑的历史感更鲜明、更真实。

再利用切忌制造现代的假古董，这也是一种建设性破坏，混淆了真文化遗产与伪文化复制品的是非，损害了历史遗产的独特性，是一种虚假文化。在保护基础上的再利用才能保证城市需要的真实和连续的历史记忆，当人们看到工业建筑遗产时才能自然地看到过去，寻找到历史的坐标，记住曾经热火朝天的工业时代，使得城市演变的进程完整地被记录和保存，城市的内涵得以丰富。

2. 强化工业技术特征原则

再利用新的用途必须尊重工业遗产原有的格局和技术特征，在引入新功能的过程中，要慎重对待工业建筑或机械设备的每一个组成部分，采取对建筑、结构、地形和环境变更最少或者可逆的使用方案。再利用要保留原始功能的一些痕迹，有利于展示和解说曾经的工业生产用途，特别对于有重要历史意义的工业遗产，尽可能原状保护。不同类型的工业遗产其工艺技术特征鲜明，例如：钢铁厂的外部特征是高耸的高炉群、纵横交错的巨型管道、运输带等巨型工业构架；大型金属加工厂的特征是空间高大、面积巨大的厂房建筑，矩形天窗排列有序；棉纺织厂的厂房建筑不高但面积大，带有南向的锯齿形天窗等。利用形式与内容应与保护主体的内涵相符合，工业建筑一些特有的形式是为适应特殊的生产需要而形成的，这些形式可能还很简陋，例如，炼钢厂的厂房外墙只用简单的金属或石棉板作遮阳、避雨构件，显得很粗糙，但这是炼钢车间散热通风的需要，符合工业生产的建筑特点，我们不能因为不美观，在利用改造时刻意地去美化建筑或破坏这种建筑与生产技术的原始关系。《下塔吉尔宪章》指出“工业遗产的价值存在于遗址及其构件、内容、机械设备和环境背景中，也存在于工业景观、文献记录以及人们记忆和习俗的无形遗产中。在工业遗产的维护和保护过程中，如果机器或组件被搬移，或构成遗产的辅助要素被破坏，那么工业遗址的价值和真实性就会大大降低”。例如，钢铁工业遗产保护的目的就是保护炼钢、轧钢工艺的完整和真实性，必须保护技术生产流程的完整，如果把炼钢的高炉和轧钢车间主要的设备拆掉，改成餐馆、娱乐等场所，这是破坏工业遗产的利用方式。即使对不以工业技术展示为主的工业建筑的利用也应满足最大限度地维护其功能和景观的完整性和真实性，必须实施的任何改变最好能够记录在案，便于今后的更改措施，被拆卸的重要元素应该得到妥善保存。

3. 整体统筹兼顾原则

工业遗产保护利用需要在一个更大的区域进行综合权衡和整体考虑，从城市的层面考虑工业遗产功能提升和环境整治，再造富有活力的功能空间，保护其独特的工业氛围，都要与城市和地区的经济社会发展有机结合，统筹处理好保护与发展、保护与建设的关系，兼顾可能会导致的社会代价和经济成本，在此基础上才能制定合理恰当的保护与利用对策，实现遗产保护对经济社会的促进作用。如果片面强调某一方面，都不会有良好的效果。

工业遗产类型丰富，建筑物、构筑物、设施设备、生产场地、环境等都是构成工业历史环境特征的组成部分，再利用要注重保持类型的丰富和多样性，不能片面地主观突出利用某些类型，忽视、抛弃其他类型，保护工业遗产和空间环境共同构成协调统一的整体。对于工业历史风貌区中未列为历史建筑的大量普通工业建筑改造同样也要慎重对待，因为这些建筑的价值在于外观上保持整体片区的工业特征。

7.2 工业遗产地段与环境再利用策略

工业遗产保护性再利用与工业区的复兴紧密相连，涉及的矛盾和问题复杂，将产业提升、生态恢复、文化保护、多元化功能、小规模更新循序推进作为再利用策略。

7.2.1 整体定位与规划

工业遗产再利用功能转换的决定因素往往不完全在其自身，而更多地在与其所在区域的规划密切相关，在于新的功能对所在地区的城市发展是否有益，其次才是改建后的建筑是否具有特色和吸引力。如果不考虑其所在区域的整体发展状况，不加区分地全都改为某一种模式，比如酒吧、艺术家工作室等，如果没有足够的消费人群和资金支持，也难以长期地经营下去。例如上海静安区弄堂工厂改建的同乐坊，曾被寄予厚望通过改造为酒吧街营造第二个新天地，弄堂工厂本身改建还是可圈可点，但由于地处城市边缘，没有商业的区位优势，交通也不方便，如今已是运营艰难，这很值得深思。然而，2004 年建成的杨浦滨江创意产业园成为改造滨江地带老工业区再利用的成功案例。因为，上海杨浦区是老工业区，滨江地带大量工厂停产，杨浦区面临产业转型，杨浦区提出了打造“创意杨浦”的规划目标，制定滨江国际创意城的规划。滨江产业园的定位与创意杨浦的规划定位是一致的。该产业园利用 1923 年美国 GE 公司兴建的当时亚洲最大的电气工厂改建形成，立足保护滨江工业建筑遗产，充分体现其历史文化价值，规划为集环境设计、建筑设计、工业设计、影像设计于一体的现代服务业基地（图 7–2）。使原本饱经沧桑的老工业厂房，已变成设计交流、学生沙龙、创意集市等前卫场所。所以，工业遗产利用的功能定位的准确与否取决于不同区位环境和周边承载的城市功能，任何孤立的保护和利用都是难以为继的。即使是发展创业产业，也不是固定的模式，不能复制到其他的老工业区的更新中，还是要看其周边有无相应的城市功能支撑，工业遗产周边的主体功能和优势条件是其功能定位的先决条件。

图 7–2 杨浦滨江创意园
（资料来源：作者自摄）

7.2.2 环境治理与改善

工业区用地存在一定程度的污染和环境问题，污染包括对土壤、地下水、地表水、建筑物及其环境物质的污染，污染物包括工业化学物质、铅等重金属、石油产品、工业垃圾等。尤其是冶金、化工、采矿等重工业区，土壤变色、污水横流，污染情况相当严重。

因此，老工业区重新改造利用和工业遗产保护利用，首先应对环境进行污染整治。世界各国都十分重视工业区再利用前的环境改善和治理。美国1980年通过《环境应对、赔偿和责任综合法》，英国1992年开始土壤污染风险管理与修复，并于2000年立法。在国外城市，法律规定工业区的再开发必须经环保部门许可才能进行，必须对污染进行必要的治理和达到规定的标准，开发商要承担开发后污染造成的对人体健康和社会危害的责任。所以，老工业区的建筑本身以及工业环境转变为居住、展示环境就必须优先治理和改善环境。改善环境的内容主要有治理土壤、净化水体、增加绿化。

1. 治理土壤污染

污染的土地对长期生活在此的人有安全隐患，必须在工业历史地段再利用时进行土壤适用性评估，根据评估提出经济可行的处理措施，采取换土或通过适当化学处理或物理隔离处理后，达到环保标准。

治理被污染的土壤通常有三种方法，这些方法在工业废弃地开发改造中往往是综合运用。第一种是生物法。某些植物可以吸收污水或土壤中的有害物质，通过针对性地种植特殊植物来逐步吸收和化解场地上的污染成分，这些植物可以用来建造花园或创造自然野趣的景观。一般情况，通过保护场地上的野生植物，依靠植被本身的自然再生就可在场地上建立起新的生态平衡，只有在受破坏的生态系统不可逆转的情况下，才需要人工干预。第二种是化学法。根据土壤污染物的成分配置适当的化学物质或者微生物进行吸收和中和的方法。环保部门将污染严重的土壤挖取运到专门的处理厂，通过化学中和的方法将土壤中的重金属及有害物质分解除去，然后根据处理的程度对土壤再回填到合适的地方，例如原重庆天原化工厂的土壤在土地出让开发前进行了取土化学处理的方式。第三种是物理方法。通过土壤置换和表层覆盖的方法来清除和隔绝污染，常见的做法就是换土，或者对轻度污染的土地、参观者不直接接触的地方，通过覆盖方式来隔绝污染的土壤，在上面用混凝土覆盖后再铺设清洁的土壤种植绿化。这种方法适用于浅层土壤污染的治理，否则土方量过大，成本过高，不适用于重度污染的地段。

2. 整治滨水环境

工业遗产地段多数位于城市滨水地带，由于工业生产的污染使滨水地带的生态环境和景观都受到严重破坏，把原来生产岸线转变为吸引公众流连的生活岸线、景观岸线成为工业遗产地段改造的首要工程和成败的关键。国内外成功的工业区复兴的实例都是先从治理滨水环境开始的。例如：上海的苏州河一直是上海近代工业发展的重要地区，据统计，苏州河下游沿岸六区共有工业企业7918家，曾经由于环境污染，苏州河在工业和流民集中的地段一度被称为“下只角”，1996年上海市政府启动了苏州河综合环境治理工程，一期工程主要是水体污染治理，5年内新建污水泵站19座，改造65座，关停了近百家污染企业，搬迁居民数万户，建成滨河绿地19.6万平方米，一期工程实施使苏州河不臭了。在苏州河二期改造工程中，保留沿线具有历史价值的工业、仓库建筑，恢复原貌，引入文化娱乐功能，进行大型公共绿地和公共活动中心的建设，打造成人文和生态并重的景观苏州河。政府投资了5.1亿元，搬迁了18个工厂、754户居民，建设了占地面积 8.6 公顷的活水公园——梦清园，沿岸土地开发为环境优美的高档居住区。保护性再利用了数栋原啤酒厂的建筑，将 20 世纪初著名的匈牙利建筑师乌达克设计的办公楼再利用为“苏州河展示中心——梦清馆”；而且苏州河水的净化还采用了景观水体净化系统，即水环境质量改善和水生态修复技术（国家 863 计划项目）。采用生物水质处理技术和水质稳定技术，景观水体生物净化系统由折水涧、芦苇湿地、氧屏障、中湖和下湖（沉水植物）和清洁能源曝气复氧五个部分组成。苏州河水经过折水涧，进入折流瀑布曝气后进入芦苇湿地，河水中的污染物经过芦苇湿地的物理、生物和化学的共同作用被去除和降解，充分发挥芦苇对河水的净化作用。水质稳定系统由上湖、空中水渠、蝴蝶泉、虎爪湾溪、清漪溪和月亮湾等部分组成（水体积约为 1800m^3，停留时间为 3.5 天）。下湖和中湖交界处设堆石跌式溢流，下湖湖心设清洁能源曝气系统，以增加浅水湖泊系统的溶解氧，经泵的提升，形成空中水渠，同时也是跌落式曝气复氧，下湖中设置木制折桥，并在折桥两侧设置喷水装置，从而达到既增加人文景观和自然情趣，又进行曝气复氧的目的。这套水体净化系统的特点是将水质的改善和水景规划结合起来，主要采用生物的技术净化水质（图 7–3）。

重庆老工业区大多位于嘉陵江和长江沿岸，滨江环境污染已经非常恶劣，许多岸线成为工业废料堆积和废水排放的地方，滨水岸线环境综合治理是重庆工业遗产地段重现活力的前提条件。首先是建设足够的污水处理厂，将生产、生活污水截流后送入污水处理厂；其次是修建滨江绿地，清除垃圾、弃渣，根据地形地貌适当修整岸线滩涂，种植大树和耐淹植物，开辟市民休闲散步的步道和广场，选择性保护些湿地，维持生态的多样性；同时，加强日常维护和管理，使滨江环境的卫生和美化工作建立责任制度，实现长效化管理。

图 7–3　苏州河沿岸改造
（资料来源：作者自摄）

3. 加强绿化种植

工业生产区一般绿地较少，生态环境较差，因此，老工业区的更新中绿化建设非常重要。注重绿化生态环境建设，为该地区的复兴打下良好的基础。例如，在德国关税联盟二号矿井遗址和蒂森钢铁厂景观公园，为改善工厂的生态环境，改造之初种植了大量树木，如今已是一片森林。在重庆沿江的工业遗产地段，注重保留现有的山头、崖壁、厂区绿地、林地和林荫路，再通过规划绿化地带，在江岸河溪流两侧划出绿化控制地带，对滩涂采用生态改善措施，进行滨江环境综合整治，为工业遗产地段的重塑活力创造良好的自然生态环境。

7.2.3 以工业遗产主题展示为导向进行综合发展

地方政府首先在统筹定位和规划后，率先启动政府投资的公共项目，公共项目的选择至关重要，根据地区发展定位和现状条件进行研究，围绕工业遗产的主题特色，利用原有的历史建筑资源改造为有特色的公共项目，通过建设大型公共服务设施作为产生联动发展的催化剂，依托大型公共博览建筑、当代艺术馆、会议中心、国际化学校等大型公共服务设施为触媒点，因为大型文化设施和公共环境的改善使周边地价得以提升，是地区价值被重新重视的信号，增强了市场投资的信心，市场的潜力被激发，各种社会资金被吸引来投资，从而使工业遗产地段成为投资的热土，重新点燃了经济繁荣之火，经济再度繁荣。例如，英国诺丁汉蕾丝市场工业遗产地段的改造中诺丁汉市政府以“保护历史建筑群，将蕾丝市场发展为城市的混合使用休闲中心”为目标，1995年市政府在国家彩票、诺丁汉遗产信托的资助下，建设了两个利用历史建筑改建的博物馆：纺织博物馆和审判博物馆，修建了从蕾丝市场到旅游热点诺丁汉城堡的地下通道，将旅游线路串联起来，将一幢维多利亚工厂改造成一所新型国际网络学校，学生的到来积聚了人气，商业和社会交往激增，四千多家企业在此落户，大部分是文化和娱乐公司、艺术工作室等，新增加了大量就业岗位。在公共服务设施完善的同时，政府与私人开发商合作成立“蕾丝市场地产”公司，将历史建筑改造为公寓、高档旅馆等，使这里一跃成为设施先进的居住区，土地与房产价格上升28%，成为英国第四大商业中心。①

工业遗产利用要坚持多功能适宜混合发展模式，保护文化主题的多样性，定位于面向城市区域的综合性公共服务中心，把旧工业区生产功能转变为整个城市的生活休闲服务功能区，同时提供就业岗位，合理配置公共服务设施，塑造亲切宜人的城市公共空间，吸引各种功能集聚，如文化、商业、休闲、旅游、居住、商务、创意产业等。目前，我国工业遗产利用较为单一，基本上是利用为餐馆、艺术家工作室，主要的功能是以商业设施为主。而国外工业遗产的利用途径广泛得多，包括学校、旅馆、住宅、文化中心等，发挥显著的公共功能和社会功能，对提升该地区的文化品质有重要的作用。

---

① 朱晓明．当代英国建筑遗产保护 [M]. 上海：同济大学出版社，2007：127.

7.2.4　多模式的再利用

不同区位和实际条件的工业遗产再利用的方式不同，应采取多样化的保护性利用模式，合理地利用历史的资源，工业遗产再利用按利用功能可划分为以下四种模式。

图 7–4　铁桥峡谷工业博物馆
（资料来源：作者自摄）

（1）博物馆展览模式：工业遗产博物馆是保护可移动物质工业遗产的有效方式，具有特殊的工业历史文化内涵和技术美学特征的可移动的工业遗产，包括非物质遗产，可采用博物馆展览模式，各种工业设备、文史档案等可以在此展出，集中展示城市工业化进程，记录生产过程、人工技艺的历史和文献、企业档案、建筑图纸以及工业样品适合在博物馆中保护和展示，一些老企业的老设备、厂史档案等物质文化遗存移入博物馆中集中保护，工业文化的非物质遗产适合通过博物馆的陈列和讲解进行诠释，一些感人的劳模事迹、英雄故事、企业文化内容成为参观者感受工业时代人文精神的生动教材。全国已建立了众多的各种类型的工业博物馆，例如上海中国船舶博物馆、沈阳铁西区铸造博物馆、上海自来水博物馆等。城市工业遗产博物馆群应整体规划布局，根据不同工业遗产的价值和主题，规划一个主馆和若干专业馆群。利用工业厂房改造为展示原工厂和行业的历史、技术价值的场所是较普遍的方式。通常小空间的历史建筑改造为博物馆或陈列室，大空间的厂房改造为全市或者行业综合性博物馆。例如，英国铁桥峡谷改造利用十二幢历史建筑，建成十二个不同类型的博物馆，展示这里历史上不同的工业场景，成为游人参观旅游的必看之地（图 7–4）。

（2）景观公园模式：对于工业价值高，需要大面积保护的工业遗产，适合采取景观公园再利用模式，利用工业遗产地作城市开敞空间是较好的方式，改善了城市环境。景观公园可以将工业建筑群及周边的环境整体进行保护与利用，创造和设计出现代感强，记录和体现过去工业成就的空间形态，在传统中融入新的形式和功能，使公园充满浓厚的工业文化气息，将工业遗产转化为城市开放空间，对遗留工业设施和地貌景观进行艺术加工与再创造，利用工业标志性构筑物、设备作为城市新的地标，对场地的工业元素进行保护和利用，使场地环境具有工业文化的意味，在城市的街头绿地或小区中，艺术处理后的工业构筑物，如烟囱、铁轨、起重机或者厂房的一榀框架等都是工业景观塑造的素材。这是广泛采用的景观利用模式。不乏成功案例，例如德国鲁尔地区蒂森钢铁厂改造成钢铁工业景观公园（图 7–5）、中山市岐江公园、上海市徐家汇公园等。

（3）文化创意等商业利用模式：处于城市中心区、地理位置比较优越的工业建筑和厂区，其厂房空间高大，利用的经济价值比较高，有多种商业利用方法。文化创意产业模式是工业区整体更新利用较多的模式、避免城市中心区产业空心化的有效措施、发展都市工业园良好的途径。有许多成功的案例，例如北京 798 艺术中心、上海 8 号桥时尚中心、四川美院坦克艺术仓库等。文化产业与工业遗产的结合要形成一个完整的产业综合体，对于提升城市文化品位，创造经济价值和社会价值都具有重要的意义。例如，重庆坦克艺术中心和 501 基地依托四川美术学院众多的艺术人才，利用旧厂房得天独厚的空间优势和独特的艺术气息，经适当的内部空间划分或外部修饰，改造成工作室、画廊或者中小型办公室等，一些设备和工艺流程融入新的景观设计中，形成特色性景观。同时，低廉的租金和艺术氛围吸引大量艺术大师和文化产业聚集，每年在不足两公顷的厂房里产生数亿元的艺术品产值，成为西南乃至全国富有影响的艺术基地（图 7–6）。虽然，坦克艺术中心利用老厂房开发文化创意产业取得巨大成功，但是在其他的区域不一定能够推广和复制，因为其先决条件是依托四川美术学院。

还可以改造为农贸市场、大型超市或者商业会所等商业空间，这是普遍采用的利用模式，利用多层的工业建筑改造为办公楼或公寓也不乏例子，在保持其体量、风格等基础上通过内部改造适应办公、居住功能，从而实现工业建筑的功能转换。

（4）旅游景点模式：地处偏远的工业遗产在利用上通常采取工业旅游发展模式。较完整地保留工厂的原来格局和风貌，进行公园景观打造，保留较突出工业文化标志性特征的建构筑物、工业设备，保护性再利用原有的工业机器、生产设备、厂房建筑，展示工业的历史生产特征，形成有独特的观光、科普、教育、休闲功能的文化旅游景点。例如，德国鲁尔工业区的关税同盟矿井地处杜塞尔多夫市郊，方圆 5 公里范围的原厂区整体保留再利用为鲁尔地区工业旅游重要的景点，在获得世界文化遗产称号后，吸引了世界各地上百万的游客。

上述工业遗产的保护利用模式不具有排他性，每个遗产地根据自身及环境特点可能采用一种或多种利用模式。采取何种再利用模式，要根据当时当地经济社会因素的现实状况。当没有适当的保护与利用方式时，尽量不要贸然作出决定，搁置也可能为今后找到适合的利用方式留有空间和余地。

图 7–5 德国蒂森钢铁景观公园
（资料来源：作者自摄）

图 7–6 坦克艺术仓库
（资料来源：作者自摄）

7.2.5 小规模渐进式更新

老工业区的开发和工业遗产地的再利用如同历史街区复兴一样都不是一蹴而就的，由于工业遗产地段的改造有许多不确定因素，改造方案并不能简单地确定，投资的经济效益和运行效率往往会左右改造的方向，甚至使决策者举棋不定，将改造搁置起来，国外改造中这类情况时常出现，使改造的过程充满争论、谈判和妥协，改造的时间跨度长达十余年以上。经历数轮的规划和设计、方案比选、论证，充分听取各方利益相关人的意见，达成基本统一意见后，才从局部开始实施更新。更新的方式应是小规模渐进式的，摒弃大拆大建的方式，逐栋建筑更新，逐条街道地推进，尤其在工业遗产集中的地段，主要以修缮、整治、重新利用为主。这种渐进式的改造不仅缓解改造资金的压力，也不断总结和理清改造思路，一个地区的人气的聚集和商业兴旺都是漫长的过程，这符合经济社会发展的客观规律。现在，我们参观、学习的国外成果都是20世纪60年代起开始渐进式改造并坚持不懈的结果。这一策略使我们一定要认清工业遗产地段再利用和更新的艰巨性和长期性，改造不可能一蹴而就，欲速则不达。

综上所述，工业遗产地段的利用与更新的策略应是政府主动领导，组织整体的更新规划方案国际竞赛，理清改造思路，确定改造的方案，制定长期的实施计划；更新首先从治理环境污染开始，改善地区环境，完善步行系统和公共活动空间，兴建大型公共服务设施，制定政策吸引社会资金参与，营造突出工业文化主题项目的多业态混合的城市综合功能区，推动实现经济转型和社会事业的发展。

7.3 工业历史建筑的再利用更新方法

7.3.1 再利用设计理念

工业历史建筑的再利用设计不同于普通旧建筑的改造，虽有许多相似之处，但根本区别在于历史建筑的再利用设计是在准确把握历史特征的基础上的再创造。主要有以下特点：

（1）在真实性基础上展示历史的可读性。与所有旧建筑再利用一样，工业历史建筑的改造设计，必须面对旧元素处理的问题，在改造之前首先要弄清楚哪些是代表原来物质形态的价值和特征而必须被保留下来的旧元素。一般来说，工业建筑空间开阔，适应性强，特别是生产类建筑的结构较为坚固，改建要尽量充分利用原有结构和建筑外观特征作为工业建筑反映其历史、审美价值最直接的证明，在改造中应尽量保持其立面、外观上原有的逻辑关系。新增的元素要提升原有建筑的价值，而不是抛弃原有形态特征。保留大部分原有建筑的外部特征，并对其进行必要的维护整修或更换局部构件。新建部分采取与原始风格相协调的处理，也有采用对比的方式处理新旧部分的关系，以明确新旧建筑间的传承关系。重新抹灰、粉饰一新的做法显然是得不偿失，那些经历了风吹雨淋、岁月洗礼的结构和构件具有采用新材料“作旧”换不来的历史的真实感。

（2）新旧共生的个性化创造。历史建筑设计的基础是保护，每项改造工程又要符合现代人的价值观念、生活方式以及对环境的需求，新和旧的融合是工业建筑再利用设计的特点，通过不同风格和材质元素组合来表达出与众不同的特点和新颖的视觉效果。对保留元素如结构构架、维护实体进行必要的清洗和加固，保持建筑的完好和正常使用非常重要。建筑处理方法可形象地概括为“加减”法,减法如同给之“洗脸”,把那些腐朽、老化、损坏、多余且有碍观瞻的部分去除，加法则针对残缺部分进行现代技术的加固、修补，以保证其安全和继续正常使用。对于立面严重损毁和历史及美学价值不高的工业建筑，可以保留主要框架，在最大程度延续历史信息的基础上，赋以其新的表皮以适应新的社会生活。对旧元素的处理方法和技术看似整体但不露痕迹，却是工业建筑改造设计中用心最多，又是最能保持并展现原建筑特征的重要手段。

在保护中创造个性化的空间是更高的要求。无论功能如何转变，老厂房、老仓库改造的最终目的是要吸引更多的人使用，工业历史建筑改建注重营造公共交流的个性空间。工业建筑内部最常见的空间处理是在保留、修整其屋架结构的基础上，改建成为大跨空间的建筑，如博物馆、剧场、礼堂、展厅等，或化整为零，用竖向加夹层、水平分隔等方法将大空间化为小空间，加入新用途，增添现代设施。既保留了原有工业建筑的特点，又使内部空间更符合现代展示、商务服务的需要，增大了建筑的利用价值。

（3）创意性设计。工业遗产作为反映城市和产业发展历史记忆的物质实体，既要保护历史建筑特征，又要有符合保护要求的新创意是规划方案的关键，有机结合方能收到锦上添花的效果，创意提升价值，使保护对象的价值得到发扬。规划方案重点应在改造的理念创意上，历史建筑通过再利用重新被社会使用，也许这些工业建筑艺术价值并不突出，需要建筑师通过再利用设计的创造提升价值，在创造过程中最大限度地利用原有建筑特色，体现历史、技术、经济等方面的综合价值。例如，英国泰晤士河畔的火电厂改造方案采取国际方案招标，赫尔佐格建筑师事务所将工业历史建筑改造成为世界知名的泰特美术馆。在泰特艺术馆设计中充分保留原有工业厂房，不仅没有改变或削弱原有发电厂工业建筑的形象，反而加强了这种特征，保护建筑表面封闭沉重的暗红色砖墙和巨大的体量，原涡轮机房极其高大的空间被很完整地保留下来，并作为展厅陈列着与之相称的巨大的现代雕塑。这个展厅既向人们展示了原有工业建筑的雄浑之美，又与现代博物馆的功能相称。建筑师在原发电厂外观基本不变的情况下，在厂房的顶上巧妙地加建了一条二层高的矩形光梁。这个摆在凝重砖墙上的玻璃盒子，在白天的时候融入到灰色的天空之中，黄昏时却变得通体透明，锐利的光体打破了原本死板的天际线，重新唤醒了这座旧建筑的生命，这个项目的完成使这个原本已经废弃的工业历史建筑，甚至包括整个泰晤士河畔地区，重新焕发了光彩（图 7–7）。

（4）满足符合现代建筑的舒适度与节能环保的要求。工业建筑围护结构热工性能较差，采光通风不好、能耗较大，这是工业生产下的建筑物理标准。如果工业建筑再利用时缺乏必要的节能和舒适度设计，仍然不加处理地原样保留，在消防、隔热、保温方面都存在问题，将严重影响使用的安全性和舒适性，须增加一些基本或高标准的设施，按照现在的生活标准进行改造，满足新功能要求以及现代建筑的舒适度及低碳环保节能要求。例如，上

图 7-7 发电厂房改造成泰特艺术馆
（资料来源：作者自摄）

海钢铁十厂冷轧车间的改建将制冷与采暖设备、水、电、灯光、网络、监控设备等现代展示、办公建筑所必须的设备均加入到建筑中来，还在配套的红坊文化商务社区，内部配置如专用温控、法国新型节能供暖系统和保温系统等，舒适性不亚于甲级办公楼的标准。

7.3.2 建筑更新手法

1. 功能转换

功能转换是指保留工业建筑的空间并加以利用，通过使用功能的改变，而获得新的空间形态，实现对原有建筑空间的动态保存。工业建筑遗产由于在历史文化价值上被认定为保护建筑，对其采取保护建筑原貌，即建筑主体空间、结构立面风貌、建筑细部，对内部空间安排新的使用功能。转换的功能用途要与历史建筑本身的文化特性相符合，通常转变为文化、展览、商业用途，新的文化功能使原来较均质、单一的生产空间由于人的多样化的活动变得生机勃勃，新的功能使建筑的经济价值得到充分体现。功能转换不应该引入有损历史文化保护的使用功能，例如：厨房、汽车维修、易燃易爆品仓库等。

2. 改扩建方式

在新的功能要求下对工业建筑内部空间采取拆分、重建或者置换等方式来获得新的效果，满足新的需要。局部调整包括空间的调整和建筑围护层的更新，常采用空间穿插、扩建、分割等手法。

扩建加建是指在原有建筑结构的基础上或者与原建筑关系密切的空间范围内，对原建筑进行适当的扩建、加建，使新旧建筑形成一个整体。扩建加建要严格控制，以不能影响工业遗产本体特征为前提，同时要注意加建的部分同原有部分的呼应或对比，并进行相关的结构计算和分析。扩建加建包括“包容式”和“外延式”两种：包容式是在原有建筑空间内部进行，与空间划分和功能置换结合使用；外延式是在原有建筑主体的外部进行扩建加建，要注意周边环境和新旧部分的关系。

3. 空间重组

空间重组是指打破原有的空间形态，针对新的需要和功能重新设计空间，形成新的效果和新的形式，分竖向和水平重组方式。

竖向重组是指通过对原有空间在竖向上进行适当的分层，创造出若干新的空间，满足新的功能需要。这种方式适合于工业建筑内部空间高大，而改造要求复杂的类型，与包容性加建扩建结合进行。竖向重组的方法应用的时候需要注意原有建筑结构与新增结构构件之间的相互协调关系。设计必须同相关的技术分析相互结合，特别是确保建筑安全性，需要进行相关的加固处理。此外，由于随着空间竖向层次的增加，建筑的重量也随之增加，因此应当在设计的时候采用轻质的材料，例如加气混凝土、石膏板等轻质材料作为隔断或内墙，用轻质高强的钢结构来支撑新增部分。

水平重组一种是指通过空间或者实墙、隔墙等构件把原有较大的空间形态分割成若干小的空间形态来满足新的功能需要，适合于占地面积大的工业厂房，特别是单层或低层的工业厂房。另一种是单个空间无法容纳或者适应所需要的新功能，采用把若干独立的个体连接起来，塑造成新的空间的设计手法。这种设计手法突破原有建筑空间的限制，在空间形式、界面的材料处理上更加灵活。此外，还能够形成诸如庭院等新的空间形式，使建筑的空间更加丰富。不同的空间在连接的时候可以采用串联或者并联的方式，当然也可以通过庭院来进行空间的重新组织，形式灵活多样。

4. 流线组织

工业建筑空间较大，需要在原有建筑的内部组织和安排新的流线。作为生产使用的工业建筑的流线一般都比较简洁，改造后功能趋于复杂化和多样化，甚至在竖向和横向上出现空间的分割和附加。这种流线是在工业建筑内部划分出特定的空间或区域组织交通，除了水平方向的处理方式，还有用加建的楼梯、走道、天桥等新方式来连接竖向划分出的不同空间。最常见的对工业建筑流线的处理手法是在其内部设计出一条室内街道，工业建筑空间巨大，而改造后的用途主要是作为艺术家工作室、展示、餐饮等不同功能的空间。原有的空间相对于新的功能来说无疑是巨大的，即使是一些诸如展览等面积较大的空间，占据庞大厂房的一个角落也已经足够了。通常，设计一条内部的通道，不同功能、不同大小的空间被划分出来并且沿着这条通道布置。从尺度上看，这条通道如同建筑的内部走廊，但是从功能和类型分析，它类似商业建筑中的室内商业街的性质，俨然是一条联系展厅、酒吧、工作室、服装店的小的“城市街道”（图 7–8）。

图 7–8　空间改造一侧形成内街
（资料来源：作者自摄）

5. 新旧立面融合

保留有价值的旧建筑墙面融合在新建筑中是工业历史建筑更新常见的方式，是取得老建筑改造效果的方法。历史建筑的立面被加固，在其内部建造新的建筑物，内部通过轻巧的钢架为保留的历史建筑立面提供结构支撑。新立面设计是根植于历史环境的创新设计，强调建筑材料、形式的新与旧的对比或协调，由于新建筑拥有历史建筑的部分立面，所以更容易取得与原来历史环境的调和，历史建筑立面新旧融合有许多成功案例。在保护局部历史墙面的条件下，新的建筑保持原状体量，增加新的设计元素，用现代的钢材、玻璃、金属板材进行组合造型，与历史墙面并置，既有历史的厚重感，又有现代的时尚，通过强烈的视觉和氛围对比获得艺术感，成为现代人喜爱的场所。例如，上海800秀场老建筑改造中，将两个孤立的多层厂房通过增加交通体联系起来，采用现代的建筑材料和形式，对原建筑立面在保持体形不变的前提下，进行开窗方式的艺术化重组，窗间墙体材料局部更换为金属镂空板材、棕色木格栅、镀膜玻璃、深色塑钢窗框等现代材料，取得新旧对比协调的效果（图7–9）。

6. 地面隐喻

这种方式不试图用建筑实体恢复被毁的历史建筑，而是在新的环境设计中，通过运用象征手段达到保留对历史建筑环境的记忆。通常采用在地面上运用铺地保留历史痕迹来展示历史建筑的平面，借助想象来实现对历史建筑实体的记忆。对于大量的工业历史建构筑物由于现实条件不能保留实体空间，采取在广场、绿地或新建筑架空的室外地面保留工业建筑的墙基、柱基，保留局部原始地坪，或使历史建筑的平面基本完整地表

图7–9 建筑立面新旧对比
（资料来源：作者自摄）

现出来，体现对历史建筑和环境的尊重，把历史元素与现代建筑设计巧妙地结合起来。

7.3.3 再利用的技术措施

1. 建筑状况评估是基础

再利用整个过程都需要对建筑进行多次反复的深入调查和核实工作，根据现状和发展目标对之作出一个初步再利用可行性评估。如能找到完整的原有建筑图纸最好，否则只能通过对实物进行测绘和鉴定来获得基本信息。可行性研究的关键在于原有建筑形式和新用途之间是否能建立良好的匹配关系，需要对建筑再次进行全面的评估，看是否存在难以解决的技术问题。评估与调查主要针对建筑周边基地环境、建筑构件设施的完好程度和建筑使用功能的完善程度三个方面。从建筑空间结构与功能角度进行的使用功能调查，掌握建筑平面、空间、物理功能和基础设施方面情况。结构作为支撑体系直接关系到建筑的安全性以及经济方面的问题，对结构设施完好程度的评定包括结构、装修和设备三部分，主要针对地基基础、承重构件、非承重构件、屋面、楼地板等，对那些虽然老化陈旧，却能够体现建筑曾经的功能特色和时代风格的重要因素，原有装饰材料、设备及造型、色彩等特征详细记录，作为再利用时新设计的依据。在工业历史建筑保护的前提下，再利用时选择适宜的技术策略以充分体现项目的历史性、经济性、艺术性或技术性的统一，促使项目所涉及的各方面利益能协调一致。

2. 结构加固补强

工业历史建筑由于年久失修，再利用时结构加固补强是建筑保护的一种常用方法，以保留下原来的旧结构体系为对象，有的工业历史建筑在历次的技术改造中，唯一有历史价值的或许只有一片墙体或一榀排架柱，为了保护这壁墙难度也很大，需要有合理科学的改造计划和实施步骤，外墙被小心地从建筑结构体系中剥离出来，并用钢架从后面加以固定。对拆除下来的窗扇、屋架和装饰元素等富有历史和艺术价值的建筑构件经过清理后用于重建时的立面复原，以确保建筑细部的历史可信度。其他的结构加固的主要措施还有锚固、植筋工艺、结构钢加固、喷射混凝土、碳纤维加固、混凝土裂缝修补等技术，都能在不太影响使用的前提下，达到预期的强度，延长结构的使用寿命，在选择适当的加固措施前，需要和结构工程师进行全面分析、检测、制订加固方案。除了结构加强之外，历史建筑中墙体潮湿、砂浆脱落、霉变、返碱是十分常见的，可以运用防水增强技术，注射防水溶液在墙体内部形成防水层，还可以用水和有机硅组成的护墙膏涂刷于墙体表面，形成憎水薄膜，也能起到防水去霉的效果。

3. 节能环保措施

历史建筑外围护结构的保温性能往往不能满足现行节能规范要求，这就需要对历史建筑的外墙、门窗、屋顶、基础作节能改造，提高系统的保温指标。

外墙是减少能量损失的一个重要方面，也是历史建筑改造一项极具挑战性的工作，改进历史建筑的外墙保温性能和作护方面不受破坏常常是困扰建筑师和工程人员的一对矛盾。德国柏林在工业历史建筑修复中采用一新型透明绝热材料 TIM 与外墙复合成隔热墙以降低建筑的热量流失，一般用于外墙内侧。[①]

外窗是外热传递最活跃的地方，通常采用将单层普通玻璃更换为双层隔热玻璃，或在原有窗扇上增设隔热玻璃，或在外窗的墙内侧增设第二道窗，或更换新的复式结构窗等措施。同时，加强窗构件的气密性，阻止空气流动传热。

遮阳措施方式可变为重塑工业建筑形象的积极因素，将可调控户外遮阳百叶及挡光窗檐板等在立面设计时统一考虑，还可采用智能化户外遮阳技术，通过户外感应器对早晚和季节变化的光线作出相应调整，使太阳光最大限度地得到利用。

4. 整体位移

许多工业历史建筑因与所在地新建项目布局的矛盾而被拆掉，例如在重庆融侨半岛开发中拆掉了宝贵的铜元局德厂和英厂老厂房。因建筑物的不可移动性造成历史建筑被拆掉的遗憾时有发生，建筑实体不存在，何谈再利用。因此，整体平移技术作为一项先进的施工技术也被用于工业遗产的保护与利用中，挽救了许多历史建筑被拆除的命运，又适应新的建设需要，通过技术手段实现了新与旧的统一。例如，日本千叶市中央区役所综合大厦工程运用这个技术，该工程由日本著名建筑师大谷幸夫设计，是一栋旧银行历史建筑保存性再利用的创举，保护的建筑是川崎银行千叶支店，一幢 1927 年建成的二层钢筋混凝土建筑，千叶市议会决定将其拆毁，新建中央区办公楼，在广大市民和日本建筑学会的呼吁下，大谷幸夫设计的新综合楼中完整地保存了这栋旧建筑，将其作为新建筑入口大堂建筑的一部分，并得到有效再利用。由于施工时地段狭窄，先将历史建筑后移 25 米左右，待新建筑地下主体工程完工后再移回原位，新建筑的历史文化感和高品位的艺术性赢得 1995 年日本建筑学会设计作品奖。

7.4 发展文化创意产业

7.4.1 新的朝阳产业

进入 21 世纪，文化与经济和科技相互交融，文化创意产业作为一种新的经济形态被视为新世纪的“朝阳工业”，文化创意产业（Cultural and Greative Industries）是以创造力为核心的产业，强调个人（团体）的智力、技术和创意，以产业化方式营销知识产权的行业，是对诸如广播电视、动漫、传媒、音像、视觉艺术、表演艺术、工艺设计、雕塑、环境艺术、服装、建筑设计、广告、软件和计算机服务等行业的通称，并不是新出现的某个行业。但已经发展为发达国家增长最快的产业，西方国家城市经济复兴和产业转型是以创新型文化产业为重点的，强大而有竞争力的文化创意产业已成为发达国家文化软实力的重要载体。目前，在发达国家，文化创意产业已经成为国民经济的重点和支柱产业，不但在国民经济中占有举足轻重的比例，而且还成为重要的外汇收入来源。美国文化创意产业的年产值占国内 GDP 的四分之一，已成为美国重要的支柱产业。英

① 左琰 . 德国柏林工业建筑遗产的保护与再生 [M]. 南京：东南大学出版社，2007：149.

国文化创意产业产值约占国内生产总值的7.9%，成为产值居第二位的行业，仅次于金融服务业。日本文化创意产业总产值达到1300亿美元，约占GDP的18.3%，文化创意产业已成为仅次于制造业的日本第二支柱产业，在日本的文化创意产业中，动画、漫画和游戏三大产业的发展尤其令人瞩目，素有“动漫王国”之称，占世界市场的62%。

我国文化创意产业成为经济转型发展主流。文化创意产业是一个国家、地区经济、社会发展到一定水平的产物。2006年,《国家“十一五”时期文化发展规划纲要》发布，首次将“文化创意产业”写入其中，表明国家的认同和重视。发展文化创意产业是建设创新型城市的主要路径，各个城市都把创意产业作为转变经济增长的有效途径，文化创意产业年增加值以两位数增长，产值占GDP的比重不断增大，据统计，2006年，上海创意产业总产值达2300亿元，增加值为674.6亿元，占全市GDP的6.55%；北京2007年文化创意产业总产值3800亿元，占全市GDP的14%;而且都在逐年呈两位数地增长。

文化创意产业属知识密集型产业，是高效益产业，从上海对75家创意产业集聚区的综合调查,可以看出综合效益高的特点。例如,前三批创意产业集聚区总投资29.3亿元,建筑面积119.6万平方米，按平均租金2.5元每平方米（上海商务楼平均租金6.7元每平方米），约2年零8个月收回成本，经济效益显著；另一方面，单位产出率每平方米近1万元，约相当一般工业区单位产出的4倍，是占地少、产值高的行业。在城市中心区创造了近5万个就业岗位，就近解决部分下岗人员的就业。企业投资创意产业园区的平均投资回报率约在15%~25%，而一般建设项目的投资回报率在10%以下。[①] 通过利用老厂房发展文化创意产业，既传承了工业文明的文化，保护了城市珍贵的文化遗产，同时又带动城市中心区产业转型升级，改善城市环境，提升了城市文化品质。所以，利用工业建筑遗产发展现代文化产业是具有良好经济效益、社会效益、环境效益和文化效益的产业结构优化升级的方向。

7.4.2 工业遗产的文化优势

美国是最早提出利用工业遗产来发展创意产业的国家，纵观西方发达国家创意文化产业发展绝大多数萌发于原来工业发展阶段遗留的废弃旧厂房、仓库内，国内外工业建筑遗产的再利用与引入文化产业密切联系，一些有历史价值的工业建筑地段和建筑为创意产业集聚发展提供平台。从工业老厂房、老仓库中发展壮大文化创意产业使原本萧条的地区重新走向繁荣，如英国的伦敦码头区、利物浦阿尔伯特码头区、加拿大温哥华戈兰桂岛、纽约的苏荷地区等。这是因为工业老厂房既有历史内涵，又具有高大坚固的空间可再改造使用，现代艺术家偏好工业建筑改造中新旧对比的美感，在这样的空间氛围中更能激发艺术灵感,当然重要的一点是这些地方区位好,租金又便宜。所以,艺术家、文化人纷纷把工作室、公司开办在老工业遗址上。从文化产业的发展历程中我们看到工业建筑遗产为现代文化产业的发展提供了独特的空间资源。

---

① 张京成 . 中国创意产业发展报告（2008）[M]. 北京：中国经济出版社，2008：108-121.

工业建筑遗产与创意产业的需求结合，形成既有文化价值又有经济价值的新经济的载体。在中心城区空置了大量的老厂房、老仓库，为以创意产业为主的现代服务业集聚提供了得天独厚的空间资源。产业集聚是创意产业发展的主要特征，一方面有利于文化、智力资源的共享，产生规模效应，节约运作成本；另一方面会产生关联效应，带动所在地区的金融、房地产和交通运输业的发展，促使生产的规模化和专业化。通过打造产业集聚区，使企业和机构形成基于产业链条的协作关系，获得群体竞争和发展优势，集聚成为我国创意产业发展的基本要求。大量有历史韵味的工业建筑遗产为文化创意产业聚集形成规模化发展提供巨大的空间资源，也成为盘活国有存量资产的一种有效手段。在国内较知名的创意产业区大都是利用工业建筑遗产的范例：北京的798、惠通广场，上海的8号桥、M50、1933老场坊、田子坊等，南京的晨光1865、石城现代艺术园、东八区、西祠区、幕府智慧园，成都的东郊工业文明博物馆、红星路35号，天津的6号院、意库、华轮创意工场，杭州的LOFT49、A8艺术公社、重庆的坦克库当代艺术中心等。

7.4.3　利用工业遗产发展重庆创意文化产业

据2009年重庆文化产业发展报告蓝皮书显示，2008年，重庆文化产业保持25%以上的增速，文化产业增加值可望达到150亿元，以新闻出版、广播电视、图书出版发行为代表的传统产业规模日益扩大，以数字传媒、动漫、网络等为代表的新兴文化产业市场份额明显提升。2007年8月，国家广电总局授予重庆"国家动画产业基地"，四川美术学院与重庆广电集团联合打造的视美动漫公司，成立不到3年已成为西南地区最大的影视动漫企业。重庆市城镇居民人均文化娱乐教育支出1449元，同比增长4.4%，占总消费的15.4%，文化消费市场潜力巨大。2007年重庆市人民政府出台了《关于加快创意产业发展的意见》，指出创意产业是国际公认的21世纪最有发展前途、最具增长潜力的朝阳产业，设立财政专项资金进行扶持。到2010年，全市创意产业增加值占全市GDP的7%，实现增加值350亿元左右，形成7万人左右的就业规模，全市建成50个以上创意产业基地，有3个在全国具有影响。

但目前创意产业尚处在起步阶段，需要政府积极引导和大力扶持。重庆工业建筑遗产结合创意产业利用的典范当属"坦克仓库——重庆当代艺术中心"，是四川美院改建原铁马集团一个废弃的坦克仓库而成，依托四川美术学院的艺术人才及国际交流的背景，坦克仓库逐渐成为重庆乃至西南的文化地标。创意产业正在重庆兴起，但是没有更广阔的土壤和环境使其迅速发展壮大，目前的产值还明显落后于发达地区，没有大规模吸引创意产业集聚的空间。对照城市新的发展目标，现状差距很大。我市成规模有影响的创意产业集聚区还不多，对工业遗产的利用远远不够，工业区的改造仍以房地产开发为主，与创意产业规划目标和全国老工业城市的地位相比，还有很大的差距。

2009年，重庆推动文化大发展大繁荣的决定提出要加快文化产业基地和区域性特色文化产业群建设，重点发展广播影视、动漫游戏、文化创意、文化旅游、广告会展、网络服务等文化产业。众多老厂房为这些新兴的文化产业提供大量的承载空间资源，新兴的文化产业的引入将带动老工业基地的产业升级和振兴。大量的有历史积淀的老工业区搬迁后非常适合部分用地作为发展创意产业园区，两江四岸老工业区地段为创意文化产业发展提供巨大的发展空间。虽然创业文化产业在新开发区的写字楼宇中也能得到发展，但是开发利用两江地段丰富的工业建筑空间资源，成本较低，改造利用旧有建筑，具有文化价值、经济价值和环保意义，改善沿江景观形象等诸多有利方面。例如，在重钢厂、长安厂、九龙坡发电厂和特钢嘉陵厂工业遗产集中的片区，这样才会形成在国内有影响的创意产业基地。

重庆创意产业要实现快速发展，必须改变现在民间自由发展小而散的状态，需要政府主导打造成规模的高档次的创意产业基地。重庆的老工业基本上分布在主城两江四岸地区，通过调查，现状的滨江地区缺少人文活动和公共生活空间，缺乏宜居的城市环境及公共服务设施，难以吸引高端服务产业人才，高端服务业欠缺，新产业集聚度不高，存在居住功能过强，都市文化、休闲功能不足，工业遗产未受到充分重视和再生利用，沿江景观无特色等问题。在主城两江四岸总体设计中，提出构建以生态、人文为主导的可持续发展的城市发展策略，借老工业区的改造机会，采取以人文和环境为主导的综合性开发模式，重点在沿江工业遗产地以重大公共服务文化项目带动地区经济社会的振兴，因为工业建筑遗产保护利用不仅意味着对历史建筑或历史地段的保护，而且工业遗址地为城市产业优化升级提供空间和机会。工业遗产保护与利用是实现"发展创意产业，打造创新之都"目标的有效途径。

7.4.4　工业文化旅游方兴未艾

把工业遗产作为旅游资源加以开发，不但是旅游业发展的需要，同时也是那些寻找转型和再生之路的老工业区及其企业可持续发展的一大出路。在西方，遗产旅游（heritage tourism）是一个非常普遍的利用方法，其含义与我国的历史文化和文物古迹的旅游观光相当。工业旅游在国内外是新兴的旅游概念和产品，尤其以工业历史遗产为特征的旅游更具有吸引力，对工业遗产旅游的开发，欧美国家开展得比较早，英国从工业考古到工业遗产的保护，再把工业遗产作为旅游吸引物，开创了工业遗产旅游的先河。如德国鲁尔工业区每年要接待100余万人的旅游观光，有数十亿欧元的旅游收入。工业旅游和遗产保护形成良性的互促关系。英国世界文化遗产地铁桥峡谷成为世界闻名的工业遗产旅游小镇（图7–10）。工业城市的魅力也少不了独特的工业旅游项目的支撑，工业遗产饱含着大量的有价值的历史记忆和工业生产、建筑、美学及其他人文信息，是城市个性的一个有力的注解，但要与时代的需要相结合才能长盛不衰。为体现工业遗产旅游的独特性，必须深入发掘工业遗产的文化内涵，在众多工业遗产旅游价值中找到具有区域竞争力的价值因素，并有针对性地进行旅游产品的创新设计和营销推广。

旅游业需要有特色的项目和产品来支持，特色是旅游资源的灵魂。工业遗产旅游不是简单地将"工业遗产"与"观光旅游"相组合，而是把早期从事工业生产活动的人工场所、建筑和景观等工业遗产与旅游发展诸要素有机结合，使游客在参观、旅游活动

图 7-10 铁桥峡谷工业旅游吸引大量游客
（资料来源：作者自摄）

中得到科学知识、爱国主义教育和身心的愉悦。突出特色是旅游开发的生命线，工业遗产作为新兴的旅游资源，在长期的历史积淀中，形成了丰富的环境意向，人们越来越钟情于那些锈迹斑斑但历久弥香的钢铁记忆。这些意向与当地居民的生活融为一体，使得这些环境更具表现力，成为一种具有生命力的场所精神。因此，保护性利用工业遗产要注重保护工业技术的特征，展示工业生产的工艺美学和技术魅力，如展示钢铁是怎样炼成的、枪炮是如何制造的过程，这才能形成各具特色的旅游项目，吸引不同的游客源源不断地来参观、考察。把工业遗产旅游融入城市旅游系统。工业遗产旅游既是文化遗产旅游的组成部分，也要与其他旅游资源互补。单一的工业遗产旅游项目很难形成规模优势和轰动效应，必须通过联合，将其镶嵌在区域旅游系统之中，通过联合市场开发、资源互补和组合包装旅游线路，打造区域旅游的整体优势。有条件的地区，可以进行工业遗产景观旅游区整体开发，组成跨区域的工业遗产旅游项目，要本着区域联合、整体协调的思想，积极打造具有差别意义的工业遗产旅游大项目，甚至通过与其他城市的联合开发，在差异中找寻优势，在互补中求得发展。

重庆工业遗产旅游资源丰富，应注重特色的保护和发扬。根据国际经验，人均GDP达到2000美元,休闲旅游需求急剧增长。目前,重庆全市人均GDP接近4000美元，主城区远远超过4000美元，再加上重庆良好的宏观经济发展形势，重庆休闲旅游业应具备良好的市场前景。2002年11月，重庆市旅游部门印发了《关于开展创建全国工业旅游示范活动通知》，正式把工业旅游资源的利用提升到重要的地位，例如重钢开辟了“钢铁是怎样炼成的”线路，长安集团也对外开放三条生产流水线等。但目前重庆工业旅游仍在起步阶段，潜力巨大，尤其重庆是全国常规兵器主要的生产基地，兵工老企业多，兵器工业在百姓眼中既神秘，又令人向往，这方面会有独特资源优势，从常规武器到重型制造门类齐全，对全国的旅游都会有很大的吸引力，应更多地保护利用好重庆工业文化遗产丰富的工业旅游项目，形成多条特色工业旅游线路，打造以军工为核心的工业遗产旅游地，制定一条连接整个都市区的工业遗产景点的区域性旅游路线。这些线路将整个市区的工业遗产景点和城市旅游的景点串联起来，从这条线路上可看到在重庆工业发展史上的各个历史时期，通过旅游线路的系统规划，可以促进城市第三产业的经济和就业，丰富城市旅游的层次，提升城市整体文化内涵，取得保护工业建筑遗产和促进旅游业发展的双重功效。

7.5 重庆工业遗产整体利用建议

7.5.1 嘉陵厂、特钢厂历史风貌区创意产业集聚区构思

1. 区域特点分析

该片区位于主城沙坪坝的北部嘉陵江畔，隔江与北部新区相望，南与磁器口历史文化传统街区相接，北部与井口现代工业园和重庆工商大学融智学院相邻，西部穿过隧洞联系重庆大学城。沙坪坝历来是科教文化区，沙坪坝科教文化功能将向该片区扩展，该区域内的嘉陵厂和特钢厂等企业整体退出后，留出空间发展文化创意产业（图 7–11）。因此，具备打造滨江文化创意区的条件。

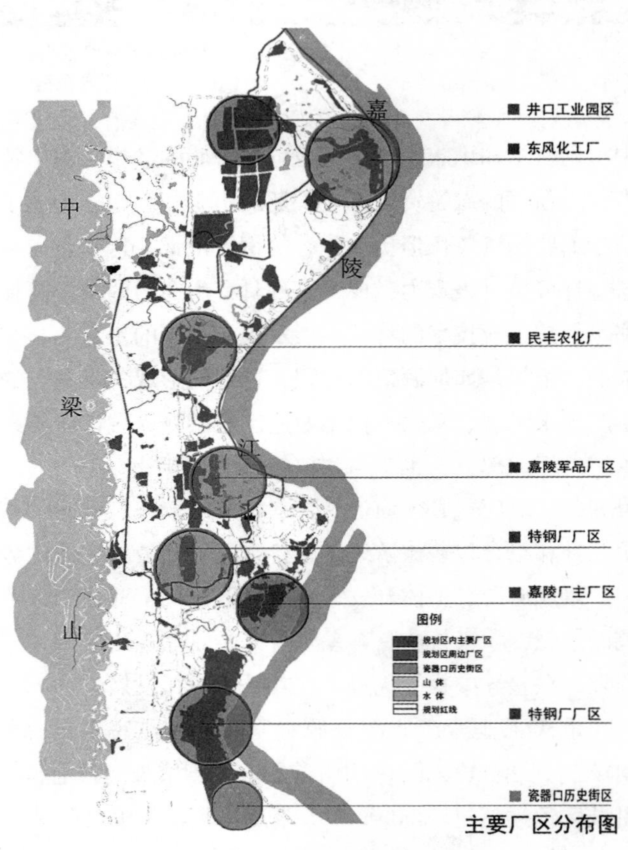

图 7–11 特钢嘉陵创意休闲带
（资料来源：作者自绘）

特钢厂现在已经破产，厂区遗留下大量高大的厂房和生产设备，特钢后勤中心办公建筑是新中国成立前的办公楼，还保存着新中国成立初期修建的专家研究所，都具有珍贵的历史价值，应保护、加以利用。嘉陵厂计划“退城进园”，留下大量钢筋混凝土厂房。该厂区的挂榜山历史地段是抗战时期主要的生产区，山下挖掘了大量生产山洞，抗战时期的烈士纪念碑也位于此处，历史遗产丰富。东风化工厂位于片区北端，创办于 20 世纪 60 年代，是国内最大的络盐生产企业，年产量排世界第 5 位。化工厂因污染严重已经环保搬迁，现存大量工业建构筑物和生产设备，整体风貌保存完好。

2. 规划定位和构思

该片区在两江四岸总体城市设计功能规划中定位为以创意、科研、文化为特色的综合社区。因为，该片区有重庆工商大学融智学院、井口工业园和嘉陵厂及特钢厂，紧邻历史文化街区磁器口。科技、人文气息浓厚，在沙坪坝分区规划的功能定位，将承接

部分大学、科技、文化产业的转移。所以，规划定位为滨江创意产业和文化休闲带，由磁器口历史文化区、特钢厂工业文化社区、嘉陵厂的工业遗址公园、井口历史传统街区、东风化工厂的创意产业园组成。

特钢厂工业文化社区，部分利用高大厂房改造为社区的商业和服务中心，为社区的居民生活配套服务，有一座主厂房东西宽约 220 米，南北长约 610 米，建筑面积约 12.3 万平方米，厂房为单层钢筋混凝土结构，结构坚固，空间高大，适宜改造为大型居住社区的文化创意产业、商业和文化休闲场所（图 7–12）。

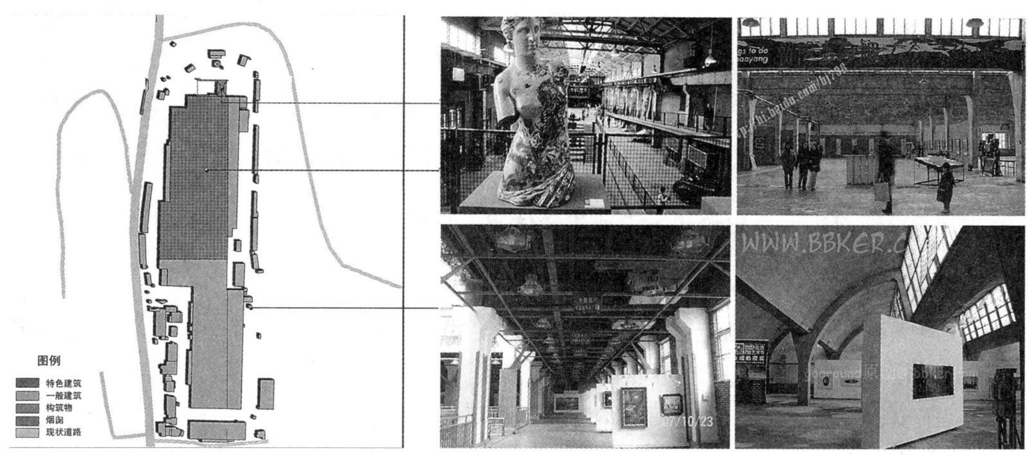

图 7–12 特钢厂房创意、展示改造示意
（资料来源：作者自绘）

嘉陵厂的挂榜山至詹家溪的滨江地带是抗战工业遗址最丰富的区域，将围绕挂榜山规划工业遗址公园，将区域内有代表性的工业建筑和元素集中于此处，形成大型工业主题公园，改善滨江地区的生态环境，集中展现工业景观风貌。

东风化工厂创意产业园与井口现代工业园和重庆工商大学融智学院相邻，依托现代工业园和大学科技的智力优势，对原厂区的土壤进行换土更新处理后，改造部分空置的工业厂房，美化环境，形成工业设计、咨询、科研、传媒等现代服务业聚集的创意产业基地。

7.5.2 重钢历史风貌区工业文化博览园再利用构思

1. 区域特点分析

位于主城核心区的重钢搬迁后，大渡口区随之进行城市功能转型，提出打造重庆生态休闲区的发展目标，大力发展文化、科研、休闲、工业旅游等产业。重钢老厂区面江靠山，紧邻大渡口商圈，生活配套较齐备，遗留下的工业遗产价值高。

2. 规划定位和构思

重钢片区改造的功能定位为工业文化博览区、文化创意产业区和滨江休闲商务及城市综合居住区。规划文化博览区、生态居住区、商业商务区和滨江休闲区四大功能区。工业文化博览区由再利用的炼铁厂历史地段和轧钢车间历史地段再利用组成。大型轧钢厂厂房改造为市工业博物馆和文化产业城，占地逾 300 亩，集中展示重庆工业发展的历史和成就，成为科普和爱国主义教育基地，建设国内规模最大的创意产业园区，集商务、设计、传媒等行业于一体。

钢铁工业文化景观公园及广场，占地 100 余亩，为炼铁厂所在地块，集中展示炼焦、炼铁、烧结的主要工艺流程，保留炼焦炉局部、620 立方米的炼铁炉、热风炉以及有特色的工业构筑物和设备，临江绿地集中利用富有工业景观特色的元素，更新为工业景观小品、雕塑，形成工业特色鲜明的公园，公园中规划工业文化广场，面积约 3 公顷，以钢铁高炉为背景，进行灯光夜景设计，广场改造成为文化表演的场地。

其余的工业历史建筑由于分散在开发的地块中，结合所在地块的功能进行整体利用，成为新开发功能的配套用房。例如，大厂房利用作为大型超市、购物中心等。原总厂办公楼可利用更新为社区医院的办公楼。位于山顶的动力厂煤气罐利用改造为景观餐厅、咖啡厅、会所等。渝钢村工人住宅再利用为工人生活展示馆。钢花电影院更新再利用为文化剧场。

7.5.3 天府煤矿历史风貌区工业旅游休闲区再利用构思

1. 区域特征分析

天府煤矿位于重庆北碚区，距主城区约半小时车程，周边现有国家级风景名胜区缙云山、北温泉、钓鱼城和嘉陵江小三峡自然风光，北碚区功能定位为文化旅游城和重庆的后花园，具有山、水、峡风光秀丽、生态环境良好、交通便利等旅游优势，区域旅游资源优势突出。

20 世纪 20 年代，近代中国著名实业家卢作孚在北碚创办了天府煤矿，修建了四川第一条铁路北川铁路。如今，天府煤矿的煤炭资源日渐枯竭，矿区出现不同程度的采煤地质沉陷，天府煤矿面临资源枯竭性产业转型。天府煤矿跨越近现代百年历史，是中国近现代煤矿工业发展的缩影，遗留下的北川铁路遗址、机电课金工车间、烟囱、办公楼、碉楼、梭槽、矿井等工矿遗产，是重庆不可多得的近现代工业旅游资源。

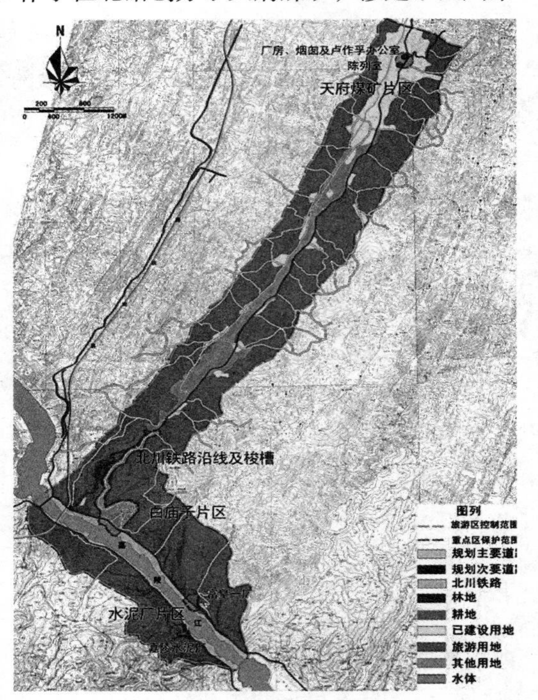

图 7–13 天府煤矿工业遗产旅游区
（资料来源：天府煤矿工业旅游规划）

2. 规划定位及构思

深挖天府煤矿深厚的历史底蕴，把天府煤矿历史地段打造成国内著名的煤矿工业遗址旅游地，成为重庆旅游之都的重要项目。工业区旅游总体构思为“两线三片”：即北川铁路体验线、嘉陵江观光休闲线，白庙子、水泥厂、天府煤矿三个片区（图 7–13）。

北川铁路体验线：在原有铁路路基上恢复“窄轨”，复建约 2km 的北川铁路，复制开动原来的蒸汽小火车，利用梭槽设置缆车运送游客到达白庙子江边码头，体验完整的运煤过程，沿线复原矿井、矿洞以及矿工生产场景，让游客体验真实的采矿场景。

嘉陵江小三峡观光线：在白庙子设旅游码头，开通游船开展休闲观光游，上可至北温泉公园，下可至磁器口历史文化街区，中间游览风光秀丽的嘉陵江小三峡。

白庙子工矿老街：原是天府煤矿矿工生活区，建筑依山而建，风貌独特。通过街区的整治、建筑改造、基础设施的完善，营造以矿工生活为主题的历史街区，突出体验、休闲和历史氛围，成为重庆独一无二的工矿历史街区。

天府煤矿博览区：利用金工车间老厂房改扩、建为煤矿历史、科普、开采工艺展示馆，提供多种形式的体验和互动，成为中国有影响的煤矿工业博览馆；办公楼可改建为天府煤矿历史陈列室和卢作孚的纪念馆。外部环境重点开展生态治理和恢复，加强度假休闲的旅游接待配套建设。

经济可行性初步分析，根据 2005 年北碚区旅游接待量 300 万人次估计，天府煤矿工业旅游休闲区吸引其中 5% 的游客，年增长率按 5% 计算，预计 2015 年游客接待量可达 50 万人次规模，按人均 200 元的消费水平，每年可有约 1 亿元的旅游收入，具有较好的旅游市场前景。

7.5.4 长安厂滨江历史风貌区文创休闲体验区再利用构思

1. 区域特点分析

该片区位于江北区滨江路内侧，鸿恩寺公园山下的谷地，隔江相望的是重庆天地项目。由于这一带的老企业多，有天原化工厂、重庆造纸厂、前卫仪表厂、江陵机器厂、长安集团等，除长安集团，其余企业都退城进园，土地进行房地产开发利用，开发强度都很大，沿江建筑密度高，城市景观差。区域内遗留有不少工业厂房建筑，但多是现代的工业厂房，沿江的厂房空间高大。

2. 规划定位和构思

该片区定位为以工业历史文化为魂，以山水自然为底的“长安 1862”文化产业区，把老厂房改造利用为设计、艺术、博览、商务、国防教育、体验等功能，构成都市大型休闲体验区。改造的厂房保持原有的特点，适当加建现代钢结构的连廊等，保护背靠的山崖翠壁，依山就势整理地形地貌，形成台地式花园和小广场，形成看得见山、望得见水、记得住乡愁的山水城融合的历史风貌区（图 7–14）。

7.5.5 特殊地段工业历史建筑再利用

1. 位于居住地块中的工业历史建筑

这类工业建筑的利用主要结合开发项目所需的配套功能来确定，利用的方式多种多样，改造利用须保持原有外貌特征，内部作适当改造。例如，英国亚细亚石油公司炼油厂厂房群和望江厂厂房群在唐家沱片区城市设计中整体保护性利用为滨江休闲区，打造成高尚的交流、聚会、商务、展示区。重庆恒顺机器厂老厂房由于规划的滨江路穿越

图 7-14 长安 1862 历史风貌区再利用意向
（资料来源：项目设计）

厂区，对金工车间老厂房有影响，建议滨江路利用地形下穿，保留老厂房和自然山崖；周恒顺的旧居建筑和办公楼更新利用为历史文化陈列室，金工车间建议改作为社区活动用房。长安精密仪器办公楼、重庆工具厂的金工车间、天原化工厂的吴蕴初旧居、铜元局的办公楼、重庆造纸厂的招待所、重庆罐头厂的招待所可在开发项目中保护性利用为小区配套服务用房（图 7-15）。

2. 山洞厂房

山洞厂房是重庆工业建筑特殊的形式，几乎每个老厂都有很多，位于现状山崖中，在公园绿地建设时改造利用为展览、文化、休闲、商业等场所，改造成夏季市民纳凉点。涪陵白涛镇的核 816 地下工程位于城市规划区外，属独立工矿区，可规划作三线建设博

图 7–15 厂房改造为酒店

物馆，开辟三线工业文化旅游项目。816 地下工程正是当年三线建设的国家重点工程，其重要地位是其他工厂无法企及的，具备筹建中国三线建设博物馆的优势条件。涪陵区政府正在编制“816”地下工程旅游发展规划，将与周边武隆县的“天生三桥”世界自然遗产地和“芙蓉洞”地质景观共同打造旅游线路，其旅游前景十分看好。现已局部开发为旅游景点，许多游客探访了神秘的“816”地下工程（图 7–16）。

图 7–16 816 工程旅游区
（资料来源：作者自摄）

3. 继续作工业使用的工业历史建筑

目前仍在生产使用的有价值的厂房建筑同样列为工业历史建筑进行保护，这些工业历史建筑的意义在于其包含的历史的、技术的和艺术的价值，列为保护建筑使其获得必要的保护，作为工业生产功能也是有效的利用方式。一些国有大型工厂并没有搬迁计划，生产经营状况良好，这些工厂中的历史建筑仍维持原有功能使用，例如川仪四厂办公楼、西南铝加工厂的延压和锻造车间、重庆机床厂车间由于工厂仍在原址生产，工业历史建筑继续使用，在使用中注意建筑的保护和维护。

7.6 本章小结

工业遗产的再利用要充分考虑城市特点、区位条件、遗产现状等因素，再利用是以保护工业遗产主要特征为前提的。工业历史风貌区和历史建筑的再利用要与城市整体功能的完善和提升密切联系，结合整体规划定位，工业遗产的再利用应从完善城市综合功能的方向去实现，融入城市功能体系中，其中利用工业遗产发展文化创意、旅游业等现代服务产业是城市工业遗产再利用的主要方向。

8 工业遗产保护利用与城市振兴

遗产保护必须作为城市发展战略。保护文化遗产和自然遗产是政府制定发展战略过程中必须考虑的重要因素，尊重它们的文化价值与存在的意义。工业遗产保护与利用虽不是城市振兴的全部内容，但会对城市经济、社会发展战略起重大影响作用，推动城市全面可持续地发展。

8.1 推动城市老工业区复兴

8.1.1　城市复兴运动与工业遗产保护利用

当以信息化为代表的第二次工业革命的浪潮席卷了西方世界，以制造业为特征的传统工业由于生产成本等因素纷纷搬迁到发展中国家和地区或关闭，城市经济结构发生转型，城市作为生产制造中心的性质基本终止，城市成为第三产业基地和消费的场所，直接导致城市出现了大量建筑和土地被闲置，环境品质下降，大量劳动力失业和随之而来的各种城市问题。这种衰退在那些传统工业城镇、城市甚至区域表现得尤其明显，特别是在传统上以化工、纺织、钢铁制造、重工业、造船、港口、铁路运输和采矿业为支柱产业的地区。在诸多的问题面前，人们开始反思，结果是新城市主义，新城市主义提倡回归城市中心，主张在旧城改造和新区建设中，强调社区的功能配置，强调社区与整个城市的关系，强调人与自然的和谐。20 世纪 70 年代中期的《英国大都市计划》提出了“城市复兴”概念，关于“城市复兴”的概念，英国前副首相普里斯克特解释说，“城市复兴就是用可持续的社区文化和前瞻性的城市规划，来恢复旧有城市的人文性，同时，整合现代生活的诸要素，再造城市社区活力”。对于城市来说，城市复兴涉及已经失去的经济活力的再生或振兴，恢复已经部分失效的社会功能，处理未被关注的社会问题，以及恢复已经失去的环境质量或改善生态平衡等。2002 年 11 月 30 日，在英国伯明翰召开了由 1600 多人出席的英国城市峰会。峰会的主题是：城市复兴、再生和持续发展，强调保持和延续城市的历史和文脉，让城市成为“有故事的建筑空间”。

城市复兴运动首先是英国从工业遗址的保护利用开始。城市复兴的目标是广泛的、多元化的，复兴的模式也不是单一的，而是复合的。地方政府必须发挥主导和引领作用，政府投入资金用来营造投资环境，如改善基础设施、修复历史建筑、平整荒废土地和美化环境面貌，发挥吸引民间企业投资的杠杆效应，为推动城市复兴带来充足的资金。英国城市复兴的策略凸显了一种以创意为路径、以消费为杠杆、以人文为本位的“旧瓶装新酒”的城市改造新思路。伦敦作为世界金融中心之一，面临着巴黎、法兰克福和苏黎世等欧洲城市的激烈竞争，伦敦金融区的地域有限，伦敦码头区为金融产业提供了充足的拓展空间。在伦敦老工业码头区的复兴案例中，1981 年，英国政府将伦敦荒废的码头区划为城市开发

图 8-1　伦敦码头区改造建筑更新
（资料来源：作者自摄）

区，成立政府背景的码头区开发公司。由于码头区的中心区位、滨水环境和历史风貌成为再开发的优势，码头区功能由工业区向城市的商务、贸易、娱乐和休闲区成功转型。伦敦码头区的再开发十分注重地区历史风貌的保护，政府建立了一种城市空间多样性改造新标准，区域内大部分建筑只是局部进行了重新改造，尽最大可能地保留原有建筑的风格元素，营造了后工业时代所特有的城市景观，码头区由此成了新伦敦的标志之一（图 8-1）。政府特别重视吸引跨国公司的标志性项目对于地区再开发的“催化效应”，引进全球最大的房地产开发商加拿大的奥林匹亚约克集团投入几十亿英镑，在伦敦码头区建造金融综合体项目，被称为“水上华尔街”。经历了长达 20 年的更新改造使曾经荒芜破败的伦敦码头区已经改造成集工作、休闲和居住于一体的后工业城市地区，经济和社会重新显示出强大的活力。

8.1.2　工业遗产保护助推工业城市复兴

西方国家城市复兴和产业转型是以创新型文化产业为切入点的。当西方国家迈入后工业化时代，随着整个全球经济从生产型经济进入体验型经济形态之后，城市发展的新问题，不是如何推倒旧城、建造更多的新城，而是如何有效整合城市发展几百年来积累的旧有资源，创造出新的价值。这与工业时代以“营造”为主题的城市的发展思路大为不同，不再是美国著名规划学家刘易斯·芒福德形容工业化的城市为“容器”，衡量城市发展水平的标准也不再是有多大的规模，能装多少人，有多少高楼大厦，积聚了多少财富等，即不以经济规模作为城市发展的唯一衡量指标，而是以市民的幸福感、环境的宜居度、文化水准等综合指标来衡量。从西方国家城市更新及相关理论发展的脉络可以看出，战后西方城市特别是旧城更新的理论和实践经历了很大的变化，基本上是沿着清除贫民窟－邻里重建－社区更新的脉络发展，指导旧城更新的基本理念也从主张目标单一、内容狭窄的大规模改造逐渐转变为主张目标广泛、内容丰富、更有人文关怀的城市更新理论。人们不再认为建筑物是静止不动的，而是把它看做一个动态的事物，大拆大建的做法逐渐遭到人们的摒弃。城市历史文化遗产是城市可持续发展的基础，是城市发展的宝贵资源，是发展知识经济的重要成分。

西方主要发达国家经历过彻底的产业革命阶段，发展到现在已有 200 多年的时间。城市化率最高的国家，如英国，已达到 92%。西方国家的城市建设早已完成城市化的成熟停滞阶段，进入了一种自我调整完善的过程。西方城市建设面临的最主要的问题，已经不完全是城市物质环境或体形空间的问题，而更多的是社会、经济和环境的问题。然而，我国的城市化正处在中期加速发展的阶段，城市和地区发展水平极不平衡，有的城市核心区已步入后工业化阶段，而有的地区甚至还处在工业化初期。我们面对的首先是大量农业剩余人口进城的问题，城市复兴既要面对农转非、城乡统筹发展这样的大概念，也有新城区的拓展、老城区历史文化遗产保护的诸多问题。所以，我们在城市老工业区振兴中应分析国外城市复兴运动产生的原因，借鉴其复兴中的做法和经验，避免我国城市在发展中重蹈覆辙。更不能以所谓国情不同，发展阶段不同为借口，再犯同样的错误，对待城市旧城和老工业区的更新，我们已有许多失败的教训，面对城市复兴的复杂性和渐进性，要吸取国外曾经大拆大建的经验教训，现在要切实重视通过工业遗产保护与利用来增强地区的吸引力和活力，对工业遗产地采取小规模渐进式的更新，突出工业城市特色和文化内涵，着力改善生态环境，以这些可持续发展的措施来推动城市老工业区的复兴。

8.2 推动城市可持续发展

可持续发展理念作为20世纪人类认识世界的重要成果，是人类对自身发展历程进行反思后新的发展观，包括城市历史文化保护、自然环境保护等重要课题，可持续发展理论对资源的认识已不再局限于自然资源，而是包括了历史文化资源等内容。实现可持续发展有许多方面和多种途径，其中历史文化资源保护利用是实践可持续发展的具体行动，工业遗产地段为城市可持续发展理念的实现提供机遇和空间。旧工业建筑进行改造和再利用同可持续发展思想紧密结合，使许多老工业区重新焕发了活力和生机。可持续发展的思想开始萌芽，继而出现了生态建筑及生态城市的理论和实践，继而发展为可持续发展的城市复兴理念。

8.2.1 实现低碳城市目标

发展低碳城市减少碳排放成为遏制全球暖化的首要选择。建筑业是耗能很高的产业。根据中国建筑业协会统计，建筑业能耗占全国总能耗的22%左右，已成为耗能大户，而且能耗量是发达国家的3倍。2006年我国总能耗约24.6亿吨标准煤，建筑业约消耗8亿吨标准煤，二氧化碳排放约20亿吨，产生4000万吨的建筑垃圾。建筑业只有加强节能减排，才能实现可持续发展。大力发展对既有建筑改造再利用的循环经济是实现节能减排的有效途径。2008年，国家颁布的《循环经济促进法》中循环经济是指在生产、流通和消费等过程中进行的减量化、再利用、资源化活动的总称，再利用，是指将废物直接作为产品或者经修复、翻新、再制造后继续作为产品使用，或者将废物的全部或者部分作为其他产品的部件予以使用。该法规定“城市人民政府和建筑物的所有者或者使用者，应当采取措施，加强建筑物维护管理，延长建筑物使用寿命。对符合城市规划和工程建设标准，在合理使用寿命内的建筑物，除为了公共利益的需要外，城市人民政府不得决定拆除”。可见，再利用包括工业遗产在内的既有建筑空间也成为国家在新世纪的发展战略。大力改造再利用包括工业建筑遗产在内的既有建筑，既减少新建建筑过程中大量的能源消耗，也可减少产生大量不可降解的建筑垃圾，保护生态环境。工业建筑遗产与其他城市遗产较大的优势就是更强调对这些建构筑物进行适应性再利用。在尽可能保留、保护其工业生产类型建筑的特征和所携带历史信息的前提下，可以进行改造作新的功能使用。工业建筑遗产的保护不仅要使旧建筑保存下来，更重要的是要复苏产业建筑的生命力，使之能够融入当代城市生活，这不仅有经济效益，增加了都市的活力和生机，更有保护生态环境的现实意义，将最大限度地使用原材料和资源，避免拆毁重建而消耗更多的资源,也避免有一定使用价值的建筑沦为一堆无用的建筑垃圾,污染地球环境。

转变老工业区改造模式是实现低碳发展的有效手段。我国正处在经济快速增长、城市化加速、碳排放日益增加的经济社会转型时期，低碳城市规划是我国发展低碳城市的关键技术之一。目前，中国已成为二氧化碳排放大国之首。在2009年哥本哈根全球气候会议上，面对国际压力和顺应经济发展的形势，中国政府承诺了未来的碳减排计划。居住与工作地过远，会更多地选择私家车出行的方式，往返的频率高，增加了碳排放量。因此，在城市工业区的改造中，利用工业厂区土地面积大的优势，整体规划建设大型多功能综合社区，不能是单一的居住功能，应该将部分有特色和价值的老工业建筑改造性利用为新产业的空间，发展低能耗、高产出的新产业，如商业、现代服务业、创意产业、博览业等，让部分居住在此的人工作也在此，实现工作和生活就近、职住平衡，减少对外的交通量，再利用现有资源，有利于减少碳的排放。

8.2.2 利用工业遗产价值构建紧凑型综合城区

紧凑型综合城区是城市可持续发展的细胞。紧凑城市发展理论强调功能混合使用，工作和生活空间相近，尽可能将日常生活安排在步行距离内，减少城市长距离的交通，增大人的活动密度、城市建筑密度和空间的综合利用程度等。城市的紧凑发展有利于提高环境质量，节约能源和资源，保持地方的历史文化、社区形态和建筑的特色，避免城市无限度地向外扩张和对自然资源的过度开发。对重庆这样的工业城市来说，城市改造集中在主城区的老工业区，工业区的再开发利用应体现这一发展原则。由于工业区占地面积大，面积有几平方公里，区域内不仅有自然的山体、溪流、水体、高大树木等良好的环境，而且工业建筑资源丰富，为打造多功能混合的综合社区提供空间资源和文化资源。

在城市总体规划中，把老工业区规划成大型的综合功能区，基本实现部分人日常的工作、生活都在社区中，区域内交通以步行和公共交通为主，满足所需要的工作场所、优良的环境和齐备的生活配套等条件，保护利用工业遗产成为文化产业、现代服务业的积聚区，吸引高智力、高素质人才工作的场所；改造利用工业建筑为社区活动中心、商业、娱乐中心，增强片区的商业、文化氛围和功能，规划各种规模的工业主题的景观公园、绿地，进一步优化区域的自然环境，为工作、生活在此的人提供可游、可居、可赏的居住生活环境。使工作、生活、休憩和交通尽可能在区域内，在城区空间的原有格局中，增加新的综合功能，而且节能节地。

唐山焦化厂改造规划定位为多功能的综合社区，综合服务功能区是面向区域的综合性公共服务中心，完善城市功能，同时提供就业岗位；生态修复示范区是为了进行生态环境的修复与建设，规划区域内绿化景观系统与城市水体绿廊，改善区域环境，使厂区用地从根本上呈现焕然一新的环境风貌；工业特色风貌区是充分利用现有工业遗存物，通过合理的再利用和适当的改造，使其成为区域独具特色的标志物，塑造工业景观与现代新城和谐共生、新旧交融的特色风貌；高档居住区为高层住宅楼，在工业特色风貌区之外的地段，控制建设密度，合理确定开发强度，满足老工业区改造资金平衡。通过工业特色风貌区和生态修复区提升该片区的环境和文化品质，配置了原工业区所缺乏的现代产业和公共服务设施，让居住在此的部分人可就近工作，减少钟摆式的对外交通量，实现降低碳排放的目标。通过紧凑型综合区改造，塑造亲切宜人的城市公共空间，居住用地的价值才能提高，新建的居住区才更有档次，从而将废弃的老工业区重新建设为高品质的城市新区（图 8–2）。因此，我们要改变目前老工业“退二进三”中单一进行房地产住宅开发的模式，转向发展紧凑型综合社区建设模式，实现文化、环境、经济统筹发展。

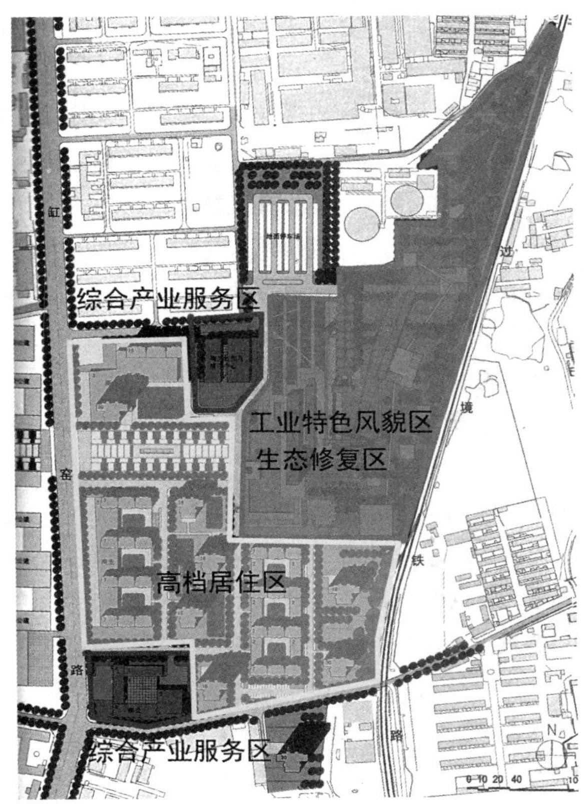

图 8–2　唐山焦化厂多功能混合
（资料来源：产业建筑保护与更新）

8.3　重塑工业城市鲜明特色

8.3.1　老工业城市文脉的保护和发扬

工业城市文脉包括工业遗产文化内涵，保护和利用工业遗产是延续工业城市文脉的具体行动，主要表现为城市传统空间形态和风貌特色的延续和发展。城市的空间形态是历史的产物，城市形态的产生、形成和发展，都存在着某种规律，并且反映出特定的地域结构形式。城市的空间形态具有两个方面的含义：一方面在表象上，城市空间形态是城市各组织要素在三维立体上的形式，如城市网络和肌理；另一方面，是城市社会和文化活动在历史发展构成中的物化形态，是特定地理条件下，城市功能组织方式在空间上的具体表现，是城市社会、经济、文化的综合表征。城市的空间形态是城市特色的主要载体，城市特色正是人们对城市形态的特点、识别性、艺术性的概括，它存在于人们的“集体记忆”之中。它的构成要素可概括为城市土地使用、道路网、街区、节点和发展轴等可见物质实体以及其他不可见的非物质因素。城市空间形态的保护是城市特色保护和塑造的立足点和重要方法。就城市总体特色而言，城市天际轮廓线及城市肌理的保护和再创造的方式是保护和发扬城市特色的重要方面。

城市天际线特色的价值首先在于其整体性。许多历史古城的魅力正在于城市整体轮廓线保护得较好。工业时代的到来，典型的象征符号是大烟囱，它们像巨笔一样开始画出新的天际线。除了烟囱，还有巨大的厂房建筑，交织错落着令人振奋的巨型管道，呈现着一幅幅宏伟壮观的工业城市天际轮廓线。

维护历史城市固有的空间品质和环境特征对于提高城市的特色和美感有着非常积极的意义，文化传统、历史环境是构成特色的关键因素。在城市的历史长河中，不同时期都形成特定时期特定的形态特征。例如:重庆的城市魅力在于大山、大水、大工业城市的宏大气质，特有的山水地理环境和神秘的军工文化，构成独特的文化品格。通过保护工业城市自身的空间形态特点来反映城市的独有的历史价值和文化内涵。“十里钢城”、“十里川维”是气势恢宏的重庆工业城市鲜明特征的写照。曾经一根根高耸入云的大烟囱代表城市工业化水平的高度（图 8–3），多少人为之自豪，一条条铁路专线意味着工厂地位的不同寻常和神秘，老工业区留下的许多历史遗构，诸如围墙、车间、仓库、铁轨、烟囱、码头等，它们是认识历史的直接联想物,保持城市可识别性和方向感的地标。这些历史载体不仅仅是“石头的史书”，还表现出由此产生的特定的城市意象，这就是工业城市特有的个性和外在表征。因此，工业城市应保护工业遗产集中成片的区域，保留一定规模的工业城市的空间形态和风貌，才能展示工业城市的形象，才能阻止千城一面现象的蔓延。利用工业遗产展示现代城市形象特色，许多城市和地区都有成功的案例，例如在英国的曼彻斯特城市到处都能看到红砖墙的老厂房，使游客体验到百年老工业城市的氛围，为此，红色成为该城市的主色调，在新的现代建筑中也采用局部的红色和砖墙面，使之构成曼城个性鲜明的城市整体形象（图 8–4）。

图 8–3　工业城市景观特征

图 8–4　曼城红色基调的工业城市形象

（资料来源：作者自摄）

8.3.2 强化重庆工业城市形象

如今，重庆工业城市的个性特征正在弱化，一方面由于工业用地转型成了住宅开发用地，没有注重工业历史地段的保护利用，沿江建成密集的高层住宅群，丧失了工业城市形象的特点；另一方面，特色塑造比较注重传统历史街区，不仅仅只有穿斗房、吊脚楼才是重庆历史形象的特征，不可否认，这些是构成城市特色的要素，是重庆山地建筑文化和古代历史文化的体现。然而，重庆作为工业城市，工业时代具有重要的历史地位，工业城市特色应被着重强化，保留和突显工业城市特色可提升我们的城市自豪感，激发再创领先城市的历史使命。

重庆主城两江地带不仅是城市的形象特色展示带，也是工业建筑遗产分布最多的地区。现状滨江地带的开发建设破坏了重庆工业城市的特色和沿江城市整体形象。在不少尚未破坏的老工业遗址地，如重钢、特钢、嘉陵厂、重庆发电厂等工业遗存集中的区域划出工业历史风貌区，保留工业城市空间形态特征和风貌特色，强化重庆工业城市代表性的景观特色。首先应树立生态优先和文化优先的规划理念，挖掘工业遗址地的历史文化内涵，弘扬抗战工业文化特色。发挥工业区面积大、空间资源丰富的优势，将工业遗产和生态环境优先划线保护，发展文化、研发、旅游等新产业，转变以往工业用地改造为房地产开发单一的模式，把工业区改造为以工业文化为特色的多功能混合社区，强化工业城市新形象。

采取保留利用工业遗存塑造整体工业景观的方法。工业景观与建筑学、人文地理学中的文化景观和生产景观相关。工业区以错落的厂房、高耸的烟筒、林立的水塔、火光通明的高炉等为主要特征，这些工业建筑多以城市中的河道、铁路、道路作为纽带，相互关联，形成独特的城市文化景观和工业景观。一些高耸巨大的设备、生产设施、交通设施等工业构筑物，不仅展示工业文明成果和体现工业生产风貌，而且具有景观标志性，有很强的机械美特色，是所在地区或城市的特征性地标，是人们从景观层面认知城市方位和空间结构的重要心理坐标。例如，重庆发电厂两根分别建于 1984 年和 1994 年的钢筋混凝土烟囱，高 240 米，全市最高的两座烟囱代表了重庆工业文明演进的地标性建筑（图 8–5）。因此，通过合理的再利用和适当的改造，使其成为区域独具特色的景观标志物，塑造工业历史景观与现代新城和谐共生、新旧交融的特色风貌区。

保护工业人文景观资源。厂区内的雕塑、壁画、标语、口号等人文资源，鲜明而生动地展现时代特色和企业文化，或者在特定环境中起烘托氛围的装饰作用，是工业景观资源中不可缺少的一部分，保留并使其成为主题公园或文化创意产业区内文化的亮点。例如，重钢中板厂是 1966 年在国家领导人邓小平同志亲自关心下从鞍钢搬迁重庆建厂的，为纪念伟人，在中板厂办公楼的山墙面，装饰巨幅伟人壁画（图 8–6）。

通过新建筑延续工业建筑文化特征。工业遗产周边的新建建筑风格应体现工业建筑的特色，使整个地区具有可识别性和历史延续性，形成有工厂特色的城市形象。例如，在化龙桥老工业区整体改造中，重庆天地项目的外观采用了工业厂房的形式和符号，如

图 8-5　发电厂烟囱地标性景观
（资料来源：作者自摄）

图 8-6　重钢中板厂壁画像
（资料来源：作者自摄）

图 8-7　重庆天地的工业建筑特色
（资料来源：作者自摄）

尖山墙、青砖墙、灰白门窗洞过梁等工业建筑特征，隐喻化龙桥曾经是重要的工业区（图 8-7）。而未采用川东民居的风格，这是符合该地区工业历史风貌特征的，使重庆天地的工业风格区别于上海新天地的石库门、武汉天地的开埠风格、佛山天地的岭南风格，具有自己独有的个性和魅力，如果重庆天地项目其中真实地保留利用部分老厂房、烟囱、铁轨等工业建筑遗产，则更有历史韵味和工业文化内涵。

8.4　推动走向文化城市

8.4.1　工业遗产保护促进城市文化振兴

在城市竞争日趋激烈的背景下，凸显城市历史文化要素，张扬城市个性，已成为确立城市竞争优势的特殊手段。法国社会学大师布尔迪厄（Pierre Bourdieu）的文化资本理论将资本分为经济资本、社会资本和文化资本。[①] 经济资本是最直接的资本形式，社会资本和文化资本虽然不如经济资本那样直接，但是在维系社会生产关系和推动社会发展中的作用十分重要，同样可以转化为经济资本。城市文化资本同经济资本一样，都是城市的财富，是一种有形和无形资产的有机结合，是城市增强竞争力的经营资本。欧盟自 20 世纪 80 年代中期推出欧洲"文化城市"计划，由欧盟成员国轮流推选该国某城市获得这一荣誉。1999 年，欧盟决定以"欧洲文化首都"取代"文化城市"。可见，历史文化是增强一个城市的认同感和凝聚力的重要内容，也是激励一个城市不断开拓前进的强大精神力量。过去，高楼大厦曾被普遍视为现代城市生活的象征。今天，文化遗产的全面保护，则成为城市生活改善的重要标志。德国的一份独立调查报告称，近 3/4 的德国人回到城市是因为对城市历史遗存情有独钟。城市告诉我们文化的昨天，见证我们文化的今天，也预示我们文化的明天。但是，我国太多的城市中已经无法了解城市的昨天，建设性的破坏和破坏性的建设一次又一次无知并无情地割断了城市昨天和明天的文化联系，使城市丢失了文化的灵魂，破坏了城市中人们生活习惯和社会关系赖以维持的基础，使人们难以找到"回家的小路"。因此，在城市结构调整的大格局中，确立工业历史文化的重要地位，探索市场经济条件下新的运行机制，全面地发挥城市历史文化的社会经济效益，将是我国城市工业遗产地段利用和更新的必然选择。

单霁翔曾指出"一座城市在其发展建设过程中，如能注重自身的文化内涵，重视自身文化特色的保护和弘扬，打下坚实的文化基础，就能成功建设一座未来的理想城市"。城市如人，经济总量好比人的体格，文化水平好比人的内在素质，文化既塑造城市形象，又体现城市的气质，城市失去了自身文化，就是失去了自身的个性特征，乃至失去了城市精神。根据英国一项名为"文化对英国城市复兴的贡献：证据调查"的政府报告显示，文化在城市复兴中扮演至关重要的角色。该报告通过相关的城市复兴的案例证实：文化在物质环境、经济环境和社会环境方面都能够产生良好的效益，促使城市复兴得以很好地执行。如今，城市文化已经成为城市复兴中不可或缺的重要成分和核心。在提升历史城区的活力和品质、为地区发展赢得经济来源等方面，城市文化都起到积极的作用。一方面，利用地方的文化资源，结合文化产业的发展，使得地方特色得以延续，并在经济、社会方面持续发展。另一方面，在失去活力的地区引入文化发展项目，形成一个地区新的文化因素，也是文化带动城市复兴的一个重要方法。2004 年，北京被列入美国《财富》杂志一年一度评选的世界最有发展性的 12 个城市之一，入选很重要的一个原因就是由军工厂转型为国际当代艺术中心的 798 地区的存在。可见，工业遗产保护与再利用对城市的历史、文化、景观的再现有着非常重要的意义。这些工业文明的存在，可以为城市增添许多与城市历史、文化特质有关的公共空间，在市民的生活中增添文化意蕴。在保持和激发地区活力的同时，能帮助城市建立易于识别的特质景观，最终提升城市形象，使城市之美不再仅仅局限于自然风貌和发达的经济，更能因为其独特的文化气质被外人

---

① 布尔迪厄．文化资本与社会炼金术 [M]. 包亚明译．上海：上海人民出版社，1997.

所称道。

现在我国很多城市政府都在大力投入建设城市的各类文化设施，包括各类博物馆、文化馆、展览馆等，但在保护建筑上的保护投入和再利用投入明显不足。不同于我国目前的比较偏重市场行为，国外工业遗产的再利用是在政府倡导和主持下的一种文化行为，通过保护和利用工业遗产建筑促进城市的艺术氛围，增加城市的人文吸引力。实际上很多有利用价值的工业建筑，通过一定的公共投入改造为城市的公共文化场所，不仅能节省投资，使工业遗产建筑得到保护，同时还可以取得很好的社会效益。将工业遗产保护利用与文化产业结合会对重庆工业城市现代化、城市经济、城市形态等各方面产生深刻的影响。保护工业遗产的目的是在纪念和保护我们的历史，从而保护地方文化，并不是要将所有的老工厂、旧仓库都改造成为历史博物馆，而是希望在城市规划中、旧城改造中多增加些历史文化因素，利用工业符号来重新塑造有文化趣味和艺术品位的空间，这种新与旧、古朴与现代、粗犷与精细之间的碰撞，使其成为吸引高素质人才、高附加值的产业进行现代生活文化方式的地方。通过城市历史空间更新来反映城市历史价值和文化内涵，重庆多元文化内涵需要以丰富的载体形式表现，如今，重庆大力弘扬抗战文化，反映抗战文化的不仅有名人故居，更有近代工业实力物证的近代工业遗产，近代工业文化是抗战文化的重要组成内容。重庆应多改造利用老工厂厂房建设博物馆展现重庆的工业文明进程，建设不同工业主题的文化广场和公园，通过举办近代工业博览会等文化活动，推动重庆城市文化建设。

为保护和利用工业遗产资源弘扬城市文化精神，需要我们提升规划理念、改进规划方法,适应文化发展的新趋势和要求。文化规划是城市战略性发展中不可缺少的一部分，因而应当从开始就介入城市规划中，与其他领域的规划密切合作，促进城市的整体发展。文化规划是针对文化需求和文化资源的规划，涉及文化资源规划、文化事件和文化设施发展以及历史文化环境保护等的专项文化规划。文化规划内容非常宽泛，本文提倡的文化规划主要是文化资源和文化设施规划等内容，是城市发展中对文化资源战略性以及整体性的运用。文化规划作为城市复兴的有效驱动方式，促进在城市中心区工业地段更新中不断挖掘文化资源，将工业遗存的废弃资源转化为可供利用的文化资源。文化规划通过合理的政策制定，吸引私人投资转向文化设施的建设和经营。通过文化资源的挖掘与保护、工业历史地段与工业遗产的适宜性再利用以及城市地方文化特色的营造，使城市综合竞争力得到提升。

8.4.2 从功能城市到文化城市

当今城市处于一个充满机遇与挑战的时代，也是一个需要不断调整自我定位的时代。目前，世界各大城市都在努力突出各自的文化定位，突显其文化竞争力，这不但已经成为国际潮流，更成为保护城市个性、增加城市魅力、提升城市综合竞争力的重要手段。“城市即文化、文化即城市”，这是巴塞罗那为提升城市综合竞争力向世界提出的口号，反映了城市文化在城市发展进程中占有特殊重要的地位。新时期城市发展的方向当首推文化城市，文化城市的概念是1985年莫库里（M.Mercouri）部长在雅典举行的欧洲联盟文化部长会议上首次提出的。一些世界级的政府纷纷从城市未来发展角度提出一系列增强文化竞争力的新目标和措施。最为典型的就是伦敦，伦敦作为当今发达程度最高的世界城市的代表之一，在文化方面采取了一系列重大举措，旨在维护和增强伦敦作为"世界卓越的、创意的文化中心，成为世界级的文化城市"，并投入巨资兴建新的文化设施。在我国，城市"文化定位"也正悄然兴起，以文化为轴心的城市发展战略，成为越来越多城市的共同选择，例如广州提出"城市以文化论输赢"，苏州提出"让文化成为苏州的最大魅力和最强竞争力"，深圳市正式确定实施"文化立市"战略，武汉鲜明地提出建成"文化武汉"。2009年，重庆市提出建设"文化强市"，制定在2012年实现"历史文化名城特色充分彰显"的建设目标，使山城城市形象和文化品位得到极大提升,成为全国瞩目的城市。一个建立在科学发展观、可持续原则和文化理想基础上的"文化城市"，将是真正令人振奋和向往的城市。

文化繁荣是城市繁荣的重要标志。文化繁荣既对经济发展起推动作用，又是经济发展的表现。纵观一些国际性城市，经济的发展是先决条件，文化的繁荣才是真正的标志。经济繁荣需要文化来支撑，保护文化遗产与城市的文化环境需要经济来支持，两者相辅相成。在物质增长方式趋同、资源与环境压力增大的今天，城市文化有力地推动了城市经济的增长，逐渐成为城市发展的驱动力，对就业和GDP的贡献不可轻视，体现出较强的经济社会价值。这也是城市文化得到各国城市政府关注和重视的主要原因。文化产业无论对城市的发展，还是对经济的增长，都占据着越来越重要的位置。法国原文化部长朗歌（Lang）指出："文化是明天的经济"。经济的持续发展需要以繁荣的文化为支撑。文化经济是以文化资源为依托的经济发展形态，在市场经济体制下与农业经济、工业经济处于同等重要的位置，遗产保护是城市文化发展的重要组成部分，工业遗产保护性再利用的实践将催生新型文化产业诞生，实现文化创新与经济发展的双重目标。工业遗产的保护利用与城市文化发展战略紧密相关，是城市文化发展的重要组成部分，将催生新的文化产业的诞生，可实现以文化创新与经济发展为特点的文化经济的繁荣。因此，工业遗产保护和利用不是局部而是具有全局影响的文化新增长点。

尽管今天，以功能城市理念为核心的物质空间规划仍然十分普及，并且被视为理所当然，特别是在城市决策者中被普遍接受，一直以来很少受到质疑，以至一些城市把建设用地的扩展和建设数量的增长当做城市发展的唯一方向；但吴良镛教授指出："当前，城市规划工作在发达国家一度处于一种低潮，如美国早已宣告其新城失败。"在功能城市中，人们围绕着建设问题进行思考和行动，在文化城市中，人们将围绕文化问题进行思考和行动。诸如使经济社会发展与生态环境之间建立起和谐关系。面对量大面广的城市化建设，如果我们自觉地把它看成一种文化建设，那么结果就可能成为人类文明的伟大创造；相反，如果失去文化的追求，则可能导致"大建设、大破坏"。人类需要文化内涵丰富、自然生态良好的城市环境，这是城市适宜居住的重要特性。建设宜居城市体现了城市建设和发展从以物为中心向以人为中心的转变，建设宜居城市，不仅仅是硬件建设，更重要的是城市文化的培育。侯仁之教授认为："宜居城市应当包括生态环境与历史环境的内容。历史建筑就是体现历史环境的实体之一，在规划的过程中，不仅仅是尊重历史建筑本身，同时，要考虑其原来的环境，也就是历史环境的保护。因此，宜居更是一种文化理念，一种文化感受，一种文化自觉。"

从 1933 年关于"功能城市"的《雅典宪章》提出，2003 年伦敦市"文化城市"的定位，2011 年我国明确提出建设文化强国的战略目标，2013 年我国国务院对新型城镇化提出"要依托现有山水脉络等独特风光，让城市融入大自然，让居民望得见山，看得见水，记得住乡愁；要融入现代元素，更要保护和弘扬传统优秀文化，延续城市历史文脉"等要求。从国家层面已经认识到，现代城市不仅具备功能，更应该拥有文化。文化是城市功能的最高价值，也是城市功能的最终价值。城市化进程不应仅仅是一个量的指标，更应该是一个质的飞跃。从功能城市走向文化城市，就是这种质的飞跃的核心理念与理论概括。可以断言 21 世纪的成功城市，必将是文化城市。①

① 单霁翔．文化遗产保护与城市文化建设 [M]. 北京：中国建筑工业出版社，2009.

结 语

近现代工业兴起与发展对重庆的崛起有重大意义，见证重庆工业进程的工业遗产是重庆城市宝贵的历史财富和文化资源。抗战时期和三线建设时期的工业遗产在全国具有独特性，重庆的工业遗产较完整地展现了中国工业发展的整个脉络，山地工业遗产是全国工业遗产的典型类型，军事工业和重工业的工业遗产在全国工业遗产中具有代表性。整体性保护是工业遗产保护的基本指导思想。工业生产流程的程序性、连续性和完整性特征决定了工业遗产整体性保护的要求。工业遗产基本保护理论框架是以技术价值为核心、以文化价值为基础，发挥经济价值优势。建立工业历史文化名城、历史风貌区、文物建筑、历史建筑、风貌建筑五层次保护体系，对重庆现存的工业遗产划出工业历史风貌区、文物建筑和工业历史建筑的保护范围，纳入城市控制性详细规划，是落实保护的关键。专项保护规划和城市设计是整体保护与利用工业遗产的技术手段，可总体平衡开发规模来协调保护与开发的矛盾，优先规划工业遗产所在用地的性质、建设规模、道路网格局。工业遗产利用要服从保护，要与老工业区更新整体进行规划，采取政府主导实施、优先改善环境、启动公共项目、多功能混合、小规模渐进式推进等实施策略。工业遗产再利用宜与文化创意产业、工业旅游产业等现代服务业结合，工业遗产再利用融入城市功能系统中才能实现有效保护。工业遗产保护与利用将整体推动老工业区的复兴和城市可持续发展，增强工业城市的特色和促进工业城市向文化城市转型。

工业时代留下的巨大遗产无疑是重庆再次腾飞的基点。在新的历史征程中，要正确对待城市的工业文化遗产，提升城市的文化品质，弘扬本土文化特色。抗战文化和工业文化是重庆近现代发展史上的两朵奇葩，两者紧密相连，相互促进，交相辉映。在保护与发扬抗战文化的同时，应当重视保护和再利用工业文化，重庆的工业遗产内涵丰富深厚，还有许多问题值得进一步研究发掘。

保护好不同发展阶段的工业遗产，纪念和保护我们的历史，记住曾经火热的时代，给后人留下老工业城市的风貌特色，留下相对完整的社会发展轨迹，是当今社会义不容辞的责任。工业遗产的保护利用的形势仍很严峻，工业遗产保护理论还有待完善和提升，理论探索和实践的路还很长、很艰巨。在当前，追求以人为本、可持续发展的城市发展目标已成为全社会的共识，通过保护利用工业遗产作为振兴城市的具体行动，利用工业文化遗产催生新的文化产业，走产业结构优化升级的发展道路，增强城市文化内涵和个性形象，正是科学发展观在城市规划行业的具体体现。为了城市让生活更美好，应保住工业遗产文化之根，传承工业文明之文脉，振兴重庆工业城市，走向新世纪的文化城市。这是一个意义深远的课题，将引领专家学者不断地探索和追求。

参考文献

[1] Ellen J. Quinn. Energizing Utility Brownfields[Z]. Environmental Performance.

[2] Alfrey J. Putnam T. The Industrial Heritage Managing Resources and Uses[M]. London：Routledge, 1992.

[3] 下塔吉尔宪章 [Z].

[4] 无锡建议 [Z].

[5] 单霁翔 . 文化遗产保护与城市文化建设 [M]. 北京：中国建筑工业出版社 , 2009.

[6] 杨秉德 . 中国近代城市与建筑 [M]. 北京：中国建筑工业出版社， 1993.

[7] 隗瀛涛 . 近代重庆城市史 [M]. 成都：四川大学出版社 , 1991.

[8] 一个世纪的历程——重庆开埠 100 周年 [M]. 重庆 : 重庆出版社 , 1992.

[9] 周勇 . 重庆—— 一个内陆城市的崛起 [M]. 重庆：重庆出版社 , 1989.

[10] 重庆社科院 . 重庆工业遗产调研报告 [R].

[11] Buchanan A. Industrial Archaeology：Past, Present and Prospective[J].Industrial Archaeology Review, 2005, 27（1）:19–21.

[12] Edwards J.A., Llurdes i Coit J. C. Mines and Quarries Industrial Heritage Tourism[J]. Annals of Tourism Research, 1996（2）: 341–363.

[13] Gert–Jan Hospers.Industrial Heritage Tourism and Regional Restructuring in the European Union[J]. Routledge, Part of the Taylor & Francis Group, 2002（4）.

[14] Housing and Regeneration Policy：A Statement by the Deputy Prime Minister[Z].

[15] 左琰 . 德国柏林工业建筑遗产的保护和再生 [M]. 南京 : 东南大学出版社， 2007.

[16] 刘伯英 . 城市工业用地更新与工业遗产保护 [M]. 北京：中国建筑工业出版社 , 2010.

[17] 王建国等 . 后工业时代产业建筑遗产保护更新 [M]. 北京：中国建筑工业出版社 , 2008.

[18] 九年来之重庆市政 [M]. 重庆市规划展览馆翻印 .

[19] 隗瀛涛 . 重庆城市研究 [M]. 成都：四川大学出版社 , 1989.

[20] 周勇等 . 近代重庆经济与社会发展 [M]. 成都：四川大学出版社 , 1987.

[21] 平汉铁路管理局经济调查组编印 . 重庆经济调查 [Z], 1937.

[22] 四川绢纺厂档案 [Z].

[23] 凌耀伦 . 民生公司史 [M]. 北京：人民交通出版社 , 1990.

[24] 北碚管理局档案 [Z].

[25] 民生公司档案 . 天府煤矿概况 [Z]. 第 920 卷 .

[26] 天府煤矿档案 [Z].

[27] 重庆特钢志编辑室 . 重庆特钢志 [M], 1989.

[28] 傅友周 . 重庆铜元局的回忆片断 [Z]. 重庆工商史料 , 1983.

[29] 第 21 军修理厂档案 [Z].

[30] 凌耀伦 . 卢作孚与民生公司 [M]. 成都 : 四川大学出版社 , 1987.

[31] 自来水厂档案 [Z].

[32] 重庆水泥厂档案 [Z].

[33] 严中平 . 中国近代经济史统计资料选辑 [M].

[34] 祝慈寿 . 中国近代工业史 [M]. 重庆 : 重庆出版社 , 1989.

[35] 孙果达 . 民族工业大迁徙——抗日战争时期民营工厂的内迁 [M]. 北京 : 中国文艺出版社 .

[36] 林继庸 . 民营工厂内迁经略 [J]. 工商资料丛刊 .

[37] 中国近代兵器工业编审委员会 . 中国近代兵器工业 : 清末至民国的后器工业 [M]. 北京 : 国防工业出版社 , 1998.

[38] 陆大战 . 抗战时期重庆的兵器工业 [M]. 重庆 : 重庆出版社 , 1995.

[39] 第 1 兵工厂档案 [Z].

[40] 第 10 兵工厂档案 [Z].

[41] 第 21 兵工厂档案 [Z].

[42] 长安集团编 . 百年长安 [M], 2000.

[43] 中国制钢公司档案 [Z].

[44] 重庆市档案馆等编 . 中国近代兵器工业档案史料（1–4 卷）[M]. 北京 : 兵器工业出版社 , 1993.

[45] 重庆钢铁集团编 . 重钢志（1938—1985）[M]，1986.

[46] 第 29 兵工厂档案 [Z].

[47] 抗战时期厂矿迁渝述略 [M]// 重庆地方志资料 ,1986.

[48] 抗战时期工厂内迁史料选辑 [Z]// 民国档案 ,1987.

[49] 抗战后方冶金工业史料 [M].

[50] 抗战时期重庆民营工业掠影 [M]// 重庆工商史料第 5 辑 .

[51] 国民政府经济部 . 后方工业概况统计 [M].

[52] 中央汽配厂档案 [Z].

[53] 重庆化工厂档案 [Z].

[54] 中央造纸厂档案 [Z].

[55] 刘敬坤 . 重庆八年抗战 [M]. 重庆 : 重庆出版社 , 1985.

[56] 裕华纱厂档案 [Z].

[57] 豫丰纱厂档案 [Z].

[58] 重庆棉纺一厂厂史编辑委员会 . 重庆第一织厂厂史（1919—1988）[M], 1989.

[59] 被服厂档案 [Z].

[60] 第一制尼厂档案 [Z].

[61] 凌文 . 抗战时期的大后方经济 [M]. 北京 ：中国人民大学出版社 , 1987.

[62] 张谨著 . 权力、冲突与变革——（1926—1937 年）重庆城市现代化研究 [M]. 重庆 ：重庆出版社 , 2003.

[63] 韩渝辉 . 抗战时期重庆的经济 [M]. 重庆 ：重庆出版社 , 1995.

[64] 方大浩 . 长江上游经济中心重庆 [M]. 北京 ：当代中国出版社 , 2000

[65] 重庆市经济地理编纂委员会合编 . 重庆市经济地理 [M]. 重庆 ：重庆出版社 , 1987.

[66] 中共重庆市委研究室编 . 重庆市情（1949—1984）[M]. 重庆 : 重庆出版社 , 1985.

[67] 中国资本主义工商业的社会主义改造・四川卷・重庆分册 [M].

[68] 重庆获国家金质奖产品名录（1979—1985）[Z].

[69] 狮子滩水电站档案 [Z].

[70] 中国社会经济史研究 [Z], 1984（4）.

[71] 陈东林 . 三线建设——备战时期西部大开发 [M]. 北京 : 学林出版社 ,2000.

[72] 重庆市统计局编 . 重庆建设四十年——重庆统计年鉴 1989[M]. 北京 ：人民出版社 , 1989.

[73] 严中平等 . 中国工业调查报告 [R]. 国民经济统计研究所 , 1985.

[74] 西南铝加工厂志编纂委员会编 . 西南铝加工厂志（1959—1983）[M]，1967.

[75] 四川维尼纶厂志 [M],1988.

[76] 南桐煤矿档案 [Z].

[77] 重庆市志 [M]. 第四卷 .

[78] 重庆工业综述 [M]. 成都 ：四川大学出版社 , 1996.

[79] 张学君 . 四川近代工业史 [M]. 成都 ：四川人民出版社 , 1990.

[80] 中国近代工业史资料第 4 辑 [M]// 重庆战时经济大事记 . 北京 ：三联书店， 1957.

[81] 傅润华等 . 陪都工商年鉴 [M]. 第 4 辑 .

[82] 欧阳桦 . 重庆近代城市建筑 [M]. 重庆 ：重庆大学出版社 , 2010.

[83] 杨崇林 . 重庆近代建筑概说 [M].

[84] 中国近代建筑研究与保护（二）[M]. 北京 ：清华大学出版社，2001.

[85] 威尼斯宪章 [Z].

[86] Bernard Richard, Bradley Rice. Sunbelt Cities : Politics and Growth since World War II[M]. University of Texas Press, 1983.

[87] Carl Abbott. The New Urban American:Growth and Politics in the Sunbelt Cities[M]. The University of North Carolina Press, 1987.

[88] 王晶 , 王辉 . 工业遗产坦佩雷——2010 国际工业遗产联合会议及坦佩雷城市工业遗产简述 [J]. 建筑学报 , 2010（12）.

[89] J. Arwel Edwards.Mines and Quarries : Industrial Heritage Tourism[J].Annals of Tourism Research, 1996（2）: 341–363.

[90] John Howkins. The Creative Economy：How People Make Money from Ideas[J]. Penguin Clobal, 2002.
[91] Mellor I. Space, Society, and the Textile Mill[J].Industrial Archaeology Review, 2005, 27（1）: 49–56.
[92] Nathaniel Lichfield. Economics in Urban Conservation[M]. Cambridge：Cambridge University Press, 2000.
[93] Niall Kirkwood. Manufactured Sites：Rethinking the Post–Industrial Landecape[M]. London：Spon Press, 2001.
[94] 单霁翔 . 工业遗产保护的现状分析与思考：关注新型文化遗产保护 [N/OL]. 中国文物信息网 .
[95] 刘伯英，李匡 . 北京焦化厂工业遗产资源保护与再利用城市设计 [J]. 北京规划建设 ,2007.
[96] 黄琪 . 上海近代工业建筑保护和再利用 [D]. 上海：同济大学博士论文，2007.
[97] 韩好齐，张松 . 东方的塞纳左岸——苏州河沿岸的艺术仓库 [M]. 上海：上海古籍出版社，2003.
[98] 上海市经济委员会，上海创意产业中心 . 创意产业 [M]. 上海：上海科学技术文献出版社，2005.
[99] 范文兵 . 上海里弄的保护和更新 [M]. 上海：上海科学技术出版社，2004.
[100] 陈云琪，尹建平，刘和等 . “江南文化”驻留浦江畔——江南造船厂保护与再利用的前期研究 [J]. 时代建筑，2006(2).
[101] 陈帆，王驰 . 产业建筑遗存与转型 [J]. 新建筑，2003(2).
[102] 张辉，钱锋 . 上海近代优秀工业建筑保护价值分析 [J]. 建筑学报，2006(4).
[103] 熊甫 . 论中国民族资本企业的企业精神 [M]. 成都：四川大学出版社 , 1988.
[104] 张松 . 上海城市遗产的保护策略 [J]. 城市规划，2006（2）.
[105] 张松 . 历史城市保护学导论 [M]. 上海：上海科学技术出版社，2001.
[106] 阮仪三 . 城市遗产保护论 [M]. 上海：上海科学技术出版社，2005.
[107] 刘易斯・芒福德 . 城市发展史——起源、演变和前景 [M]. 倪文彦，宋峻岭译 . 北京：中国建筑工业出版社 , 1989.
[108] 张松 . 历史文化保护学导论——文化遗产和历史环境保护的一种整体性方法 [M]. 上海：同济大学出版社 , 2008.
[109] 伍江，王林 . 上海城市历史文化遗产保护制度概述 [J]. 时代建筑，2006(4).
[110] 寇怀云 . 工业遗产技术价值保护研究 [D]. 上海：复旦大学，博士论文，2007.
[111] 朱强 . 京杭大运河江南段工业遗产廊道构建 [D]. 北京：北京大学博士论文，2008.
[112] 赵勇 . 中国历史文化名镇名村保护理论与方法 [M]. 北京：中国建筑工业出版社 , 2008.
[113] 朱晓明 . 当代英国建筑遗产保护 [M]. 上海：同济大学出版社 , 2007.
[114] 范文兵 . 上海里弄的保护与更新 [M]. 上海：上海科学技术出版社 , 2004.
[115] 张松 . 上海产业遗产的保护与适当再利用 [J]. 建筑学报，2007(8).
[116] 张松 . 建筑遗产保护的若干问题探讨——保护文化遗产相关国际宪章的启示 [J]. 城市建筑 .
[117] 阮仪三，张松 . 产业遗产保护推动都市文化产业发展——上海文化产业面临的困境与机遇 . 城市规划汇刊，2004（4）.
[118] 周俭 . 恩泽于城市长久的未来——上海世博会工业遗产保护与更新探索 [J]. 上海世博，2007(2).
[119] 阮仪三，王景慧，王林 . 上海历史文化名城保护规划 [M]. 上海：同济大学出版社，1999.

[120] 张凡 . 城市发展中的历史文化保护对策 [M]. 南京 ：东南大学出版社 , 2006.

[121] 李冬生 . 大城市老工业区工业用地的调整与更新——上海市杨浦区改造实例 [M]. 上海 ：同济大学出版社 , 2005.

[122] 常青 . 建筑遗产的生存策略——保护与利用设计试验 [M]. 上海 ：同济大学出版社，2003.

[123] 陆地 . 建筑的生与死——历史性建筑再利用研究 [M]. 南京 ：东南大学出版社，2004.

[124] 麦克哈格 . 设计结合自然 [M]. 芮经纬译 . 北京 ：中国建筑工业出版社 , 1992.

[125] 王建国著 . 城市设计 [M]. 第二版 . 南京 ：东南大学出版社 , 2004.

[126] 张凡 . 城市发展中的历史文化保护对策研究 [D]. 上海 ：同济大学建筑城规学院博士论文，2003.

[127] 周俭，张恺 . 在城市上建造城市——法国城市发展遗产保护实践 [M]. 北京 ：中国建筑工业出版社，2003.

[128] 张艳华 . 在文化价值和经济价值之间 ：上海城市建筑遗产保护与再利用 [M]. 北京 ：中国电力出版社 , 2007.

[129] 阮仪三，张艳华，应臻 . 再论市场经济背景下的城市遗产保护 [J]. 城市规划，2003（12）.

[130] 杨心明，郑芹 . 优秀历史建筑保护法中的专项资金制度 [J]. 同济大学学报（社会科学版），2005（12）.

[131] 王建国 . 后工业时代中国产业类历史建筑遗产保护性再利用 [J]. 建筑学报，2006（8）.

[132] 赵万民，李和平 . 重庆市工业遗产的构成与特征 [J]. 建筑学报，2010（12）.

[133] 工业遗产 [J]. 中国国家地理杂志 .

[134] 耿慧志 . 城市更新中的经济策略 [D]. 上海 ：同济大学建筑城规学院博士论文，1998.

[135] Norman Tyler. Historic Preservation[M]. Now York ：W. W. Norton & Company, 2000.

[136] Rossa Donovan, James Evans, John Bryson, Libby Porter, Dexter Hunt. Large-scale Urban Regeneration and Sustainability ：Reflections on the "Barriers" Typology[J]. The University of Birmingham, 2005（1）.

[137] 刘伯英，李匡 . 首钢工业区工业遗产资源保护与再利用研究 [J]. 北京建筑，2008.

[138] 阳建强，吴明伟 . 现代城市更新 [M]. 南京 ：东南大学出版社，2004.

[139] Role of Historic Buildings in Urban Regeneration. RIBA Comments Submitted to the Office of the Deputy Prime Minister's Housing, Planning[Z]. Local Government & the Regions Committee.

[140] 方可 . 当代北京旧城更新调查研究探索 [M]. 北京 ：中国建筑工业出版社，2003.

[141] 肯尼斯·鲍威尔 . 旧建筑改建和重建 [M]. 于馨 , 杨智敏 , 司洋译 . 大连 : 大连理工大学出版社 , 2001.

[142] 朱伯龙 , 刘祖华 . 建筑改造工程学 [M]. 上海 ：同济大学出版社 , 1998.

[143] 上海市历史文化风貌区与优秀历史建筑保护国际研讨会论文集 [D], 2004.

[144] Richard Florada. The Flight of the Creative Class:The New Global Competition for Talent[M]. New York ：Harper Collins Publishers Inc., 2005.

[145] Richard Florada. The Rise of the Creative Class[M]. New York:Basic Books, 2004.

[146] 周俭 . 在历史中再创造——当代法国历史建筑再利用的趋向 [J]. 时代建筑，2006（2）.

[147] Towards an Urban Renaissance:Report of the Urban Task Force-Executive Summary[D].

[148] Urban Renaissance：Sharing the Vision-Summary of Responses[J], 1999.

[149] Worth D. Report on Attendance at：The Millenium Congress of International Committee for the Conservation of the Industrial Heritage[Z]. London, 2000.

[150] Wiendu Nuryanti.Heritage and Postmodern Tourism[J].Annals of Tourism Research, 1996（2）：249-260.

[151] Zukin Sharon. Landseapes of Power[M]. Berkeley/Los Angeles/Oxford：University of California Press, 1991.

[152] Aldous T.Britain's Industrial Heritage Seeks World Status[J]. History Today,1999（5）:3-13.

[153] Peter Liedtke, Skulptur Emscherpark, Ludwig Galerie. Schloss[M]. Oberhausen, 2002.

[154] 中国工业研究所档案 [Z].

[155] 张瑾 . 二三十年代上海模式对重庆城市的冲击刍议——历史科学与城市发展 [M]. 重庆：重庆出版社 , 2001.

[156] Kural, ed. Trace of New Cityscapes：Metropolis on the Verge of the 21st Century[M]. Schmidt：The Royal Danish Academy of Fine Arts School of Architecture Publishes, 1997.

[157] Brenda, Vale. Green Architecture：Design for a Sustainable Future[M].London：Thames and Hudson, 1991.

[158] Sherban Cantacuzino. Re/Architecture—Old Buildings/New Uses[M]. New York：Abbeville Press Publishers, 1989.

[159] Sutherland Lyall. Designing the New Landscape[M]. London：Thames and Hudsom, 1991.

[160] Ann Breen, Dick Rigby. The New Waterfronts[M]. London：Thames and Hudson, 1996.

[161] Deborah, Claire Weisz,ed. Extreme Sites. The "Greening" of Brownfield[J]. Architectural Design, 74（2）.

[162] Jurgen Tietz. The Story of Architecture of the 20 Century[M].Cologne：Konemann, 1999.

[163] Micharl Spens.Modern Landscape[M].London：Phaiden Press Inc., 2003.

[164] 吴中元 . 中国近代经济史 [M]. 上海：上海人民出版社，2003.

[165] 重庆都市工业旅游资源开发初探 [J]. 重庆工业高等专科学校学报 , 2003（9）.

[166] Marian Moffett, Michael Fazio, Lawrence Wodehouse. A Word History of Architecture[M]. London：Laurence King Publishing, 2003.

[167] 沈玉麟 . 外国城市建设史 [M]. 北京：中国建筑工业出版社 , 1989.

[168] 刘先觉主编 . 现代建筑理论 [M]. 北京：中国建筑工业出版社 , 1999.

[169] 简・雅各布斯 . 美国大城市的死与生 [M]. 南京：译林出版社，2005.

[170] 李和平 . 重庆历史建成区环境保护研究 [D]. 重庆：重庆大学博士论文，2004.

[171] 徐煜辉 . 重庆中心城市演变发展与规划研究 [D]. 重庆：重庆大学博士论文，2000.

[172] 吴良镛 . 世纪之交的凝思：建筑学的未来 [M]. 北京：清华大学出版社，1999.

致　谢

本书是在博士论文基础上整理而成的，也是在市规划局工作期间致力于城市文化遗产保护工作的体会。回顾攻读博士学位的历程，百感交集，思绪万千。通过不断学习和导师教诲，对工业遗产保护理念日益理解，得到众多师长的教诲与学友的启迪，获得了诸多的帮助，需要感谢的人太多。

首先感谢我尊敬的导师李先逵教授。从研究方向、研究方法到论文的框架与成文，无不在先生的悉心指导与关心下一步步走过来，多少次在茶室讨论文章到深夜，先生毫无倦意和怨言，一次次为我解开心中的困惑。先生睿智的学术思想与严谨的治学风范，潜移默化地影响着学生，教诲着学生，让学生终生受益。先生对学生无微不至的关怀和鼓励，让学生永远铭记在心。

感谢重庆大学的赵万民教授、张兴国教授、李和平教授、黄天琪教授、龙彬教授对论文提出的宝贵意见，感谢陈纲副教授在层次分析方法上的指教和帮助，还帮助收集了大量资料，感谢欧阳桦教授提供的宝贵照片。

感谢四川美院建筑系主任黄耘教授的关心和帮助。

感谢市规划局的领导和同事对我学习的支持，感谢参与工业遗产价值问卷的专家和同事，感谢论文调研所去企业的领导，感谢卢涛、王立、孙俊桥等同门师兄弟妹对我的帮助和鼓励。

感谢为本书辛苦评阅与出版的各位专家学者。

最后，衷心感谢家庭对我的关心与支持，尤其是我的儿子正琦和女儿雨桐，你们是我前行动力和快乐的源泉。感谢妻子吴怡的支持。感谢我的父母对我成长的付出。本书谨献给您们。

许东风

2014 年 4 月于重庆